付表IV 基本的な物理定数

物理量	記号	数値
真空中の光速度*	c	2.99792458×10^8 m·s^{-1}
電気素量	e	$1.602176487(40) \times 10^{-19}$ C
真空の誘電率*	ε_0	$8.854187817 \times 10^{-12}$ J^{-1}·C^2·m^{-1}
電子の質量	m_e	$9.10938215(45) \times 10^{-31}$ kg
陽子の質量	m_p	$1.672621637(83) \times 10^{-27}$ kg
中性子の質量	m_n	$1.674927211(84) \times 10^{-27}$ kg
アボガドロ定数	N_A	$6.02214179(30) \times 10^{23}$ mol^{-1}
ファラデー定数	F	$9.64853399(24) \times 10^4$ C·mol^{-1}
プランク定数	h	$6.62606896(33) \times 10^{-34}$ J·s
ボルツマン定数	k_B	$1.3806504(24) \times 10^{-23}$ J·K^{-1}
気体定数	R	$8.314472(15)$ J·K^{-1}·mol^{-1}
		0.0820539 atm·dm^3·K^{-1}·mol^{-1}
理想気体のモル体積	V_0	$22.41383(70)$ dm^3·mol^{-1} (273.15 K；1 atm において)
ボーア半径	a_0	$0.529177249(24) \times 10^{-10}$ m
リュードベリ定数	R_∞	$1.0973731568527(73) \times 10^7$ m^{-1}
	R_H	1.0967758×10^7 m$^{-1} = 2.1786875 \times 10^{-18}$ J

* これらは定義された正確な値である．それ以外で各数値の後のかっこ内に示された数は，その数値の標準偏差を最終けたの 1 を単位として表したものである．

付表V SI接頭語

倍数	接頭語	記号	倍数	接頭語	記号
10^{18}	エクサ	E	10^{-1}	デシ	d
10^{15}	ペタ	P	10^{-2}	センチ	c
10^{12}	テラ	T	10^{-3}	ミリ	m
10^9	ギガ	G	10^{-6}	マイクロ	μ
10^6	メガ	M	10^{-9}	ナノ	n
10^3	キロ	k	10^{-12}	ピコ	p
10^2	ヘクト	h	10^{-15}	フェムト	f
10	デカ	da	10^{-18}	アト	a

付表VI ギリシャ語アルファベット

A	α	Alpha	アルファ	N	ν	Nu	ニュー
B	β	Beta	ベータ	Ξ	ξ	Xi	グザイ
Γ	γ	Gamma	ガンマ	O	o	Omicron	オミクロン
Δ	δ	Delta	デルタ	Π	π	Pi	パイ
E	ε	Epsilon	イプシロン	P	ρ	Rho	ロー
Z	ζ	Zeta	ゼータ	Σ	σ	Sigma	シグマ
H	η	Eta	イータ	T	τ	Tau	タウ
Θ	θ	Theta	シータ	Υ	υ	Upsilon	ウプシロン
I	ι	Iota	イオタ	Φ	ϕ	Phi	ファイ
K	κ	Kappa	カッパ	X	χ	Chi	カイ
Λ	λ	Lambda	ラムダ	Ψ	ψ	Psi	プサイ
M	μ	Mu	ミュー	Ω	ω	Omega	オメガ

基礎化学入門

―化学結合から地球環境まで―

大場 茂 著

三共出版

太陽光のスペクトル

(a) 全体の画像

(b) 各波長領域での高分解能像（主な暗線の波長 (nm) と吸収源が示されている）

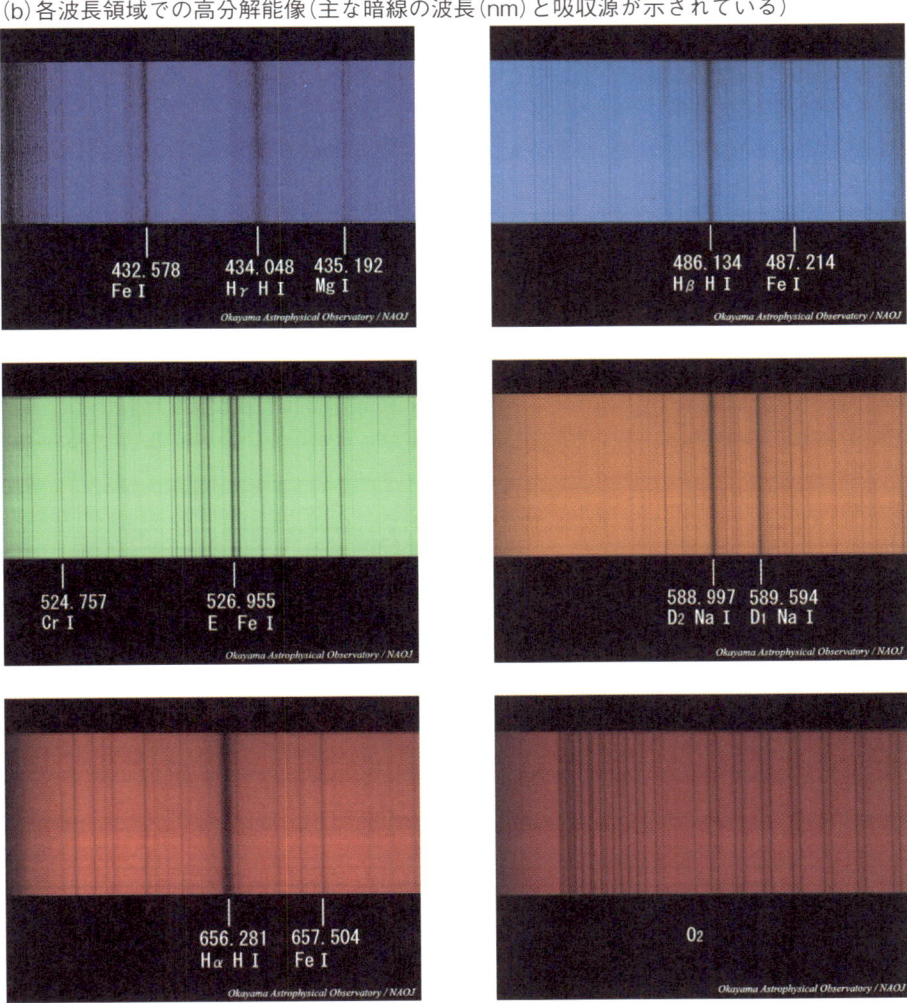

432.578　434.048　435.192
Fe I　　Hγ H I　　Mg I

486.134　487.214
Hβ H I　　Fe I

524.757　526.955
Cr I　　　E Fe I

588.997　589.594
D₂ Na I　D₁ Na I

656.281　657.504
Hα H I　　Fe I

O₂

国立天文台岡山天体物理観測所
乗本祐慈（国立天文台岡山天体物理観測所）
粟野諭美（岡山天文博物館）

　　　　　　　　　　まえがき

　この本は，文系理系を問わず，大学初年次に化学を履修する学生用の教科書，あるいは参考書として用意したものである．分子を元素記号と結合の線で表す．この構造式の意味，特に化学結合の本質がわかるようになることが，化学を学ぶ際の1つの到達ゴールである．これを理解するには，量子論を避けて通れない．しかし，真正面から取り組むには，ハードルが高い．そこで，数式は極力使わず，基本的な概念の説明に重きを置いた．また，地球環境など幅広い関連分野の話も盛り込んだ．

　この本の目的は，まず読者にとって未知の事実や概念を伝えることである．例えば，温度には下限はあるが，上限はない．また，空気中では，目に見えないが，酸素や窒素の分子が音速のスピードで飛びかっている．それが私達にもぶつかり跳ね返えることから圧力が生じている．そして，温度とは，分子の運動の激しさを表すパラメーター(変数)なのである．温度が高いほど，分子が激しく運動する．そのために，反応が速くなる．このようなことが，この本を読むことによってわかってくるはずである．

　目的の2つめは，化学に対する興味を引き出すことである．人間は誰しも，自分の好きなことは自然に吸収し，頭の中に入っていく．学習の過程で講義を聞き，あるいは本を読むだけでは，化学の面白さは伝わりにくい．その点で，実験を通して色の変化や反応などを観察して理解を深めてもらうことが理想である．なお，化学が単なる学問というだけでなく，種々の現象や日常生活にもかかわっていることを知ってもらうために，コラムでいくつか話題を提供した．

　3つめは，世界の線路を切り換えるような大局観の種を，読者にもってもらうことである．これまで正しいと思われてきたことが，間違っているということもあり得る．そのときは，信念をもって正しい方へ進んでほしい．科学の発展の歴史の中で，「科学革命」が起こった．ガリレオ・ガリレイはイタリアの物理学者であったが，ピサの斜塔の上から，大砲のたまとピストルのたまを両方同時に落として，地面にどちらが先に着くかを調べた(本当のところは，斜面に重さの異なる玉を転がして，かかる時間を比べたのであるが，話をわかりやすくした形でいい伝えられている)．当時は，ギリシャ哲学者アリストテレスの理論が，権威あるものとして信じられていた．それによると，重い方が先に落ちるとされていた．しかし，ガリレオが行った実験により，(厳密には空気抵抗の影響を無視できる場合に)物体の重さにかかわらず，落下スピードは同じであることが明らかとなった．また，ガリレオ

は天体望遠鏡を発明し，月にはクレーターが多数あること，また木星の衛星や金星の満ち欠けを観察した。そして，そのデータをもとに，地球が太陽の周りを回っていること，つまり地動説が正しいことを明らかにした。この実験や観察をもとにした研究手法は，自然科学の他の分野にも急速に広がっていった。化学の分野では，それまで2千年もの間，錬金術が行われていたが，その流れを止めるための学問的な基礎を築いたのは，イギリスの物理化学者，ロバート・ボイルであった。このいきさつについては，3章で詳しく紹介する。なお，これら科学史に登場する主な人物の画像は，記念切手や紙幣の絵を使うことにした。コラムなどに入れたイラストは，私の娘に描いてもらった。また，太陽光のスペクトルの暗線の画像は，本物を見てもらいたいので，国立天文台岡山天体物理観測所の許可を得て，口絵に載せることにした。

　より一般性のある事項，つまり知っていて当然の部分を，十分に理解しておくことは重要である。高校で化学をあまり身につけてこなかった読者のために，1章では，最低限知っておくべき項目をまとめた。また，この章だけでなく，他の章にも演習問題を設け，巻末に解答をつけた。是非，演習問題を通して，実力をつけてほしい。

　原稿を書く際に，間違いや不適切な表現がないように最大限の注意を払った。しかし，説明不足あるいは著者の思い違いということもあり得る。もし不備な点に気づいたときには，是非指摘していただきたい。

　最後に，本の執筆を粘り強く勧めていただき，また編集でも大変お世話になった，三共出版の秀島 功氏に深く感謝する。

　　2013年2月

　　　　　　　　　　　　　　　　　　　　　　　　　　　　大場　茂

目　　　次

1　化学の基礎知識
1.1　元素と化学記号 …………………………………… 1
1.2　陽イオンと陰イオン ……………………………… 2
1.3　原　子　量 ………………………………………… 3
1.4　化学反応式 ………………………………………… 4
1.5　構　造　式 ………………………………………… 5
1.6　水のイオン積とpH ………………………………… 6
1.7　酸 と 塩 基 ………………………………………… 7
1.8　酸化と還元 ………………………………………… 8
1.9　イオン化傾向 ……………………………………… 8
1.10　理想気体の状態方程式 …………………………… 8
1.11　数値計算についての心得 ………………………… 9
　コラム　放射能の影響 ……………………………… 11
演習問題 ………………………………………………… 12

2　地球の水と大気
2.1　ビッグバン宇宙論 ………………………………… 14
2.2　太陽光のスペクトル ……………………………… 18
2.3　惑星の大気 ………………………………………… 20
2.4　オゾン層の破壊 …………………………………… 23
2.5　地球の温暖化 ……………………………………… 24
　コラム　金星の太陽面通過 ………………………… 28
　コラム　チョウは紫外線が見える ………………… 29
演習問題 ………………………………………………… 29

3　化学の歴史　—誰が錬金術を止めたか—
3.1　はじめに …………………………………………… 30
3.2　ギリシャ哲学の物質観 …………………………… 30
3.3　錬金術の起源 ……………………………………… 34
3.4　科学史の転換期 …………………………………… 36

  3.5 元素の認識 ……………………………………………………… 39
  3.6 アボガドロの仮説 ……………………………………………… 41
  3.7 無機物と有機物 ………………………………………………… 44
  コラム デンマーク語の Å ………………………………………… 47
 演習問題 ………………………………………………………………… 48

4 量子論のはじまり ―電子は波動性をもつ―

  4.1 は じ め に ……………………………………………………… 49
  4.2 光の波動性と粒子性 …………………………………………… 51
  4.3 電子の波動性 …………………………………………………… 55
  4.4 箱の中の粒子 …………………………………………………… 58
  4.5 水素の発光スペクトル ………………………………………… 60
  コラム 1 個の電子の波動性 ……………………………………… 66
 演習問題 ………………………………………………………………… 67

5 原子の電子構造 ―電子雲が原子核を取り巻く―

  5.1 原子の大きさ …………………………………………………… 68
  5.2 水素様原子 ……………………………………………………… 70
  5.3 多電子原子 ……………………………………………………… 76
  5.4 パウリの原理とフントの規則 ………………………………… 78
  5.5 周期表と元素の物性 …………………………………………… 81
  コラム アルコールパッチテスト ………………………………… 84
 演習問題 ………………………………………………………………… 85

6 化学結合と分子構造 ―原子と原子を電子がつなぐ―

  6.1 原 子 価 ………………………………………………………… 86
  6.2 構 造 式 ………………………………………………………… 88
  6.3 分 子 軌 道 ……………………………………………………… 90
  6.4 等核二原子分子 ………………………………………………… 95
  6.5 混 成 軌 道 ……………………………………………………… 100
  6.6 π 共役系分子 …………………………………………………… 103
  6.7 電子対反発 ……………………………………………………… 106
  コラム 色　　素 …………………………………………………… 108
  コラム ツユクサの花の色 ……………………………………… 109
 演習問題 ………………………………………………………………… 110

7 物質の構造と物性

- 7.1 物質の三態 …… 111
- 7.2 気体の分子運動 …… 119
- 7.3 結　晶 …… 122
- 7.4 金属と半導体 …… 126
- コラム　水素結合と遺伝情報 …… 131
- コラム　犬にチョコレートは禁物 …… 132
- 演習問題 …… 133

8 有機化合物の構造と性質 ―分子の左と右―

- 8.1 有機物の一般的性質 …… 134
- 8.2 有機化合物の分類 …… 135
- 8.3 光学異性体 …… 144
- 8.4 分離と同定 …… 153
- コラム　物質の絶対配置の決定 …… 159
- コラム　右水晶と左水晶 …… 160
- 演習問題 …… 161

9 有機合成 ―役に立つものを効率良く作る―

- 9.1 有機化学の概念の確立 …… 162
- 9.2 詩を通して見える有機化学の情景 …… 167
- 9.3 有機反応の分類 …… 171
- 9.4 有機反応の応用 …… 174
- コラム　単結晶 X 線回折法による分子構造の決定 …… 178
- 演習問題 …… 179

10 化学と社会 ―科学技術の明と暗―

- 10.1 自然科学と近代文化 …… 180
- 10.2 試薬の合成 …… 180
- 10.3 反応速度 …… 184
- 10.4 戦争と化学 …… 186
- 10.5 環境問題 …… 190
- 10.6 エネルギー問題 …… 193
- 10.7 身近な化学 …… 196
- コラム　不安定な過酸化物 …… 198
- 演習問題 …… 199

演習問題の解答 ………………………………………………………………… 200
参考文献 ………………………………………………………………………… 205
索　引 …………………………………………………………………………… 207

1 化学の基礎知識

1.1 元素と化学記号

　多くの物質は，分子の集合体である。1個の分子は，複数の原子から成り立っている。身近な例をあげると，水の分子は H_2O であり，酸素原子に水素原子が2個結合している。水を加熱して沸騰させると，気体の状態（つまり水蒸気）となるが，その中では水分子が1個1個ばらばらに音速に近い速さで飛びまわっている。分子を引きちぎって原子にするのは容易ではなく，かなりのエネルギーが必要となる。もし，水素や酸素原子単独の状態を作れたとしても，それらはエネルギーが非常に高く，すぐに他の原子と結合して安定な分子を形成する。それはなぜかというと，原子がそれぞれ結合の手をもっており，原子同士で手を結ぶと安定になるからである。空気の約78％が窒素 N_2 であり，約21％が酸素 O_2 であるが，これらは2原子分子である。空気中にわずかに含まれているネオン Ne などの希ガス元素は，単原子分子として存在する。これは特に，単一の原子の状態が安定なため，例外的に原子が結びつかない。

　元素とは，原子の種類のことである。それを，原子番号順に並べ，化学的な性質をもつ元素が縦に並ぶように工夫して配置したものが，周期表である。原子がもつ，結合の手の数を原子価という。これは元素毎に決まっていて，水素が1，酸素が2，窒素が3，炭素が4といった具合である。元素記号と元素名は，化学の世界における基本言語のようなものなので，原子番号1番の水素 H から，20番のカルシウム Ca までは，何も見なくても周期表が書けるようにしてほしい。原子の構造モデルを図1.1に示す。原子はその質量のほとんどを占める原子核と，そのまわりを運動している電子とからなる。原子核は，プラスの電荷をもつ陽子と，電荷をもたない中性子とからなる。電子はマイナスの電荷をもっており，中性の原子では，陽子と電子の数が同じになっている。陽子と中性子の質量はほぼ等しく，それに比べて電子は 1/2000 程度であり，無視できるほど軽い。同じ元素の原子でも，質量が異なるものを同位体と

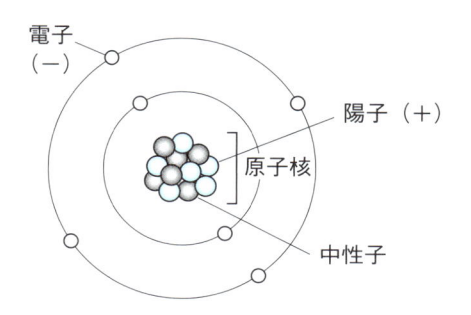

質量数 → 238
原子番号 → 92 U

図1.1 原子の構造モデル

いう。また，原子核中の陽子と中性子の数の和を質量数という。質量数が大きい原子ほど，重いというわけである。同位体を区別して表すには，図1.1に示すように，元素記号の左上に質量数を書く。原子番号も示す必要があるときは，元素記号の左下に書く（原子番号まで表示するのは，核分裂反応など特別な場合に限られる）。ちなみに，原子番号とは，原子核中の陽子の数を意味する。中性原子については，それは電子の数とも等しい。原子の化学的性質を決めているのは電子の数であるが，反応によって電子数が増減しても，元素としては同じままである。

1.2 陽イオンと陰イオン

電荷をもつ原子あるいは分子をイオンと呼ぶ。代表的な陽イオンを表1.1に，そして陰イオンを表1.2に示す。食塩は，塩化ナトリウム NaCl のことであるが，この結晶中に存在するのは Na^+（ナトリウムイオン，すなわち中性の Na 原子から1個電子を失った状態）と Cl^-（塩化物イオ

表1.1 代表的な陽イオン

価数	+1	+2	+3
イオン	水素イオン H^+ [1] ナトリウムイオン Na^+ カリウムイオン K^+ 銀イオン Ag^+ アンモニウムイオン NH_4^+	マグネシウムイオン Mg^{2+} カルシウムイオン Ca^{2+} 亜鉛イオン Zn^{2+} 鉛イオン Pb^{2+} 鉄(Ⅱ)イオン Fe^{2+} [2] 銅(Ⅱ)イオン Cu^{2+}	アルミニウムイオン Al^{3+} クロム(Ⅲ)イオン Cr^{3+} 鉄(Ⅲ)イオン Fe^{3+}

[1] 便宜上 H^+ と書くが，多くの場合は水に付加して，オキソニウムイオン H_3O^+ として存在している。

[2] 鉄イオンは，+2と+3の2つの可能性がある。このように複数の価数が可能な金属イオンの場合，価数+1，+2，+3，…に応じて，名称の中にⅠ，Ⅱ，Ⅲ，…を付けて区別する。

表 1.2　代表的な陰イオン

価数	−1	−2	−3
イオン	塩化物イオン Cl^- 臭化物イオン Br^- ヨウ化物イオン I^- 水酸化物イオン OH^- 硝酸イオン NO_3^- シアン化物イオン CN^- 亜硝酸イオン NO_2^-	硫酸イオン SO_4^{2-} 炭酸イオン CO_3^{2-} クロム酸イオン CrO_4^{2-} ニクロム酸イオン $Cr_2O_7^{2-}$	リン酸イオン PO_4^{3-}

ン，すなわち中性の Cl 原子から 1 個電子が増えた状態）である。サイダーなどに含まれている炭酸イオンは CO_3^{2-} と書くが，元素記号の右側の添字下付きは原子の個数，上付きは電荷を表す。つまり，CO_3^{2-} は，C OOO^{--} であることをまとめて書いている。

> イギリスではサイダー（cider）というと，発泡性のりんご酒を意味する。

　金属原子は電子を失って，陽イオンになりやすい。そのイオンの価数は元素によって，だいたい決まっている（表 1.1）。ナトリウム Na，マグネシウム Mg，アルミニウム Al は，それぞれ +1，+2，+3 の陽イオンになるが，これは周期表の左からそれぞれ 1 列目，2 列目，3 列目に対応している（図 1.2）。これは，後に述べるように原子の電子配置によって説明することができる。

> ここで，例えば酸素分子を O^2 と書いてはいけないことに注意してほしい。なぜならば，化学式において添字上付きの数字は電荷を表す，というルールに反するからである。

```
H                                He
Li  Be  B   C   N   O   F   Ne
Na  Mg  Al  Si  P   S   Cl  Ar
```
図 1.2　周期表（抜粋）

1.3　原 子 量

　各元素について原子の質量（ただし平均値）の相対値を原子量という。現在使われている原子量の基準は，「$^{12}C=12$」である。原子や分子は極微なものなので，大量の数からなる集団を単位として用いる。これがモルである。12 個で 1 ダースと呼ぶのと同様に，^{12}C の 12 g 中に含まれている個数，すなわち $6.022×10^{23}$（アボガドロ数）個で 1 モルと呼ぶ。水素の原子量は 1.008，酸素は 16.000 である。原子量に単位としてグラム（g）を付けたものが，それぞれの原子 1 モルの質量となる。同じように，分子 1 モルの質量（から単位のグラムを除いたもの）を分子量と呼ぶ。NaCl や $CuSO_4·5H_2O$ のように，イオンや複数の分子からなる物質の場合も含めて，一般には化学式量（あるいは単に式量）という。
　分子量や式量を計算するには，それを構成する各原子の原子量の総和

> 天然に存在する炭素原子には，質量数が 12，13，14 のものがある。そのうち，^{12}C が 98.93 % を占める。

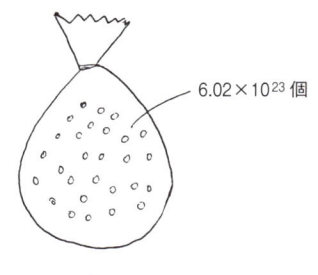

$6.02×10^{23}$ 個

1 モル

をとればよい。たとえば、$CuSO_4 \cdot 5H_2O$ の場合は、元素記号毎（一般にC，Hの次はアルファベット順）にまとめると $H_{10}CuO_9S$ となるので、式量は(H)1.008×10＋(Cu)63.55＋(O)16.00×9＋(S)32.07＝249.7となる。大まかな計算で十分なときは、原子量をH＝1，C＝12，N＝14，O＝16として分子量を計算する。原子や分子の個数を、モルを単位として表したものを物質量と呼ぶ。「モル数」と呼ぶ方が分かりやすいが、学術用語としては「物質量」の方が正しい。水素 H_2 の分子量は2である。これは、水素分子1モルあたりの質量が2gということを意味する。

1.4 化学反応式

物質の化学変化を簡潔に表したものが、化学反応式である。例えば、水素を燃やすと水となるが、この反応式は次のように書ける。

$$2H_2 + O_2 \longrightarrow 2H_2O$$

これは、反応によって原子や分子がどのように変わったかを示している。原子核が変化するような特殊な場合を除くと、反応前後で原子の数は増減しないので、各元素について反応式の右辺と左辺の原子数は等しくなければならない。反応式の係数は、物質の量的関係を示している。上の例では、水素分子2個と酸素分子1個が反応して、水分子が2個生じる。つまり、水素2モルに対して酸素1モルが過不足なく反応し、その結果2モルの水が生成することを意味する。

> NO_3^- や SO_4^{2-} などの多原子イオンについては、反応によってこれらがばらばらに分解することはまずない。したがって、これらのイオンについてはひとかたまりとして考え、反応式の右辺と左辺とで数が保たれていることを確認するとよい。

例題1 鉄を希硫酸に入れると、水素を発生して溶ける。この反応式を示しなさい。また、鉄原子の電荷に注目したときの変化を示しなさい。

解答
$$Fe + H_2SO_4 \longrightarrow FeSO_4 + H_2 \quad \text{①}$$
$$Fe \longrightarrow Fe^{2+} + 2e^- \quad \text{②}$$

水素は元素名であるが、同時に物質名でもある。水素は2原子分子として存在するので、Hではなくて H_2 と表す。②式の e^- は電子 (electron) のことであり、負電荷をもつのでそのように表現される。②式の右辺と左辺で、電荷の総和が保たれていることにも注目してほしい（つまり、0＝2−2）。

> ②式の右辺で、なぜ Fe^{2+} になっているかわかるだろうか。$FeSO_4$ をイオンの形で書くと $(Fe^{2+})(SO_4^{2-})$ となり、これで電荷がつりあって、化合物として電気的に中性になっているからである。

例題2 49.05gの亜鉛を希硝酸に浸して反応させたところ、水素が発生した。反応後に29.43gの亜鉛が残った。反応した硝酸は何モルか。ま

た，発生した水素は何 g か。ただし，計算に際して，Zn＝98.1，H＝1 とする。

解答 反応式は，次の通りである。

$$Zn + 2HNO_3 \longrightarrow Zn(NO_3)_2 + H_2$$

反応によって消耗した亜鉛は 49.05－29.43＝19.62（g）であり，この物質量は 19.62/98.1＝0.2（モル）である。反応式の係数から，硝酸はその 2 倍の 0.4 モルが反応したことがわかる。また，発生した水素は 0.2 モルなので，$H_2=2$ より，その質量は 2×0.2＝0.4（g）。

1.5 構造式

分子やイオンなどの構造を，元素記号と結合の線で表したものを構造式という。結合の線 1 本は，後に述べるように結合電子対 1 つに対応する。H，O，N，C 原子は原子価（つまり結合の手の数）が，それぞれ 1，2，3，4 である。大抵の場合，2 つの原子の間を結ぶ線は 1 本である。これを単結合という。しかし，原子が強く結びつき，結合が 2 本あるいは 3 本の場合もあり得る。これを二重結合，三重結合と呼ぶ。比較的簡単な分子の構造式の例を，図 1.3 に示す。どの分子についても，例えば 1 個の炭素原子に結合している線の数は合計 4 となっていることがわかる。有機化合物は，炭素原子が連結して分子の骨格を作っている。酸塩基指示薬の 1 つである，フェノールフタレインの構造を図 1.4 (a) に示

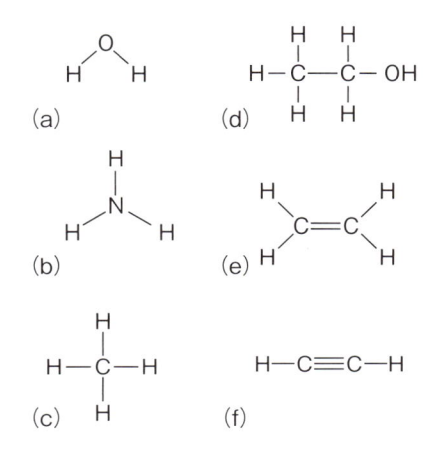

図 1.3 比較的簡単な分子の構造式
(a) 水 H_2O，(b) アンモニア NH_3，(c) メタン CH_4，(d) エタノール C_2H_5OH，(e) エチレン C_2H_4，(f) アセチレン C_2H_2

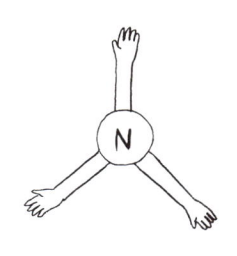

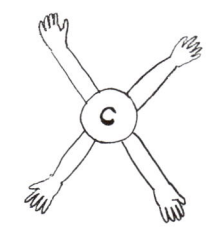

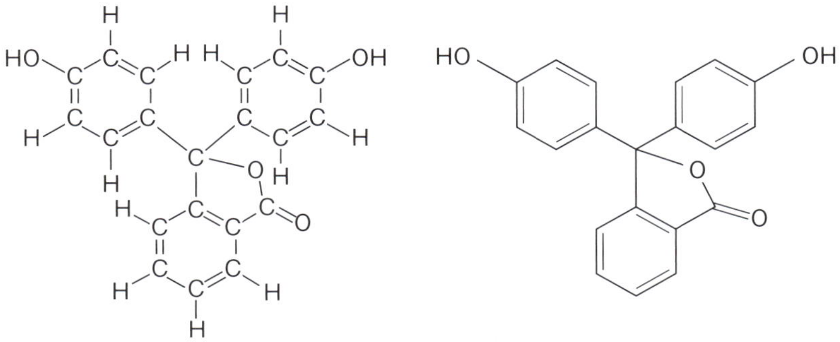

図1.4 (a)フェノールフタレインの構造式，(b)その省略形

す。このように複雑な分子になってくると，構造式が煩雑となり全体がわかりにくい。そこで，一般的に構造式を簡略化した形で表す。すなわち，炭素骨格のC-C結合を線だけで表し，炭素に結合しているHを省略する(ただしNやOに結合しているHは省略しない)。そうすると，図1.4(b)のようになり，分子の基本的な構造がわかりやすくなる。一見すると，炭素に結合している水素原子の個数の情報が失われているように思うかもしれない。しかし，炭素の結合の手が4であることから，各炭素原子から出ている結合の本数を調べれば，残りが水素との結合であることから割り出せる。つまり，図1.4(b)のような省略形から，図1.4(a)のような省略しない構造式に戻すには，折れ線の各頂点にCを書き，それに結合している水素原子を(炭素の原子価4を満たすように)補ってやればよいだけである。

1.6 水のイオン積とpH

化合物の溶液について，溶けている物質を溶質，それを溶かすために使う液体を溶媒という。特にことわりがない限り，溶媒は水である。溶液の濃度は，通常，体積モル濃度で表す(単にモル濃度ともいう)。つまり，溶液1L当たり含まれている溶質の物質量である。単位はmol/Lであるが，Mと略記される。

例題3 試験管に6M HClを1mLとり，それに水を加えて2M HClにしたい。水を何mL加えればいいか。

解答 濃度を1/3にするには，溶液の体積を3倍にすればよい。よって，

水を2 mL 加える。

水はわずかながら電離している。

$$H_2O \rightleftarrows H^+ + OH^-$$

水素イオン H^+ と水酸化物イオン OH^- のモル濃度を $[H^+]$ や $[OH^-]$ で表すと、次式が成り立つ。

$$[H^+][OH^-] = 10^{-14} \ (mol^2/L^2)$$

H^+ と OH^- の濃度が等しい溶液は中性であり、$[H^+] = [OH^-] = 10^{-7}$ (mol/L)となる。それよりも水素イオン濃度が高いとき($[H^+] > [OH^-]$)が酸性、低いとき($[H^+] < [OH^-]$)がアルカリ性である(塩基性ともいう)。この水素イオン濃度 $[H^+]$ の大きさを表すのに、pH が用いられる。その定義は次の通りである。

$$pH = -\log [H^+]$$

たとえば、$[H^+] = 10^{-5}$ mol/L のとき、pH=5 である。pH が 7 のときに中性であり、pH の値が小さくなるほど、酸性が強いことを意味する。

> 反応式に両方向の矢印($\rightleftarrows$)が書いてある場合、逆反応も同時に起こっていることを示している。

> log とは、logarithm(対数)の略号であり、常用対数(10を底とする対数)の記号である。すなわち、$\log 10^n = n$.

1.7 酸と塩基

水素イオン H^+ を出すものを酸といい、水酸化物イオン OH^- を出す(あるいは H^+ を受け取る)ものを塩基という。主な酸の例を以下に示す。塩酸、硝酸、硫酸は水溶液中でほとんど完全に電離しているので、水素イオンをよく出す。このため強酸とよばれる。それに比べて、酢酸は水素イオンをあまり出さないので弱酸に分類されるが、それは電離する割合が低いからである。

$$HCl \longrightarrow H^+ + Cl^-$$
$$HNO_3 \longrightarrow H^+ + NO_3^-$$
$$H_2SO_4 \longrightarrow 2H^+ + SO_4^{2-}$$
$$CH_3COOH \rightleftarrows H^+ + CH_3COO^-$$

塩基の例を次に示す。水酸化ナトリウムが典型的な強塩基である。アンモニア水は NH_3 aq と書かれる(aq はラテン語の aqua に由来し、水を意味する)。便宜上、NH_4OH と書くこともある。

$$NaOH \longrightarrow Na^+ + OH^-$$
$$NH_3 + H_2O \longrightarrow NH_4^+ + OH^-$$

> 電離とは、イオン性の化合物が陽イオンと陰イオンに分かれることをいう。

1.8 酸化と還元

化合物の場合，酸素原子が付加する(あるいは水素原子の数が減る)ことを酸化という。逆に化合物から酸素原子が減る(あるいは水素原子の数が増える)ことを還元という。典型的な例は，エチルアルコールの酸化であり，アセトアルデヒドを経由して酢酸に至る(図 1.5)。ただし，特定の原子に着目した場合，その原子から電子が失われること(例えば $Fe^{2+} \rightarrow Fe^{3+} + e^-$)を酸化といい，電子を得ること(例えば $Cu^{2+} + 2e^- \rightarrow Cu$)を還元という。

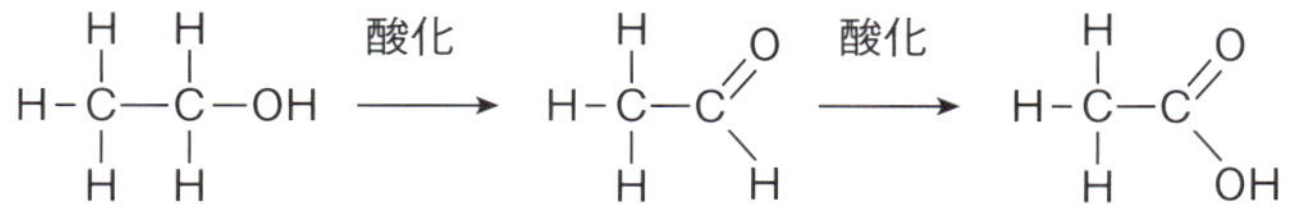

エチルアルコール　　　　アセトアルデヒド　　　　酢酸

図 1.5　エチルアルコールの酸化

1.9 イオン化傾向

金属が液体と触れたときに，電子を放出して陽イオンになろうとする。そのような性質の強さをイオン化傾向という。定量的にはその金属元素 M とその陽イオン M^{n+} の電位差で測定する。水に対するイオン化傾向の大きい順に元素を並べると，次のようになる。K, Ca, Na, Mg, Al, Zn, Cr, Fe(II), Cd, Co, Ni, Sn, Pb, Fe(III), (H), Cu, Hg, Ag, Pd, Pt, Au。なお，水素よりもイオン化傾向の高い金属は，酸と反応して水素を発生するが，水素よりもイオン化傾向の低い金属は酸とは簡単には反応しない。例えば，銅を溶かすには酸化力の強い硝酸あるいは濃硫酸が必要であり，また発生する気体は水素ではなく，窒素や硫黄の酸化物である。

$$3Cu + 8HNO_3(希硝酸) \longrightarrow 3Cu(NO_3)_2 + 2NO + 4H_2O$$
$$Cu + 4HNO_3(濃硝酸) \longrightarrow Cu(NO_3)_2 + 2NO_2 + 2H_2O$$
$$Cu + 2H_2SO_4(熱濃硫酸) \longrightarrow CuSO_4 + SO_2 + 2H_2O$$

> 鉄が Fe(II) の後に Fe(III) も並んでいるが，これは，$Fe \rightarrow Fe^{2+} + 2e^-$ に比べて，$Fe \rightarrow Fe^{3+} + 3e^-$ という反応が起こりにくいことを意味している。

1.10 理想気体の状態方程式

気体を構成する粒子の大きさが 0 で，しかもそれらの間に相互作用が

働かない仮想的なものを，理想気体と呼ぶ。気体の圧力を P，体積を V，物質量を n，絶対温度を T とすると，理想気体について次式が成り立つ。これを理想気体の状態方程式という。

$$PV = nRT$$

ここで，R は気体定数と呼ばれ，物理化学定数の1つである。温度には下限があり，それを基準にしたときの温度が絶対温度である。単位はK（ケルビンと読む）であり，0 K＝－273℃である。温度の目盛幅1°は摂氏温度と共通である。状態方程式をもとにすると，圧力 P および温度 T が一定のとき，気体の体積 V は物質量 n に比例することがわかる。

> 比例とは正比例のことをさす。すなわち，$y = ax$（ただし a は正の係数）のように表せるとき，y は x に比例するという。

1.11 数値計算についての心得

(1) 単位の取り扱い

物質の密度 D は，質量 M とその体積 V を用いて，次のように表せる。

$$D = M/V$$

ある現象を考えたり問題を解く場合に，一般にはこのような文字式を使って，まず計算式を導く。その次に，単位も考えながら，数式に値を代入して計算していく。

例題4 アルミニウムの棒の質量は 27.13 g で，体積は 10.25 cm^3 であった。この密度を計算しなさい。

解答 $D = M/V = 27.13/10.25 = 2.65$ (g/cm^3)

> 実験の報告およびそれに関する計算をするとき，測定精度をもとに意味のあるデータの桁数を有効数字という。例えば，物質の質量を3 gと報告したとき，それは2.5〜3.4 gの範囲にあることを意味し，有効数字は1桁である。

(2) べき乗の計算

非常に大きいあるいは小さい数字を扱う場合，10^n という表現を用いる。10^n は，10を n 回かけたものを意味し，n を指数と呼ぶ。1/10は 10^{-1} と表す。指数には次のような公式がなりたつ。$10^0 = 1$，$10^n \times 10^m = 10^{n+m}$，$10^n \div 10^m = 10^{n-m}$，$(10^n)^m = 10^{nm}$，$n = \log 10^n$。

ここで，log は常用対数の記号である。これは，溶液のpHの定義に使われている。pH＝－log [H$^+$]

> 例題4について，電卓で計算すると，2.646829268と出てくるが，4桁目を四捨五入し，有効数字3桁で答える。単位は，計算して求めた値の後にカッコをつけて示す。なお，連続して計算を行う場合，途中の計算では（丸め誤差を防ぐために）有効数字4桁を保ち，最終的に求めた数値だけを有効数字3桁にする。

例題5 1本1キロの金の延べ棒が210本で，5億6300万円相当であったとする。金1g当たりの単価を求めなさい。

解答 $5.63 \times 10^8 / (210 \times 10^3) = 2.68 \times 10^3$（円/g）

(3) 比例計算

ある割合が示され，それをもとに実際にあてはめて計算しなければならないことがしばしば起こる。分子量をもとに，物質量を計算するときが，最たる例である。たとえば，水 H_2O の分子量は 18 なので，1 モルは 18 g である。よって，W(g) の水の物質量を x(mol) とすると，次のような式を思い浮かべるかもしれない。

$$1 : 18 = x : W$$

しかし，このような比の関係式をいちいち立てるのは，非効率でありスマートではない。分子量は 1 モルあたりの質量だから，水については 18(g/mol) と考える。そうすると，質量を分子量で割れば，物質量が求まることがわかる。

$$x = W(\text{g}) / [18(\text{g/mol})] = W/18 \text{ (mol)}$$

例題6 水 1 滴（約 0.05 mL）の物質量を計算しなさい。ただし，水の密度を 1 g/cm³ とする。

解答 水の密度を 1 g/cm³ とすると，1 滴 (0.05 mL) の質量は 0.05 g となる。水の分子量が 18 であることから，その物質量は，$0.05/18 = 2.78 \times 10^{-3}$ (mol)

放射能の影響

ある特定の原子の同位体は，自発的に崩壊し，その際に粒子や電磁波を放出する。これらの放射線の中でα線，β線，γ線が代表的なものである。α線はヘリウムの原子核，β線は電子，γ線は波長の短い電磁波である。γ線は，通常のレントゲン写真に使うX線よりは波長が短く，物質に対する透過性が高い。

2011年3月11日に東日本大震災が起こり，福島第一原子力発電所は自動停止したものの電源喪失のため冷却ができなくなり，格納容器の破損や水素爆発によって放射性物質が海や大気中に大量に漏れてしまった。海水や土壌の放射能汚染を引き起こしている代表的な元素は，ヨウ素(^{131}I)とセシウム(^{134}Cs，^{137}Cs)である。これらは，ウラン235の核分裂により生じたものであるが，いずれもβ線を出しながら崩壊する。半減期(半分に減るのにかかる時間)は，ヨウ素131は8日と短く，セシウム134は2年，セシウム137は30年と長い。つまり，セシウム137の影響は，ずっと先まで続く。しかし，だからといって，ヨウ素131の方が，影響が少ないとはいい切れない。花火で例えると，同じ火薬の量でも勢いよく短時間で燃え尽きるか，細々と長い時間燃えるかの違いであり，半減期が短いものほど放射線をより強くまき散らすことになる。また，セシウムイオンは粘土鉱物中に取り込まれるため土壌に堆積し，海底に降り積もってしまうことになる。

福島県内の土壌からは，ストロンチウム90も検出された。原子炉内の核分裂で，CsとSrが同程度生じることがわかっている。放射性同位体^{90}Srの半減期は29年である(β崩壊)。土壌からキュリウムも検出された。これは警戒を要する。原子炉燃料のウランの同位体は，核分裂する方の^{235}Uが約4%で，^{238}Uは約96%の割合となっている。原子炉内で，この核分裂しない方のウラン238からプルトニウム239が生成する($^{238}_{92}\text{U} \longrightarrow {}^{239}_{94}\text{Pu}$)。再処理燃料MOXは，このようにして生じるプルトニウムとウランの混合酸化物のことである。これが，事故当時に福島3号炉に装荷されていた。原子炉内でプルトニウムからは，アメリシウムやキュリウムが生じる($^{239}_{94}\text{Pu} \longrightarrow {}^{241}_{95}\text{Am}, {}^{242}_{96}\text{Cm}$)。それぞれの半減期が432年と163日であるが，いずれもα崩壊である。α線は紙1枚でも遮断できるが，それだけ物質との相互作用が強いということを意味する。α線は毒性が強いので，吸入や経口摂取をしないように，特に注意を要する。

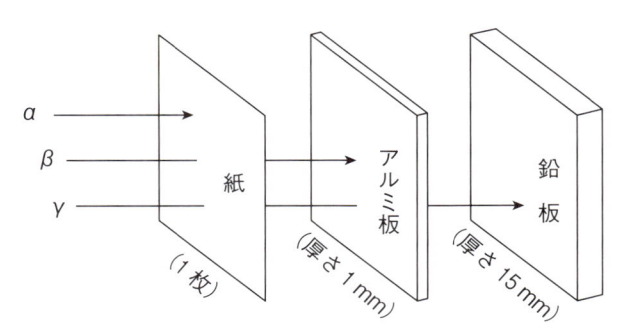

※アルミ板の代わりに，プラスチック板(厚さ数mm～1cm)でもよい。

放射線の遮へい

演習問題

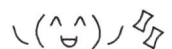

問1 次の元素記号を書きなさい。

(ア)炭素 (イ)酸素 (ウ)銅 (エ)ナトリウム (オ)塩素

(カ)窒素 (キ)フッ素 (ク)鉄 (ケ)カルシウム (コ)水素

問2 次の元素記号で表される元素名を答えなさい。

(サ)P (シ)S (ス)Si (セ)He (ソ)Ne

問3 次の文章中の空欄を埋めなさい。

原子核は正の電荷をもつ ① と，電荷をもたない ② とからなる。原子番号は， ① の個数に等しい。原子核のまわりを，負の電荷をもつ ③ が雲のように取り囲んでおり，中性の原子では， ③ の個数は原子番号と等しい。原子から ③ が1個取り去られると，+1の電荷をもつ ④ となる。

問4 次のイオンの化学式を書きなさい。

(1)ナトリウムイオン (2)マグネシウムイオン

(3)アルミニウムイオン (4)塩化物イオン

問5 水は酸素と水素とからなる。水の分子量は18である。

(1)分子量とは，何かを説明しなさい。

(2)水36gは何モルか。

問6 次の計算をしなさい。

(1) $10^3 \times 10^{-9} =$ (3) $\log 10^6 =$

(2) $10^5 \div 10^3 =$ (4) $-\log 10^{-7} =$

問7 例にならって，次の空欄に当てはまる数字を答えなさい。

(例) 1 kg = 10^3 g （μやpなど接頭語の記号は付表 V を参照）

1 mm = ① m, 1 μm = ② m, 1 nm = ③ m,

1 L = ④ mL, 1 mL = ⑤ cc, 1 g = ⑥ mg,

1 ms = ⑦ s, 1 ns = ⑧ s, 1 ps = ⑨ s,

1 kB = ⑩ B, 1 MB = ⑪ B, 1 GB = ⑫ B,

問8 次の計算をしなさい。

(1)鉛筆が60本ある。これは何ダースか。

(2)世界の人口は2011年に70億人に達した。この人数は何モルに相当するか。

問9 次の化合物の化学式を書きなさい。

(ア)水酸化ナトリウム，(イ)硫酸，(ウ)塩酸，(エ)硝酸，(オ)酢酸，

(カ)アンモニア水，(キ)塩化アンモニウム，(ク)塩化鉄(Ⅲ)，

(ケ)硝酸銀，(コ)エタノール

問10 次の化学式で表される化合物名を答えなさい。

(サ)NaNO$_2$，(シ)NaOH，(ス)KCl，(セ)K$_2$CrO$_4$，
(ソ)CH$_3$COONa，(タ)NiCl$_2$，(チ)H$_2$O$_2$，(ツ)KI，
(テ)Ca(OH)$_2$，(ト)NaHCO$_3$

問11 次の反応式の誤りを訂正しなさい。

(1) 2h$_2$o ⟶ 2h$_2$+O^2

(2) NaHCO$_3$+Hcl ⟶ Nacl+H2O+Co2

問12 ベンゼンは分子式が C$_6$H$_6$ であり，その構造式は右図のように省略して書かれる。構造式は本来，原子を元素記号で表し，それらの間の結合を線で結んで分子の構造を表すものである。C や H の元素記号を省略せずに，ベンゼンの構造式を書きなさい。

問13 アミノ酸の一種である L-バリンの構造式は，右図のように省略して書かれる。これを C や H の元素記号を省略しない形に直しなさい。

問14 次の2つの語句について，その違いがわかるように説明しなさい。

(1)「科学」と「化学」，(2)「空気」と「気体」，(3)「原子」と「分子」，
(4)「分子量」と「物質量」，(5)「同素体」と「同位体」，
(6)「放射線」と「放射能」

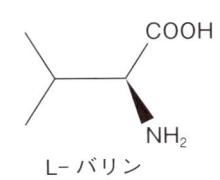

2 地球の水と大気

2.1 ビッグバン宇宙論

　宇宙は火の玉の Big Bang(大爆発)から始まったという学説が,ビッグバン宇宙論である。それは 137 億年前に起こったという(図 2.1,表 2.1)。その証拠として現在の宇宙は急速に膨張し続けていること,ならびに宇宙背景放射(ビッグバンが出した放射の名残)が観測されることなどから,この学説は正しいと考えられている。全宇宙は 1 点に押し込められた,超高温の火の玉だった。大爆発直後の宇宙は高温高密度であり,理論からの推定によると 10^{-34} 秒後には,電子が生成したと考えられている(表 2.2)。10^{-5} 秒後には,陽子(水素の原子核)や中性子が生成した。3 分後にはヘリウムの原子核が生じたと推定される。しかし,かなりの高温のため,原子核が電子と結び付くような安定な状態はすぐには作られず,温度が約 3000℃程度に下がった 38 万年後に,ようやく水素とヘリウムの原子ができたと推定される。つまり,宇宙の誕生は,元

急速に膨張

ビッグバン
137 億年前

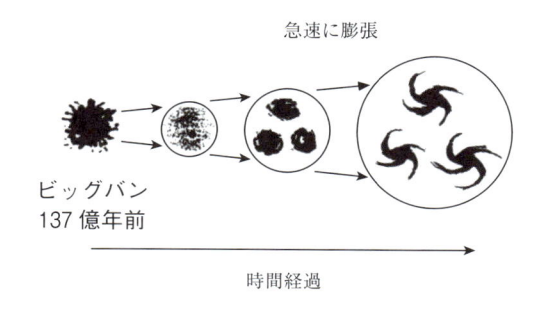

時間経過

図 2.1　宇宙の膨張

表 2.1　宇宙誕生から生物の進化までの過程

ビッグバン	太陽系・地球誕生	生命誕生	多細胞生物	陸棲動植物
今から 137 億年前	約 46 億年前[1]	約 35 億年前[2]	約 8 億年前	約 4 億年前

[1] 隕石や月の岩石等の年齢。
[2] 地球上で最も古い生命は細菌類。また 25 億〜20 億年前には海水中でラン藻類が大繁殖した。

表 2.2 宇宙の始まりと元素の生成

ビッグバンからの時間	宇宙の温度（℃）	生成物
10^{-34} 秒後		電子
10^{-5} 秒後	2 兆度	陽子，中性子
3 分後	10 億度	He の原子核
38 万年後	3 千度	H と He 原子

素の誕生でもあった。宇宙における元素の存在度は，水素 H が最も多く，次がヘリウム He でその約 1/10，他の元素はそれよりもかなり少ないことがわかっている（表 2.3）。これは，陽子や中性子が集まって原子核を形成する際に，簡単なものほど生成しやすいことから理解できる。

　太陽系（図 2.2）と地球の誕生は，今から 46 億年前と推定されている。これは，隕石や月の岩石の年齢によって割り出されたものである。地球にも岩石はあるが，浸食作用などを受けて変化しているため，原始地球の状況を反映しているような試料は手に入らない。この点で，初期の頃に地球から分かれた月には水も空気もなくなったため，古い岩石が変化せずに保たれている。隕石も他と隔離されながら宇宙空間をただよっているので，他からの影響を受けない。月の岩石はアメリカのアポロ計画で，大量に地球に持ち帰ったものである。岩石の年齢は，ウラン鉛年代測定法によって調べることができる。放射性同位体は一定の速さで壊れて別の元素になるので，これが時計として使えるわけである。^{238}U は最

同じ元素でも，原子核が崩壊して放射線を出す同位体（放射性同位体）と，安定で壊れない同位体とがある。

表 2.3 宇宙における元素の相対存在度

元　素	存在度（%）
水素（H）	93
ヘリウム（He）	7
炭素（C）	0.5
その他の元素	0.01 以下

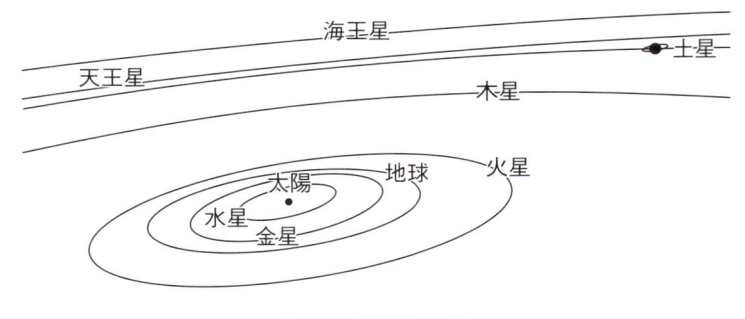

図 2.2　太陽系の惑星

表 2.4　地球カレンダー
（46 億年を 1 年に置き換えたときのできごと）

カレンダー		できごと	時期
1 月 1 日		地球誕生	46 億年前
3 月初		生命誕生	35 億年前
10 月末		多細胞生物	8 億年前
11 月末		生命が海から陸へ	4 億年前
12 月 13 日		恐竜時代始まる	
12 月 26 日		恐竜絶滅	6500 万年前
12 月 31 日	11 時	類人猿から猿人が分岐	700 万年前
	23 時 56 分	現在の人類が誕生	4 万年前
	23 時 59 分 26 秒	四大文明の発祥	5 千年前
	46 秒	キリスト誕生	2 千年前
	59 秒	産業革命	2 百年前

> 隕鉄とは，鉄とニッケルの合金からなる隕石のことである。ちなみに，地球内部の核の主成分も，鉄とニッケルの合金である。

> ppm とは百万分率のことであり，1 ppm = $1/10^6$ = 1×10^{-4}（％）である。

> トロイライトとは，隕石中に含まれる鉱物の一種で，成分は FeS である。このトロイライトには，もちろんウラン U やトリウム Th が含まれておらず，太陽系誕生時の鉛の同位体存在比が保たれていると推定される。

終的に ^{206}Pb へ変化するが，この反応の半減期（半分に減るのに要する時間）は 45 億年である。鉛の同位体は ^{204}Pb，^{206}Pb，^{207}Pb，^{208}Pb の 4 種類が天然に存在する。この鉛の同位体存在比の初期値，つまり太陽系誕生時における基準は，隕鉄中のトロイライト（数 ppm の鉛を含む）についての値を用いる。岩石の年齢を調べるには，その中に含まれているウランと鉛の同位体の存在比を測定すればよい。古い岩石ほど，^{238}U から変化してできた ^{206}Pb の比率が高くなる。

地球が誕生したのが 46 億年前といってもピンとこないと思うので，地球カレンダーというおもしろい考え方を紹介する。46 億年を 1 年に置き換えて，これまで地球で起こった出来事をたどったものである（表 2.4）。1 月 1 日に地球が誕生し，現在はその年の 12 月 31 日の，まさに年が変わろうとしている瞬間である。3 月初めに生命が誕生した。これは 35 億年前に対応する。地球上で最も古い生命は細菌類であり，また 25 億〜20 億年前には海水中でラン藻類が大繁殖した。これらの生命は単細胞であった。多細胞生物が現れるのは，ようやく 10 月末になってからである。11 月末には陸棲生物が現れた。そして 12 月中旬に恐竜の全盛時代となるが，クリスマスの頃に絶滅する。これは，巨大隕石が地球に衝突したためと考えられている。恐竜が絶滅したおかげで哺乳類が発達し，そして大みそかの昼頃に，類人猿から猿人が分岐した。これは約 700 万年前のことである。現在の人類が誕生したのは，年が変わる 4 分前（約 4 万年前）であり，それからあわただしく文明が発展を遂げた。この地球カレンダーを見ると，人間の歴史は地球の歴史に比べて非常に短いことがわかる。それなのに，人間は化石エネルギーを盛んに消費し，地球の環境を急速に悪化させている。

宇宙線

$^{14}N \rightarrow (^{14}C)$

$^{14}CO_2$

生物が死ぬと，
新しい ^{14}C の供給が止まる。

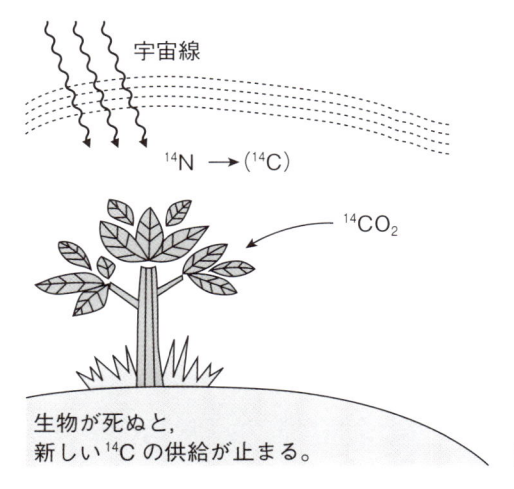

図 2.3　炭素 14 年代測定法

　先に，隕石についてウラン鉛年代測定法を紹介したが，これは何十億年という時間スケールに対してであった。人類に関する化石の年代測定には，炭素 14 年代測定法が用いられる。この原理を，図 2.3 に示した。宇宙線とは，太陽から発せられているものの他，太陽系外における超新星爆発に由来するもので，主に陽子(約 89%)と He の原子核(9%)とからなる。これが大気中の窒素 14 (^{14}N)にあたり，炭素 14 (^{14}C)が生成する。この ^{14}C は不安定であり，徐々に壊れて ^{14}N に戻る。大気中の ^{14}C は二酸化炭素 $^{14}CO_2$ の形で存在する。植物は光合成する際にこの $^{14}CO_2$ を体内に取り込む。動物は植物を食べるため，間接的に ^{14}C を体内に取り込んでいる。つまり，生物は生きている限り常に ^{14}C を外から取り入れていて，体内の全炭素量に対する ^{14}C の割合を一定に保っている。しかし，生物が死ぬと新しい ^{14}C の供給が止まるので，体内の ^{14}C 濃度が徐々に減っていく。その半減期(半分に減るのにかかる時間)は 5730 年である。つまり，生物中の ^{14}C の減り具合から，死んでからどれだけ時間が経過したかを知ることができる。天然における炭素と窒素の同位体存在比を表 2.5 に示した。炭素の同位体はほとんどが ^{12}C であり，^{13}C が 1.1%，それに ^{14}C が極わずかに存在する。それに対して窒素の方は ^{14}N がほとんどを占めている。^{14}N に宇宙線があたって ^{14}C が生じ，そ

^{14}C は β^- 崩壊して ^{14}N となる。β^- 崩壊とは，原子核から電子が 1 個放出され，中性子が陽子に変わる反応である。これで質量数は変わらないが，原子番号が 1 だけ増加する。

表 2.5　同位体の存在比(地球上)

炭素		窒素	
^{12}C	98.9%		
^{13}C	1.1%		
^{14}C	極微量[1] (1×10^{-10} %)	^{14}N	99.6%
		^{15}N	0.4%

[1] ^{14}C の大気中の存在比は，経年的にほぼ一定である。

表 2.6 炭素の同位体

質量数	陽子	中性子	分類
12	6	6	安定同位体
13	6	7	
14	6	8	放射性同位体

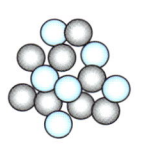

炭素14の原子核

日本で最初にノーベル賞を受賞したのは，1949年の湯川秀樹の物理学賞であった。湯川は，1935年に中間子という粒子（質量が電子の約200倍）のやりとりで，核子（陽子および中性子）の間に強い引力が生じているという仮説を出した。1947年にPowell（パウエル，英）が，宇宙線の軌跡の中にπ中間子を発見し，湯川の予言が正しいことが証明された。

湯川秀樹
（2000年，日本）

れが徐々に ^{14}N に戻ることで，生成と崩壊のバランスがとれ，大気中の ^{14}C 濃度がほぼ一定に保たれている。^{12}C や ^{13}C は安定なのに，^{14}C だけ壊れるのはなぜだろうか。表2.6に示すように，炭素は原子番号が6なので，原子核中の陽子はいずれも6個であり，違うのは中性子の数である。つまり，陽子に対して最適な中性子の数が決まっていて，多すぎても少なすぎてもだめということである。

2.2 太陽光のスペクトル

鉄を燃やすと赤く光るように，物体はその温度に応じて連続的な波長の光を放出する。温度が高い程，放出される光のエネルギーも全体的に高い。太陽は表面温度が約6000℃であり，紫外線や可視光も放出している。地球は表面温度が平均で約15℃であり，光は何も出していないように見えるが，実は赤外線を出している（表2.7）。電磁波の波長に応じた分類を表2.8に示す。人間の目で見える光の波長範囲が可視部であり，それよりも短波長側が紫外線，長波長側が赤外線である。可視部の中で，青い光よりも赤い光の方が波長が長い（図2.4）。そして，赤

表 2.7 太陽や地球からの光の放出

	表面温度	放出される光
太　陽	約6000℃	紫外線や可視光も含む
地　球	平均で約15℃	赤外線

表 2.8 電磁波の波長領域とその名称

波長領域[1]	名　称
1 mm 以上	マイクロ波
	赤外線
0.38～0.77 μm	可視光
	紫外線
1 nm 以下	X線（およびγ線）

[1] 波長領域の境界は，明確に定められているわけではない。赤外線とマイクロ波の波長領域は0.1～1 mmの間で重なっているし，紫外線とX線も，1 nmから数十 nmの範囲は両方に含まれる。

μ（マイクロ）と n（ナノ）は大きさを表す接頭語である（付表V参照）。例えば，可視と赤外の境界は，0.77 μm = 770 nm である。

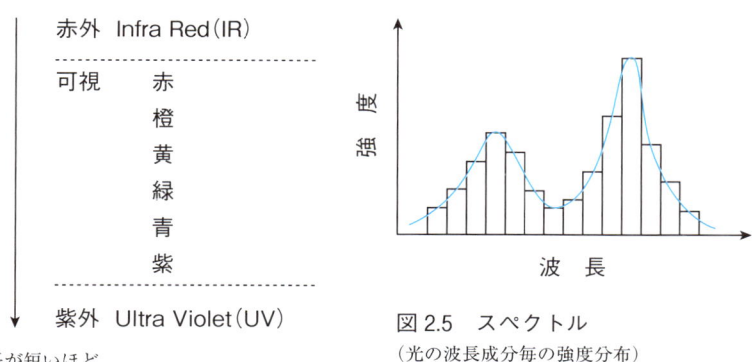

図 2.4　赤外線と紫外線

図 2.5　スペクトル
（光の波長成分毎の強度分布）

(red)の外側なので赤外(Infra Red, IR)と呼ぶ。可視部の中で一番波長が短いのは紫(violet)であり，その外側なので紫外(Ultra Violet, UV)と呼ぶ。光は波長が短いほど，エネルギーが高い。紫外線よりも波長が短く，エネルギーが高いのが X 線である(表 2.8)。逆に，赤外線よりも波長が長いのがマイクロ波である。赤外線はこたつなどに利用されているし，マイクロ波は電子レンジに使われている。

　スペクトルとは，振動や波動などを各成分に分解したときの，各成分の強度分布を表したものである。例えば，図 2.5 のように，光の波長範囲を細かく区切って，それぞれの成分の強度をヒストグラムとして示すことができる。波長範囲の分割をもっと細かくしてやると，スムーズな曲線が得られる。このように，成分毎の強度分布を示したものをスペクトルという。太陽の光をプリズムに通すことで，波長成分に分けることができ，虹色のスペクトルが得られる。しかし，よく見るとそれには特定の波長成分が抜けて黒い線が所々に入っている(口絵参照)。これを暗線，あるいはフラウンホーファー線と呼ぶ。フラウンホーファー(Fraunhofer)とは，この暗線を詳しく研究したドイツの物理学者の名前である。1814 年に彼は，太陽光のスペクトルの暗線を詳しく観測し，赤の側から順にアルファベットで A, B, C…と記号をつけた(表 2.9)。これは，太陽から発せられた光が地表に届くまでに，途中で特定の波長の光が吸収されるため，そこが暗い線となって見えているのである(図 2.6)。この原因は，地球大気(O_2 など)による影響を除くと，太陽に存在する各原子が光を吸収するためである。それぞれの原子は決まった波長の光を吸収するので，その波長の値からどの原子による吸収かが特定できる。これにより，太陽の中には 61 種類の元素が確実に存在するこ

ヒストグラムとは，棒グラフのことである。

表2.9 太陽光スペクトルの暗線

記号	色	波長(Å)	吸収源
A	真赤	7594	O_2(地球大気中)
B	赤	6870	O_2(地球大気中)
C	赤	6563	H
D_1	黄	5896	Na
D_2	黄	5890	Na
E	緑	5270	Fe
F	青	4861	H

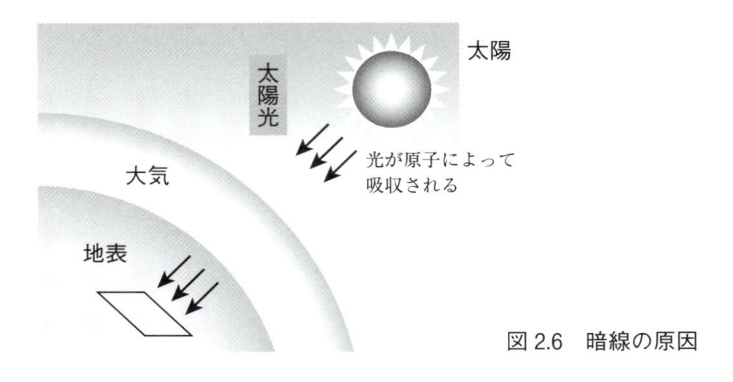

図2.6 暗線の原因

とがわかっている。その中でも約90％が水素であり，次にヘリウムが多い。太陽以外にも，宇宙に存在する星から出ている光を分析すると，どのような元素がどれ位の比率で存在するかの情報が得られる。それにより，宇宙には水素が一番多いというようなことがわかっているのである。

> 太陽の中は高温高圧状態であり，水素からヘリウムが生成する反応(核融合)が起きている(p.46参照)。これによって，比較的大きいエネルギーが放出され，光輝いているのである。

2.3 惑星の大気

太陽系の惑星の中で生命が誕生したのは，地球だけである。これは，地球が太陽から絶妙な距離にあったことが効いている。図2.2に示したように，太陽の周りを，すい(水星)，きん(金星)，ち(地球)，か(火星)，もく(木星)，どってん(土星と天王星)，かい(海王星)，めい(冥王星)が取り囲んでいる。ただし，一番最後の冥王星は，2006年に，惑星の定義に添わないという理由で，除外された。太陽系の中心近くに存在する，水星，金星，地球，火星の軌道はほぼ同一平面内にある。そしてこれらの惑星は，中心の核を除くと主に岩石からできている(地球型惑星)。これに対して，さらに外側に存在する，木星，土星，天王星，海王星は，中心に鉄や岩石の核をもつものの，大部分が水素からなる(木星型惑星)。太陽からの距離や惑星の相対半径を表2.10に示した。地球

> 2006年8月国際天文学連合総会において，惑星の定義は次の3項目を満たす天体とすることが決まった。(1)太陽を周回する。(2)自分の重力で固まって球状をしている。(3)その天体が公転軌道上の近傍領域において圧倒的に大きい。冥王星については，公転軌道上に，より大きい海王星が存在するため，(3)の条件を満たさない。このため，冥王星は惑星ではなく，準惑星に分類されることになった。

表 2.10 太陽系の惑星

	惑星の分類	太陽からの相対距離[1]	相対半径[2]	平均密度 ($g\ cm^{-3}$)
太陽	—	—	109	1.4
水星	地球型	0.39	0.38	5.5
金星		0.72	0.95	5.3
地球		1.00	1.00	5.5
火星		1.52	0.53	4.0
木星	木星型[3]	5.20	11.2	1.3
土星		9.52	9.5	0.7
天王星		19.2	3.7	1.7
海王星		30.0	3.9	1.6

[1] 太陽から地球までの平均距離 1.496×10^8 km を基準としている。
[2] 地球の半径 6371 km を基準としている。
[3] 中心に鉄や岩石の核があるが，大部分は水素からなる。なお，最近の惑星探査の結果から組成が違うことがわかり，木星と土星だけを木星型（ガス惑星），天王星と海王星は天王星型（氷惑星）と分類される場合もある。

型惑星は，平均密度が 4～5.5 g/cm³ と高いことがわかる。それに比べて，木星型惑星は地球の半径の 4～11 倍と巨大であるが，密度が低く，その点で太陽と似ている。太陽系が誕生した当初は，地球型惑星も，星雲ガス（主成分が水素やヘリウム）に囲まれていたが，惑星の質量が不充分だったために引き付けて保つことができなかったと推定される。

地球型惑星の大気組成を，表 2.11 に示した。これからわかることは，金星も火星も，その大気の約 96% が二酸化炭素だということである。原始地球の大気も，これと同じだったはずである。しかし，今は 0.034% しかない。これは，地球に液体の水，つまり海があったためである。二酸化炭素は水に溶けやすく，水に溶けると炭酸イオンとなる。これが海水中のカルシウムイオン Ca^{2+} と結合し，石灰石 $CaCO_3$ として沈殿した（図 2.7）。貝殻やサンゴなどの主成分も，炭酸カルシウムである。このように岩石として固定されたものも含めて，CO_2 と窒素 N_2 の比を求めると，地球は火星や金星とほぼ同じであることがわかる（表 2.11）。つまり，地球の大気の約 8 割が窒素であるが，それは CO_2 が大

表 2.11 地球型惑星の大気組成

	金星	地球	火星
CO_2	96.5%	0.034%	95.3%
窒素 N_2	3.5%	78.08%	2.7%
酸素 O_2	—	20.95%	0.13%
CO_2/N_2	28	32[1]	35
表面温度	450℃	15℃	−50℃

[1] 地表に固定された CO_2 を含む。

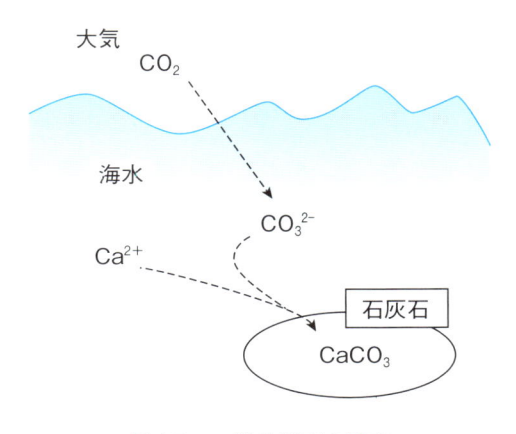

図 2.7 二酸化炭素の固定

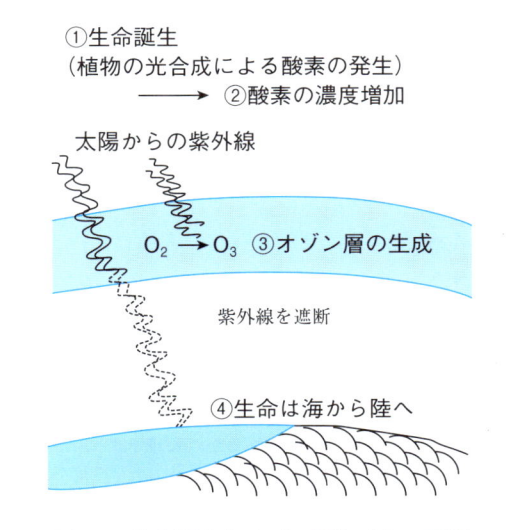

図 2.8 生命誕生とオゾン層生成との関係

気から除かれたために目立ってきたということである。また，地球の大気の特徴として，酸素が 21% も存在する。これは，生命が誕生し，植物の光合成によって生じたものである。地球に液体の水が存在したために，このような変化が起こったわけであるが，液体の水が存在する惑星の条件は 2 つある。まず，地表温度が適度であること。金星は表面の平均温度が 450℃ もあり，多量の水が存在するものの，すべてが水蒸気となっている。火星では温度が −50℃ と低い。要するに，地球は太陽からの距離が絶妙な位置にあるおかげで，地表の温度が平均で約 15℃ と温和であり，水が液体の状態をとっている。水が存在するためのもう 1 つの条件は，その惑星が適度な引力をもつことである。火星は地球と比べて半径が約半分であり，かつて水が存在していたものの，引力が弱いため宇宙空間に逃げてしまったと推定される。月も地球から分離した当初は，空気や水も存在したはずであるが，引力が弱いために保持できなかったと推定される。

さて，地球には液体の水，つまり海があったため CO_2 が大気中から取り除かれ，また生命が誕生し，光合成によって酸素が蓄積されていった。しかし，生命は当初は海の中だけに限られていた。なぜならば，太陽からの紫外線が強烈に地表まで届いていたからである。大気中の酸素濃度がある程度高くなると，酸素に紫外線があたってオゾン層ができていった。オゾンは紫外線を吸収するため，太陽からの強い紫外線が地表まで届くのを防いでくれる（図 2.8）。このために，生命は海から陸へ上がれるようになった。

> オゾン層では，酸素に紫外線があたりオゾンが生成しているが，逆にオゾンから酸素への光分解反応も起こっていて，平衡が保たれている。なお，光あるいはそのエネルギーを $h\nu$ で表す（第 4 章参照）。
>
> $2\, O_3 \underset{h\nu_2}{\overset{h\nu_1}{\rightleftarrows}} 3\, O_2$
>
> 酸素とオゾンの平衡

2.4　オゾン層の破壊

地球を取り巻く大気は，地上からの高度によって温度や圧力などの特徴が異なるため，領域を区分して呼ばれる。まず，地表に一番近い層が大気圏であり，雲ができ雨が降るなどの水の循環が起こっている部分である。その上の層(高度約 8〜80 km)が成層圏である。気圧が低く，密度もかなり下がっている。この成層圏の中にオゾン層が存在する。これは，生物にとって紫外線防御のための貴重なバリアーであり，生命誕生以来 20 億年以上もかかって，ようやく形成されたものである。しかし，このオゾン層が破壊されつつあることがわかった。南極の春(10 月頃)に，上空のオゾン濃度が極端に少ない部分が生じる。これをオゾンホールという(図 2.9)。あたかも，ぽっかりと穴があいているように見えるので，そう呼ばれている。なぜ 10 月頃にできるかというと，次のような理由による。南半球は北半球と，夏冬が逆転する。つまり 7 月から 8 月にかけて，南極では真冬であり，一日中太陽が昇らず真っ暗な極夜が続く。冬が終わって春になると雲が発生しやすくなり，その雲の表面でオゾンの分解反応が進む。このため，オゾンホールが生じる。これが 1980 年頃から急速に面積が拡大していき，2000 年には，南極大陸の約 2 倍の面積にまで達した。

オゾン層破壊の原因物質は，フロンガスである。フロンとは，クロロフルオロカーボン(略号 CFC)の総称であり，メタン CH_4 やエタン C_2H_6 の水素原子を全てフッ素および塩素原子と置き換えたものである(特定フロンとも呼ぶ)。かつてフロンは，冷蔵庫の冷媒や，ヘアスプレー用のガス，あるいは半導体の洗浄剤として多用された。安定で分解

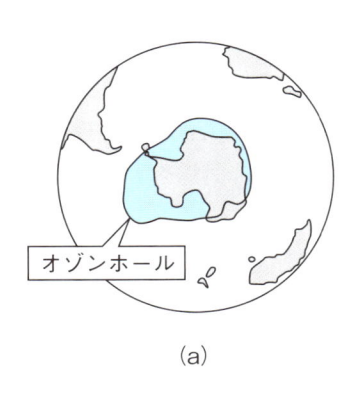

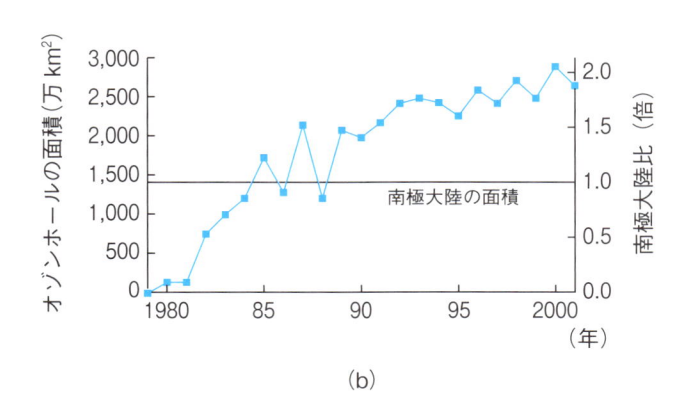

図 2.9　(a) オゾンホール，(b) オゾンホールの面積の推移
(出典：気象庁，『オゾン層観測報告 2000』)

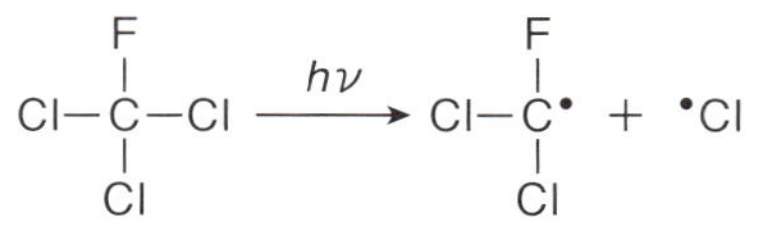

塩素ラジカルの発生

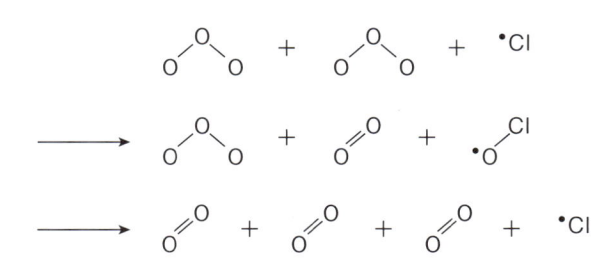

オゾンの分解反応

原子や分子中の電子は，2個で1組の対を作ると安定になる。ラジカルとは，対を作っていない電子（不対電子）をもつ原子や分子をさす。フリーラジカル，あるいは遊離基ともいう。それは不安定な状態であり，非常に反応しやすい。

なお，オゾンホールが発見されたのは 1983 年であるが，そのずっと前（1974 年）にアメリカの Rowland（ローランド）が，特定フロンによってオゾン層が破壊されることを予言していた。ローランドは，1995 年に「オゾンの形成と分解に関する大気化学」の功績で，ノーベル化学賞を受賞した。

モントリオール議定書（2007年調整）に従い，日本では特定フロン（CFC）は 1995 年に全廃，代替フロンのうち，ハイドロクロロフルオロカーボン（HCFC）は 2020 年に全廃の予定。ただし，HFC は規制なし。

されにくいため，大気中へ放出され，たまっていった。フロンは大気上空まで達し，これに紫外線があたることで塩素ラジカル（•Cl）が生じ，それがオゾンを分解する触媒となってしまう。

オゾン層が破壊されると，強い紫外線が地表まで降り注ぐことになる。オーストラリアの人々は，皮膚がんの発症を危惧している。私たち黄色人種は，メラニン色素をもつため紫外線が皮膚深くまでは透過しにくいが，白色人種にとって紫外線の影響は深刻である。また，植物も紫外線によって成長が抑制される。オゾン層にとって，フロンから塩素ラジカルが生じることが問題であるので，対処法として塩素の代わりに水素原子を入れたハイドロフルオロカーボン（HFC）などが，代替フロンとして使われている。ただし，温室効果が強いという問題点もある。

2.5　地球の温暖化

赤道付近の土地が海に没したり，畑に波がかぶり塩害が出るなどの問題が生じている。これは，地球の温暖化のためである。北極や南極などの氷が溶け，また海水が膨張することにより，ここ 100 年間に約 10 cm の割合で，海面が上昇している。温暖化の仕組みを簡単に示すと，図 2.10 のようになる。地球に到達する太陽光のうち，約半分が雲などによって反射され，約半分が地表まで到達する。そして，暖められた地表から赤外線が放出される。大気中の CO_2 がこの赤外線を吸収し散乱する（一部は地表の方へ戻る）。このため大気圏外へのスムーズなエネルギー放出が妨げられる。したがって，地球に熱がこもることになる。

南極の氷を調べると，過去の大気の様子がわかる。なぜならば，雪が降り積もって上から押され，長い時間がかかって氷となるが，そのとき空気も氷の中に少し取り込まれるからである。氷は深く掘るほど年代が古くなる。1987 年にソ連は南極で過去 16 万年にわたる氷試料を採取し，^1H と ^2H（D）の比をもとに当時の大気温度を割り出した。また放射

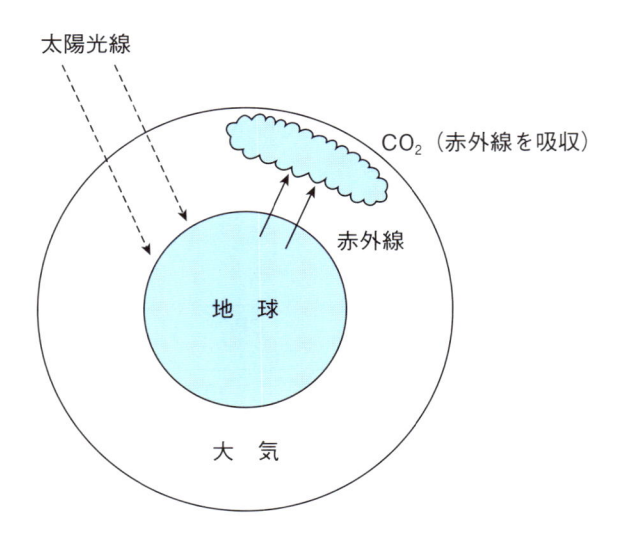

図 2.10　地球温暖化の発生機構

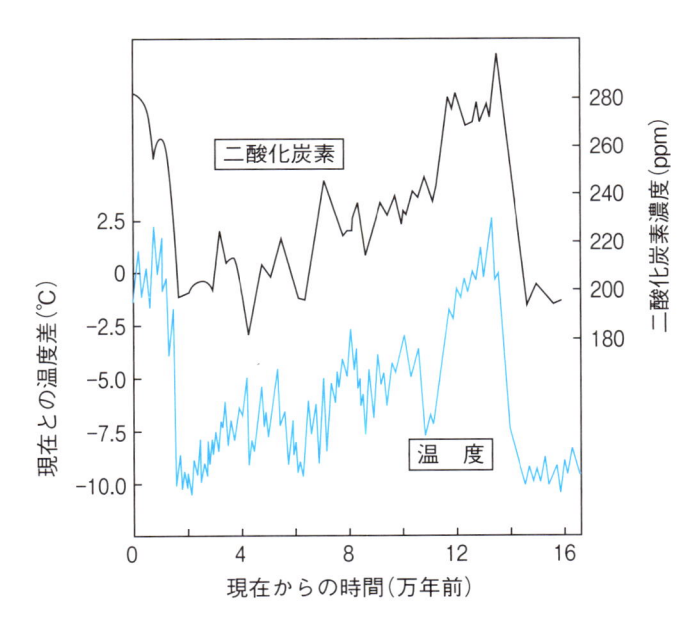

図 2.11　過去16万年間の大気中の二酸化炭素濃度と気温との関係
南極ボストーク基地で採取した氷中の $^1H/^2H$ や CO_2 の分析の結果にもとづく（J. Barnola ら, *Nature*, Vol. 329, 1987）。

性元素で年代を測定し，CO_2 や CH_4 の定量分析も行った。図 2.11 は，大気中の CO_2 濃度と温度との関係を示したものである。それらには強い相関があり，二酸化炭素の濃度が高いと，温度も高くなっている。

図 2.12 は地表から発せられる赤外線のスペクトルである。太陽光によって暖められた地球は，赤外線を放出している。温度27℃の物体が

なお，氷中の軽水素 ^1H と重水素 ^2H の比から，温度がわかる理由は次の通りである。水の中には質量の異なる分子が混在する。水分子は軽いほど蒸発しやすいが，大気温度が高くなると，海や川から質量の大きい水分子の蒸発量が相対的に増える。それが雲となり雪となって南極に降る。このため氷中の重水素の割合が多いほど，大気温度が高かったことがわかる。

図2.12を見ると，水も地球から出ている赤外線を吸収していることがわかる。しかし，地球において水は欠くことができない物質であり，海がある限り大気中の水分は減らしようがない。このため，大気中の水による影響は，温暖化の議論から除外されている。

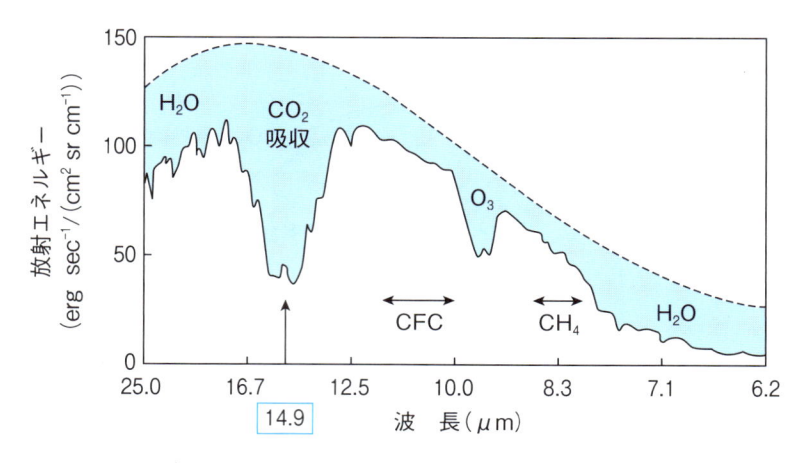

図2.12 地球から宇宙に放出される赤外線のスペクトル
実線は測定値，破線は27℃の黒体を仮定したときの理論値
(R.A. Hanel ら, *J. Geophys. Res.*, **77**, 2629, 1972)。

光の波長が $\lambda = 14.9\ \mu m = 1.49 \times 10^{-5}$ m のとき，そのエネルギーを波数単位で表すと $\nu\ (= 1/\lambda) = 668\ cm^{-1}$ となる。

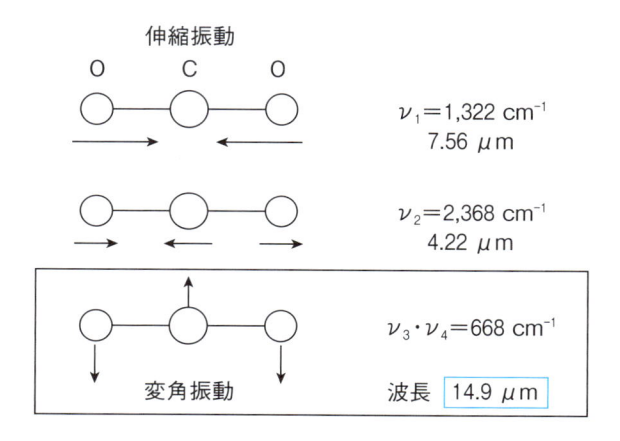

図2.13 二酸化炭素の分子内振動と，それに対応する電磁波のエネルギーおよび波長

出す赤外線のスペクトルは，理論によると図2.12の破線のようにスムーズな曲線になるはずである。ところが，実際の測定結果はところどころ欠けて窪んでいる。これは，大気中に赤外線を吸収する分子（H_2O, CO_2, O_3 など）が存在するためである。特に，地表から発せられる赤外線のピーク付近（波長 14.9 μm）における窪みは，CO_2 の吸収による。二酸化炭素は直線形の分子であり，中央の炭素原子の両端に酸素が結合している。どのような分子でも，形が固定されているわけではなく，結合距離が伸び縮みしたり角度が変わるなどの分子内振動を伴う。その振動の様子は，原子がバネで結ばれているとして近似できる。特定の波長の赤外線が分子にあたると，共鳴が起こってその赤外線が吸収され，分

子の振動エネルギーに変わる。波長 14.9 μm の赤外線は二酸化炭素に吸収され，変角振動（2 つの酸素原子に対して炭素が反対方向に動いて O-C-O 角が変わるような振動）を活性化する（図 2.13）。ただし，CO_2 分子はいつまでも活発に振動しているわけではなく，しばらくすると振動が弱まり，前と同じ波長の赤外線を放出する。このとき，放射方向は決まっていないので，あらゆる方向に赤外線が散乱される。

　二酸化炭素による温室効果は，温室のガラスに例えることができる（図 2.14）。ガラスは日光を通すが部屋の熱は逃がしにくい。これで部屋が暖まる。大気中の二酸化炭素は，このガラスの役目をしている。すなわち，紫外線や可視光は通すが赤外線は吸収して散乱する。このため，エネルギーが大気圏外へ流れ出るのを妨げている。大気中の二酸化炭素の濃度を仮に 0 とすると，この温室効果がなくなり，温度が下がり過ぎてしまう。その一方で，化石燃料（石炭，石油や天然ガスなど）の消費により，二酸化炭素濃度が急激に増え，地球の温暖化が進んでいる。

　二酸化炭素が赤外線を吸収することを，不思議に思うかもしれない。しかし多少の例外はあるものの，どのような分子でも赤外線を吸収する。ただし，その吸収波長は分子に固有であり，一般に多数の吸収帯をもつ。逆に，物質による赤外線吸収スペクトルを測定すれば，その吸収パターンからどのような化合物かがわかる。温暖化の問題で，なぜ二酸

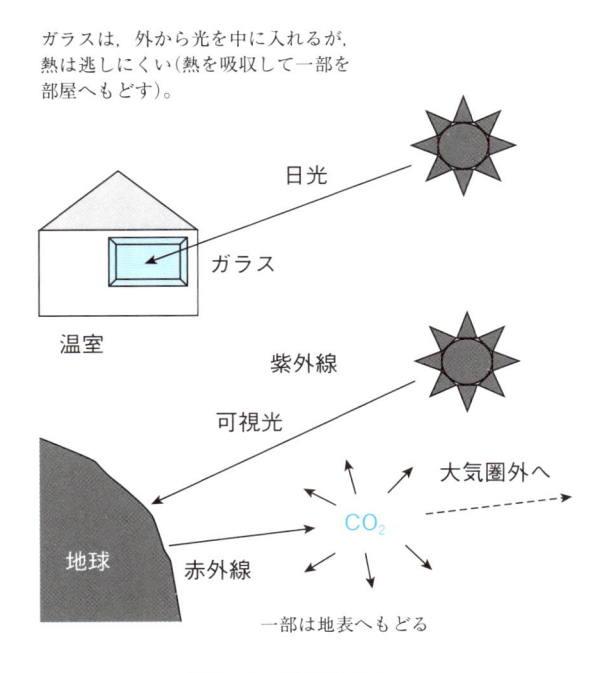

図 2.14　温室効果とは

表 2.12　温室効果ガス

物質	温暖化への寄与率
二酸化炭素（CO_2）	64 %
メタン（CH_4）	19 %
フロンと代替フロン	10 %

化炭素がやり玉に挙げられているのかというと，地球から放出される赤外線のピークの波長と，二酸化炭素が吸収しやすい波長がたまたま一致しているからである。表 2.12 に示したように，地球の温暖化に対して二酸化炭素の寄与の割合は 64％である。この他に，メタンとフロンも温暖化にかかわっている。

金星の太陽面通過

　2012 年 6 月に金星が太陽の方向を通過したため，黒くて丸い小さい影が観測された。月の場合は太陽を隠すため日食となるが，金星の影はなぜ小さいのだろうか。太陽と金星そして地球が一直線上に並ぶとき，金星は地球にかなり接近している。しかし，太陽に比べてその大きさは約 1/100 なので，影は小さい。太陽からの距離を考えると，月は地球とほぼ同位置であるため，影が大きくなる。太陽から地球まで，光が届くのにどれくらい時間がかかるか，計算してみよう。距離は $L = 1.5 \times 10^{11}$ m，光速は $c = 2.998 \times 10^8$ m s^{-1} なので，要する時間は　$L/c = 500$ s，つまり 8 分 20 秒もかかる。

金星の影　　日食

地球から太陽を観測したときの見え方

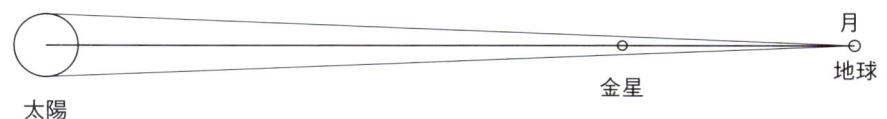

太陽　　　金星　　月／地球

(注) 間の距離に比べて，太陽や金星の大きさを 10 倍程度拡大している。

金星の太陽面通過における位置関係

チョウは紫外線が見える

　人間の目で見ることができる光の波長範囲を，電磁波の可視部という。波長範囲には多少個人差があるが，下限は 380 nm 程度，上限は 770 nm 程度であり，そのもっと短波長側に紫外部，長波長側に赤外部が続いている。人間の目の網膜には，青，緑，赤をそれぞれ感じる細胞があるが，チョウなどの昆虫の複眼には，紫外線を感じる細胞もある。モンシロチョウのメスとオスは，我々にはどちらも白く見える。しかし，メスの羽は紫外線を反射し，オスの羽は紫外線を吸収する。つまり，紫外線を感知できる昆虫の目でモンシロチョウを見たとすると，メスとオスとではおそらく色が違うということである。これで，モンシロチョウのオスは，遠くからでもメスを見分けて近づくことができるのである。参考：『いろいろな感覚の世界』（江口栄輔・蟻川謙太郎編，学会出版センター，2010）．

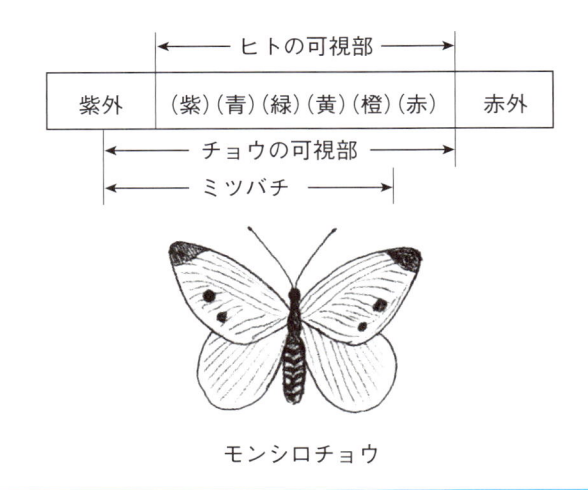

モンシロチョウ

演習問題

問1　次の電磁波の種類の中で，エネルギーの高い順に並べなさい。
　（a）マイクロ波，（b）紫外線，（c）X線，（d）可視光，（e）赤外線

問2　太陽系の惑星の中で，液体の水が存在するのは地球だけである。それはなぜか。また，液体の水が存在しなければ，地球大気の 95% は二酸化炭素であったと推定される。しかし実際には，二酸化炭素は 0.034% しかない。その理由を述べなさい。

問3　生物の化石（木材，木炭，貝殻，骨など）の年代を決定するのに，炭素14年代測定法が用いられる。この原理を，グラフを書きながら説明しなさい（縦軸は炭素14の濃度，横軸は経過時間とする）。なお，炭素14の半減期は5730年である。

問4　二酸化炭素の分子振動と，温室効果との関係を説明しなさい。

問5　オゾン層が破壊されるとなぜ困るのか，説明しなさい。

3 化学の歴史
―誰が錬金術を止めたか―

3.1 はじめに

科学の発展の歴史を振り返る意義は，現代の科学はまだ発展途上にあるという認識をもつことにある。ややもすると，現在の科学技術は最高域に達してしまっているかのように思ってしまう。しかし，今から100年後あるいは1000年後に現在を振り返ると，まだまだ未熟だったことがわかるはずである。また，科学の発展は，だらだらと長い坂を上るようなものではなく，発見や発明が契機となり，階段あるいは崖を上るように急激に発達する。つまり，新しい発見が科学の発展に非常に大事であることがわかる。単に科学史を振り返るといっても資料が膨大であり，目的をしぼって調べないと泥沼にはまる。そこで，ここでは，誰が錬金術を止めたのか，また原子量決定に至るまでの道筋に注目して，化学の発展の歴史を振り返ることにする。なお，過去の大科学者であっても，誤った概念を継承したり，不完全な仮説を唱えたりしている。そのような迷い道をたどるのは真の概念や仮説の形成過程を理解するのには役立たず，かえって初学者を混乱させるだけなので，深入りしないことにする。

3.2 ギリシャ哲学の物質観

世界史の本に出てくるように，今から約5千年前に四大文明が発祥した（図3.1）。いずれも，大きい川の流域に沿っている。この中で，後世のヨーロッパの自然科学に一番影響を与えたのは，エジプト文明であった。なぜならば，インドと中国は地域的に離れて孤立していたからである。エジプトでは，数学および天文学が発達し，暦も作られた。地域的に近かったこともあり，ギリシャ哲学はエジプト文明の流れを汲んでいる。

ギリシャ哲学者のThalēs（タレス）は紀元前624年頃に生れ，エジプトの神官階級と交わって，数学および天文学的知識を得た。そして，

この頃の考古学の資料は，ロゼッタ石などの刻文，パピルス・皮革・粘土片に書かれた文書などである。紀元前（B.C.）3300年頃，最初のエジプト王朝が樹立された。

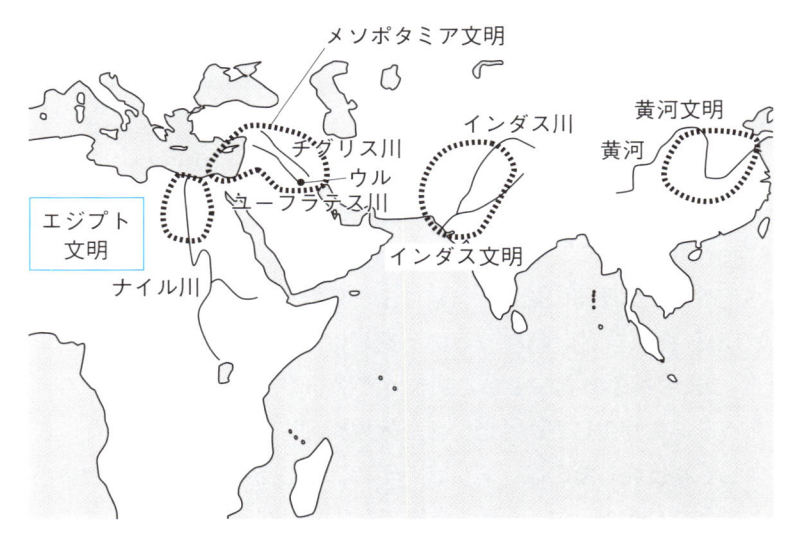

図 3.1　四大文明の発祥地

いっさいの事物はただ 1 つの始原物質から発生するという一元説を唱えた。このとき，始原物質とみなしたものは水であった。ナイル川の水はすべてのものをもたらす。また，植物も水がないと育たない。この一元説という考えは，他のギリシャ哲学者にも共通していたが，始原物質として選んだものは，ヘシオドスが土，アナクシメネスが空気，ヘラクレイトスが火というように違っていた（表 3.1）。始原物質をどれか 1 つに絞るのは無理があるので，B.C.450 年頃にエンペドクレスが，それらをまとめて四元説（土，火，水，空気）とした。これは見方を変えると，土が固体，水が液体，空気が気体でそれぞれ物質の状態を表し，火がエネルギーとも読みとれる。このように，あらゆるものは少数の始原物質，つまり元素からなるという考えは，インドや中国の古代哲学でも共通していた。B.C.350 年頃，Aristotelēs（アリストテレス）は，四元説にも

表 3.1　ギリシャ哲学の物質観

	提唱された（始原物質）と哲学者
一元説	（土）[1] B.C.8C 頃　　ヘシオドス （水）　 B.C.600 年頃　タレス （空気）B.C.550 年頃　アナクシメネス （火）　 B.C.500 年頃　ヘラクレイトス
四元説	（土，火，水，空気） 　　　　 B.C.450 年頃　エンペドクレス
五元説	（土，火，水，空気，第 5 元素）[2] 　　　　 B.C.350 年頃　アリストテレス

[1] カッコ内は，その哲学者が始原物質とみなしたもの。
[2] 地上 4 元素は同一根元の異なる現象形態であり，天を構成する第 5 元素は非物質的であると考えた。

アリストテレス
（死去 2,300 年記念，1978 年キプロス）

う1つの元素を加えて五元説(土, 火, 水, 空気, 第5元素)とした。そして, 地上の4元素と異なり, 神の国つまり天を構成する第5元素は非物質的であるとした。

物質に関してこのような混沌とした考えが大勢を占めている中で, 現在にも通ずる理論を考えたギリシャ哲学者もいた。B.C.400年頃, Dēmokritos(デモクリトス)は原子論を唱えた。「宇宙は原子からなり, すべての変化は原子の結合と分離によってのみ生じる」という説である(表3.2)。彼は自然に起こっている過程は, 「超自然的なものの気まぐれ」, つまり神の意向によって決まっているのではなく, それぞれ理由があって結果が生じているという, 機械的因果論の立場をとった。これに対して猛反発したのは, アリストテレスであった。彼は神の世界の元素も考えた位であり, 「人間は全創造の目的である」とした。このような, 宗教的な考えは当時の人々に受け入れられやすく, しかもアリストテレスは自然科学のあらゆる分野に精通していたこともあり, 彼の考えがその後, 定説となり後世まで伝わっていくことになる。その後, デモクリトスの原子論は忘れ去られてしまうが, 約2200年後にすべての自然現象の根底をなすものとして復活した。それを行ったのはドルトンであるが, このことについては, また後で述べる。

デモクリトス
(1983年ギリシャ)

表3.2 デモクリトスの原子論(B.C.400年頃)[1]

デモクリトスの原子論	宇宙は原子からなる。すべての変化は原子の結合と分離によってのみ生じる。原子と空虚な空間(真空)以外には何ものも存在しない。自然におけるすべての過程は, 超自然的なものの気まぐれによるものではなく, 因果的に制約されている。
アリストテレスによる反論	自然は盲目的な必然性によってのみ働くのか, それとも目的に向かって働くのか。人間は全創造の目的であり中心である。

[1] 1803年ドルトンによって, 原子論は復活した。

古代において自然科学的な考えができていたことを, 如実に伝えるエピソードがある。B.C.250年頃, シラクサという古代ギリシャの都市で(地中海シチリア島にあり, 現在はイタリア領), 数学者のArchimēdēs(アルキメデス)は仕えていた王様に次のような命を受けた。「金の王冠を作らせたのだが, 鍛冶屋が銀をまぜて金をだましとった疑いがある。王冠がすべて金か, それとも銀が混ざっているかを判別せよ」というものであった。王冠を切り刻めば, 中に銀が入っているか色でわかるであろうが, 壊さないで調べなければならない。アルキメデスはしばらく考え続けたが, なかなか答えが思い浮かばなかった。たまたま浴場へ行き, 浴槽いっぱいのお湯の中に自分の体を入れ, お湯があ

アルキメデス
(1983年イタリア)

シラクサの位置

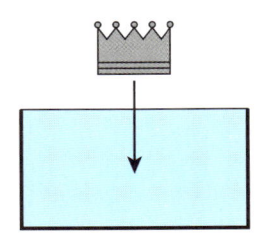

アルキメデスの方法

ふれ出したのを見て，検査の方法を思いついた。すなわち，容器に水を満たし，王冠と同じ重さの金を入れて，あふれ出た水の量を計る。次に王冠を入れ，あふれ出た水の量を計りそれが同じであれば，すべて金だといえる。なぜならば，金属によって比重が違うからである。比重とは，同じ体積の水に比べて，何倍重いかを示していて，金 19.3, 銀 10.5, 銅 8.9 である。水の密度は約 1 g/cm^3 であるから，それぞれ密度の値と見なせる。つまり，同じ体積あたり，金は銀の約 2 倍重い。逆にいうと，同じ重さならば，銀は金の約 2 倍かさ高いのである。金の中に銀が混ぜてあれば，重さの割りにかさが増えるので，見分けられるわけである。実際のところ，これで金の横領の証拠をつかんだ，という。

さて，上記の逸話から，金や銀の元素が古くから認識されていたことがうかがえる。有史以前から知られていた元素は，炭素，硫黄，鉄，銅，銀，スズ，金，水銀，鉛の 9 種類である。炭素は木から作れる炭であり，硫黄は火山地帯に黄色く降り積もっている。鉄は精錬しないと取り出せないが，銅や金などは純粋な金属として自然界に産出する。つまり，これらは比較的手に入りやすい元素である。年代の経過に伴って，既知の元素数がどのように増えていったのかを表 3.3 に示す。1700 年時点ではまだ 14 種類であり，ほとんど増えていない。その後，急激に数が増えていくが，それは学問としての化学の基礎的な概念が確立し，実験技術も急激に発達した結果である。2012 年時点で 114 元素が知られている。では，これからさらに 100 年後には，もっと多くの新元素が見つかっているであろうか。答えは否である。なぜならば，原子番号 92 のウランが自然に存在する一番重い元素であり，原子番号がそれ以上大きいものは，すべて人工元素である。原子番号が 110 番台以上になると，陽子間の反発が強いため，原子核が壊れやすく（寿命が非常に短く）なるからである。

なお，アルキメデスは，円周率を発見し，ペンチや天秤も発明した。現在でも，物理法則の 1 つとして「アルキメデスの原理」が知られている。これは「液体中の物体は，それが押しのけた液体の重さと同じ大きさの浮力を受ける」，というものである。

火山ガスの中に硫化水素と二酸化硫黄とが含まれており，温度が下がると次のような反応が起こり，硫黄が析出する。
$2H_2S + SO_2 \longrightarrow 3S + 2H_2O$

表 3.3 見出された元素数

	既知の元素数
有史以前	9 [1]
1700 年時点	14
1800 年	32
1900 年	83
2000 年	111 [2]
2100 年	? [3]

[1] 有史以前から知られていた元素は C, S, Fe, Cu, Ag, Sn, Au, Hg, Pb の 9 種類。
[2] 存在が確定し，正式に元素名が決まっているもの。
[3] 2000 年以降，原子番号 112, 114, 116 が国際純正・応用化学連合（IUPAC）によって認定されている（2013 年 1 月現在，原子番号 113, 115, 117, 118 は認定待ち）。

3.3 錬金術の起源

　化学の歴史を振り返るときに，錬金術の話は避けて通れない。錬金術が行われた期間は，紀元前から 18 世紀中頃までであり，その起源はエジプトの神官が独占していた模造技術（合金やめっきなど）であった。日本でもお寺や神社に行くと，仏像が金色だったり銀色の装飾が施されていたりする。これは，日常の世の中との違いを際立たせるために，荘厳さを演出している。同じように，エジプトの神殿でも，金銀や真珠などの宝石が使われていた。しかし，すべて本物を使うと予算がいくらあっても足りない。そこで，模造品で代用する技術が発達した。もし，それがまがい物であることを一般の人々に知られてしまうと，ありがたさがなくなってしまう。そのため，めっきの方法などは丸秘扱いにされた。この神官の模造技術が，いつのまにか外部にもれ，魔術的な要素も加わり，錬金術として世に広がっていった。このとき，錬金術師達がより所としたのは，アリストテレスの元素転換の思想であった。アリストテレスの考えた第 5 元素は，神の世界の元素である。これがもし地上にあり，それを見つけることができれば，思いのままの変化を起こさせる万能薬であり，不老長寿の薬にもなるはずだと，錬金術師達は勝手に考えたのである。この第 5 元素のことを，哲学者の石と呼ぶようになった。そしてそれをさがすために，錬金術師はあらゆる物を融解したり，煮沸したり，混合したりした。この錬金術は約 2 千年も続いたのである。

　図 3.2 は，古代エジプトの都市テーベにおいて，墓から出土したパピルス文書である。3 世紀頃のものでギリシャ語で書かれている。「これは秘密だから，絶対他にもらしてはいけない」という断りのもとで，銀色をつくるには銅を溶かしてヒ素などを混合する，金色を作るには銅の表面に水銀のアマルガムを使って金をめっきする，などの方法が書かれている。雲母などを使って，真珠を模造する方法も載っている。また，

> 錬金術（alchemy）という言葉は，元々は金属の精錬や蒸留などの技術をはじめとして，近代以前の化学全般を指している。しかし，本書では通常の用例に従い，錬金術は「卑金属を金に変える試み」をさすことにする。ちなみに，接頭語 al は，アラビア語で the にあたる。17 世紀にボイルが出版した『懐疑的化学者』では，この al を取り除いた単語（chymistry）が使われている。これが時代を経て，化学（chemistry）という語句になった。

> アマルガムとは，水銀と他の金属との合金のことである。

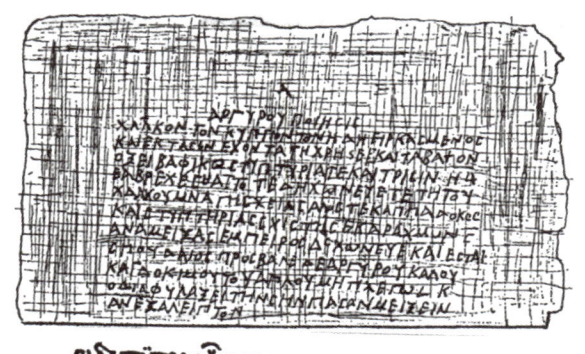

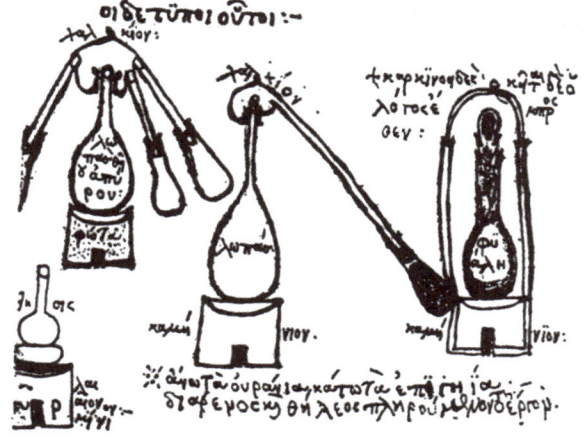

図 3.2 パピルスの文書（1828 年テーベにおいて，墓から発掘された）
上部：ストックホルム・パピルスの 1 ページ目（銀色の製法が書かれている）。
下部：レイデン・パピルス（蒸留器と溶解器）。
(Friedrich Dannemann, "Die Naturwissenschaften in ihrer Entwicklung und ihrem Zusammenhange", 2,『新訳 ダンネマン 大自然科学史』第 2 巻（三省堂））

文章だけでなく，蒸留装置など器具の図も描かれている。

　錬金術とは，卑金属を金に変えるという途方もない試みであり，現在の化学の知識があれば，そのようなことはできるはずがないことは明白である。しかし，当時の人々は未知の第 5 元素を見つけさえすれば，可能であると信じていた。かの有名な大科学者であるニュートンでさえ，錬金術に手を染めていた。この約 2 千年間続いた錬金術は，まったく無駄であったのか，というとそうでもない。表 3.4 に示すように，硫酸などの試薬や蒸留器具など，実験技術が発達し，後の化学の発展の下地となったからである。

表 3.4 工業的な技術の発達

11 世紀	ガラスや硫酸の製造，金属の精錬
12	アルコールの蒸留
14	硝酸の製造
15	化学物質の医薬への利用
16	塩酸の製造

3.4 科学史の転換期

17世紀に,科学において革命が起こった。それまでは,アリストテレスの学説が正しいと信じられていた。しかし,それが見直され新しい学問として再出発することとなる。その契機をつくったのが,イタリアの天文学者 Galileo Galilei(ガリレオ・ガリレイ)であった。1604年にガリレイは,落体の法則(すべての物体は等しい速さで落下する)を見出した(表3.5)。いい伝えによると,彼はピサの斜塔から弾丸と砲丸を同時に落下させ,地面に同時に到達することを証明したという。ただし,本当のところは,斜面に重い玉と軽い玉を転がし,落ちる時間は同じであることを実験で確かめた,ということである。それまでは,重いものほど早く落ちると信じられていた。しかし,空気抵抗の影響を除くと,落下速度は物体の質量にはよらないのである。アリストテレスをはじめとしてギリシャ哲学者は,主に机の上だけで理論を考え,実験は行わなかった。そのため,理論には欠陥があったのである。

> 科学革命とは,17世紀に始まった自然科学分野における近代化をさす。すなわち,それまで信じられていた学問体系にとらわれることなく,自然界について正確な知識を得て,それを合理的に解釈し,客観的に伝えるという,知識と実践における改革のことである。

ガリレオ・ガリレイ
(1983年イタリア)

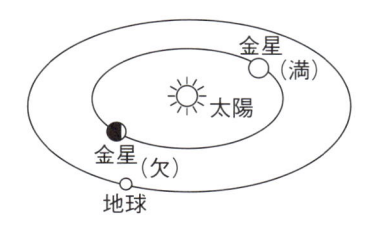

表3.5　ガリレオ・ガリレイによる発見と宗教との関わり

1604年	落体の法則「すべての物体は等しい速さで落下する」を実証。[1]
1609年	天体望遠鏡を発明し,木星の衛星,金星の満ち欠け,土星の輪を発見。金星は,満ちているときは小さく,欠けているときは大きく見えた(天動説では説明がつかない)。[2]
1632年	「天文対話」を出版(天動説と地動説を論争させる形)。
1633年	ローマの異端糾問所で,「焚刑か撤回か」の選択を迫られ,学説を撤回。

[1] 物理学の分野で最も権威のあったアリストテレスの学説を否定した。
[2] キリスト教の教義,「太陽は天の果てを出で立ち…」に反した。

1609年,ガリレイは天体望遠鏡を発明した。その当時,メガネのレンズ職人が,たまたま2枚のレンズを重ねると,遠くの教会の塔がかなり近くに見えることに気付いた。このことが評判となり,ガリレイにもこのうわさが届いた。ガリレイは,それを地球外の観察にも使えると考え,望遠鏡を作ったのである。そして,まず月を観察し,その表面に無数のクレーターを見つけ,スケッチして記録した。これまで天空にあるものは神の世界のものなので,完全な球体と信じられてきたのであるが,それは正しくないことがはっきりした点で画期的であった。また,木星には衛星があること,金星は満ち欠けすること,そして土星には輪があることを発見した。この中で特に重要だったのは,金星の満ち欠けであった。金星は,満ちているときは小さく,欠けているときは大きく見えた。これは太陽のまわりを地球も金星も回っていること(地動説)で

金星の満ち欠け
地球から金星を観察すると,満ちているときは小さく,欠けているときは大きく見える。

説明がつくが,天動説では説明がつかない。このように,ガリレイは実験や観察にもとづいて,新事実を次々に発見していった。しかし,他の学者は警戒し敵視した。なぜならば,これまで物理学の分野で最も権威のあったアリストテレスの学説を否定し,またキリスト教の教義,「太陽は天の果てを出で立ち…」という天動説にも反していたからである。ガリレイは,1632 年に「天文対話」を出版した。この本では,天動説を信じている人と地動説を唱える人とが論争する形をとり,これを読めば地動説が正しいことがわかるようにした。このように,真っ向から自分の学説を主張することは控えたのである。しかし,社会の転覆を企てている異端者とみなされ,翌 1633 年に宗教裁判にかけられた。ローマの異端糾問所で,「焚刑か,それとも自分の学説を撤回するか」の選択をせまられた。恐らく,ガリレイはこんなことで死んでもしょうがないと思ったのであろう,自分の学説を取り下げた。この時代の科学者は,まさに命がけであった。宗教裁判にかけられ,自分の学説をまげずに,死刑にされた科学者もいたからである。

　これで,ガリレイが科学者として研究を続ける道が閉ざされてしまった。しかし,実験にもとづいて物事を理解しようとする手法は,若い人々に新鮮な魅力となって引き継がれた。1657 年にイタリアで,アッカデミア・デル・チメントという,自然を実験によって研究する学会が設立された。そして,寒暖計,湿度計,比重計,気圧計などの測定器具が開発された。その中で特に重要な意味をもったのは,気圧計であった。図 3.3 に,気圧計の作り方を示す。まず,片方が閉じた細長いガラス管の中に水銀を満たし,その口を指で抑えてふさぐ。そのまま逆さまにして,ばけつの中の水銀の中に手を入れ,ガラス管の口から指を離す。そうすると,ガラス管の中の水銀がその重さによって下がり,ガラス管の上部に空洞が生じる。これを,気圧計を作った人の名前にちなんで,Torricelli(トリチェリ)の真空と呼んだ。水銀が入っているバケツと,それに突き立てたガラス管を持ち運ぶのは不便なので,それらを一体化してポットのような形の器具にした。気圧が高いと,ポット内の水銀の液面が押され,ガラス管の水銀柱が長くなる。気圧が低いと,ガラス管の中の水銀の重さのために水銀柱が短くなる。この気圧計がなぜ歴史的に意味があるかというと,真空の状態を目に見える形で示したからである。なぜならば,アリストテレスの学説では,全世界は物質で満たされており,真空は存在しないとされていた。彼らも,ガリレイの流れを汲む危険集団とみなされ,1667 年にローマ法王庁の要求でこの実験アカデミーは閉鎖されてしまった。しかし,科学革命の波はイタリアだ

　この気圧計が正しく作動することを確かめるために,彼らは山のふもとと山頂での気圧の測定を繰り返し,天候による違いなども調べた。

ロバート・ボイル
（王立協会350周年記念，
2010年イギリス）

アイザック・ニュートン
（王立協会350周年記念，
2010年イギリス）

図3.3　気圧計
(a)水銀を片側が閉じた細長いガラス管に入れ，空気がはいらないようにして，逆さまに立てた様子。丸で囲んだ部分が真空。(b)持ち運べるようにした，水銀の気圧計。
(Friedrich Dannemann, "Die Naturwissenschaften in ihrer Entwicklung und ihrem Zusammenhange", 2,『新訳　ダンネマン　大自然科学史』，第4巻（三省堂））

けにとどまらず，ヨーロッパ全体に広がっていった。1660年に，ロンドンで王立協会が設立され，1666年にはパリで科学アカデミーが創設された。

　その当時，ヨーロッパでは錬金術がまだ行われていたが，それを終わらせる一連の流れの起点を作ったのは，Robert Boyle（ロバート・ボイル）であった。彼は王立協会を立ち上げた最初の会員の1人である。ボイルは金を王水に溶かし，それを反応させて元の金に戻すなどの実験を自分で行い，他の物質を金に変えることは困難であることを実感していた。そして，錬金術が成功したといううそや，根拠のない推論を排除すべきだと考えた。そこで彼は1661年に，『懐疑的化学者』を出版した。本の副題が非常に長かった（表3.6）。また，著者名は伏せて本が出されたが，読んだ人は誰がこれを書いたのかすぐわかったという。この本が評判となり，それ以降，錬金術は次第に衰退していった。

　ボイルは若いときにオランダやフランスなどに6年間留学し，イタリアに滞在したときに発禁本のうわさを聞いた。そしてどのような内容か興味をもった。それが，ガリレイの書いた『天文対話』だった。彼はこ

> 王水は錬金術の時代から知られていた。濃硝酸1に対して濃塩酸3の割合で混ぜたもの（一升三円といって覚える）。液中に塩化ニトロシルと塩素が生じる。このため酸化力が強く，金や白金でも，塩化物にして溶かすことができる。反応式は次の通り。
> $HNO_3 + 3HCl$
> 　　$\longrightarrow NOCl + Cl_2 + 2H_2O$
> $Au + NOCl + Cl_2 + HCl$
> 　　$\longrightarrow H[AuCl_4] + NO$
> $Pt + 2NOCl + Cl_2 + 2HCl$
> 　　$\longrightarrow H_2[PtCl_6] + 2NO$

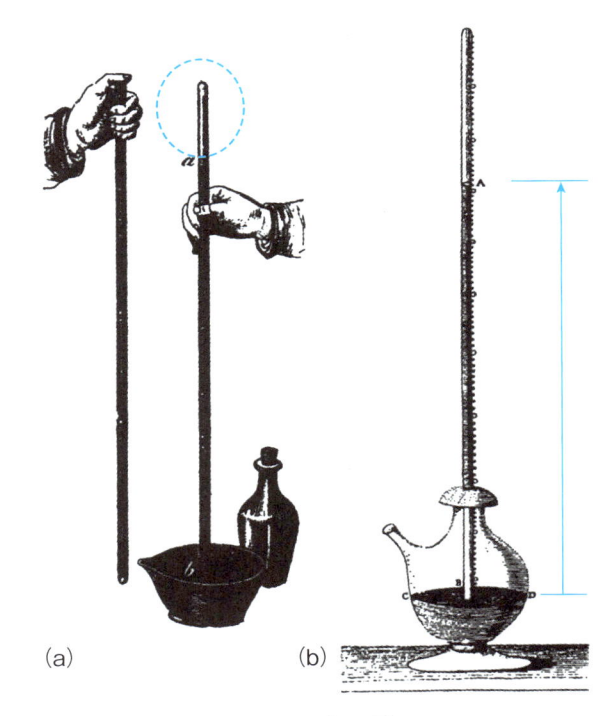

表 3.6 『懐疑的化学者』(1661 年)

副題	俗流錬金術師たちが塩と硫黄と水銀を万物の真の原基として証明しようと努力してきた諸実験に関する疑惑と逆説
著者	Robert Boyle （ただし，匿名で出版された）
登場人物	私　（著者，ただし匿名） エレウテリウス　（司会役） カルネアデス　（懐疑の化学者，つまりボイル本人） テミスティウス　（アリストテレス信奉者）[1] フィロポヌス　（俗流錬金術師）[2]

[1] 四元素説(土，火，水，空気)
[2] 三原基説(塩，硫黄，水銀)

れを読み，大きな感銘を受けた。そして，「実験を行い，観察を集めて試験した上でなければ，いかなる理論も立てないようにすべきだ」と考えた。『懐疑的化学者』も対話形式で構成されている(表 3.6)。登場人物は，まず私(著者)であるが匿名となっている。私が道を歩いていると複数の人に出会い，どこかの庭先のテーブルに座って話し合いが始まるというストーリー展開である。その中で懐疑の化学者(ボイル本人)に対して，アリストテレス信奉者と俗流錬金術師の二人が相手となって論争する。話がスムーズに進まないと困るので，司会役の人も登場する。俗流錬金術師が主張する怪しげな現象に対して，懐疑の化学者は自分で追試した結果を示しながら，論破していく。そのような内容である。

ちなみにボイルは，溶液中の沈殿反応を利用して，金属を分析する方法を説いた。たとえば，銀溶液と塩酸($Ag^+ + HCl \longrightarrow AgCl + H^+$)，カルシウム溶液と硫酸($Ca^{2+} + H_2SO_4 \longrightarrow CaSO_4 + 2H^+$)で，それぞれ白い沈殿が生じる。それまでは，金属の分析というと，乾式の方法しかなかった。また，酸の検出には，植物の汁液で染めた紙を使用した。つまり，これはリトマス試験紙の原型である。それだけではない。彼は，1662 年にボイルの法則「温度が一定のとき，気体の体積は圧力に反比例する」を発見した。ボイルはこのように優れた科学者であった。しかし，その時代にどの物質が元素かということまでは，まだはっきりわからなかった。

> 『懐疑的化学者』が 1661 年にボイルによって出版された後，急に錬金術が終わったわけではない。卑金属を金に転換できるという見解は，17 世紀においてまだ一般的な認識だったからである。当のボイルも 1675 年頃に，水銀から金を作る方法を研究していたことが，記録として残っている。また，ニュートンは 40 年以上もの間，錬金術に携わっていた。錬金術が完全に衰退したのは，元素の認識が固まり始めた 18 世紀中頃である。ちなみに，王立協会においてニュートンはボイルの後輩であった。

3.5 元素の認識

元素を認識するということに関連して，物が燃える現象をどう説明するか難しかった。酸素を発見したのはイギリスの Priestley (プリーストリ)であるが，この話を聞いたフランスの Lavoisier (ラボアジェ)は，1772 年に水銀の加熱による酸化とその生成物の光分解反応の実験を行

ボルタ
(旧1万リラ紙幣，イタリア)

電堆(でんたい)とは，金属板の対を積み重ねることによって作った電池のことである。

い，燃焼における酸素の働きを解明した(表3.7)。

新しい発見が科学を急激に発展させる。その実例が電池である。蛙の脚の神経に針を刺すと，筋肉がけいれんする現象にヒントを得て，イタリアの Volta(ボルタ)が二種類の金属の間に濡れたものをはさむと電気が生じることを見出した(表3.8)。図3.4(a)に示したように，二種類の金属板で舌をはさむと電気が流れる。身のまわりにある金属として，銀貨やスプーンおよびスズ箔等を使った。当時は電圧計も電流計もなかったので，ヒトの体で電気を感知するしか，他に方法がなかったのである。

どこまで大きな電気を作れるか試して行く過程で，図3.4(b)に示すような電堆の実験も行った。これは2種類の金属板の間に塩水などで濡

表3.7　燃焼を解明するための実験(ラボアジェ，1772年)

操作	反応の結果
(1)水銀を加熱[1]	赤色固体へ変化し，空気の体積が1/5だけ減少した(残った気体中では燃焼しない)。
(2)赤色固体に日光を照射	気体が発生し，水銀が再生した。($HgO \longrightarrow Hg + 1/2\, O_2$)

[1] 水銀を空気と共にガラス容器中に閉じ込め，反応させた。

表3.8　電池の発見と電気分解

1780年	ガルバーニ(伊)：蛙の脚の神経に針を刺すと，筋肉がけいれん。[1]
1799年	ボルタ(伊)：2種類の金属の接触による電気の発生。ボルタ電池の発明。
1800年	カーライルとニコルソン(英)：水の電気分解。
1807年	デービー(英)：固体の炭酸カリウムや炭酸ナトリウムを電気分解。[2]

[1] 下に敷いた金属板に針が触れたため，電気が生じていた。
[2] これにより，金属カリウムや金属ナトリウムが得られた。

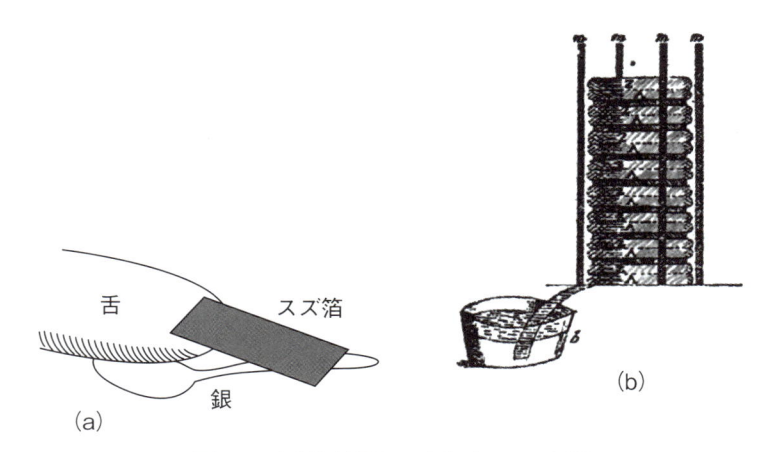

図3.4　(a)接触電気　(b)ボルタの電堆
(Friedrich Dannemann, "Die Naturwissenschaften in ihrer Entwicklung und ihrem Zusammenhange", 2,『新訳　ダンネマン　大自然科学史』，第7巻(三省堂))

らした布切れをはさみ，それを何組か積み重ねたものである。金属板2枚1組で電池になるので，それを積み重ねることで直列につないだことになる。その底面に細長い金属板の一方を差し込み，その反対側を水の入ったバケツの中に入れておく。実験者は，片手を電堆の上面に置き，もう一方の手をバケツの水の中に入れた瞬間に，体に電気が流れる仕組みである。金属の組合わせや，布を濡らす液の種類を検討し，最終的には，ボルタの電池に行きついた。これは，ガラスなどの容器に塩水あるいはアルカリ水を入れ，それに二種類の金属板（銅と亜鉛）を入れるだけ，という単純なものであった。これを数個連結させた。このボルタ電池は画期的な発明として，評判になった。当時フランスの皇帝であったナポレオンが，ボルタを呼んで話をさせたくらいである。新しい道具ができたらそれを改良し，またすぐ応用する人が出てくる。1800年にイギリスのカーライルとニコルソンが，水の電気分解を行った。また，1807年頃にイギリスのデービーが，固体の炭酸カリウムや炭酸ナトリウムを電気分解した。これによって金属のカリウムやナトリウムが生成した。これらの金属は酸素と非常に結合しやすいため，それを他の金属酸化物に反応させるとその金属を分離させることができた。つまり，強力な試薬が手に入ったわけである。

　人間が空を飛ぶという夢は，熱気球によって初めてかなえられた。1783年に，フランスでわらを燃やし空気を加熱して，熱気球が人を乗せて飛んだ（表3.9）。ただし，その前に鳥やヤギなどを乗せた試行実験が行われている。離陸はスムーズだが，着陸のコントロールは難しく，冒険に近かった。熱気球は燃えてしまう危険性もある。このため，水素気球に変わっていった。水素は，1766年にイギリスのCavendish（キャベンディッシュ）が発見した。加熱した鉄パイプの中に水蒸気を通すことで，水素が生成した（$3H_2O + 2Fe \longrightarrow Fe_2O_3 + 3H_2$）。1783年に水素気球で，フランスのCharles（シャルル）が高度3000 mに達した。さらに1804年には，フランスのGay-Lussac（ゲー・リュサック）が高度7000 mへ達し，上空の空気を持ち帰ってきている。高度が高いほど空気が薄くなり気温も下がるので，無謀ともいえる。しかし，これで空気の組成が上空でも地上と変わらないことがわかった。

気球

フランスではこのように気球の研究が盛んに行われた。戦争になったときに敵を偵察する目的で，気球部隊がナポレオンのときに結成されていたことから，国家的な事業だったと推測される。

3.6　アボガドロの仮説

　元素の認識が進むとともに，化学反応についての法則も次々と見出されていった（表3.10）。フランスのラボアジェは，反応前後での質量の

表 3.9　気球の実験

1783 年	熱気球(仏)　：わらを燃やし空気を加熱。 水素気球(仏)：シャルル　高度 3000 m [1]
1804 年	水素気球(仏)：ゲー・リュサック　高度 7000 m

[1] 水素は 1766 年，キャベンディッシュが発見した。加熱した鉄パイプに水蒸気を通すことで生成。
$3H_2O + 2Fe \longrightarrow Fe_2O_3 + 3H_2$

表 3.10　反応の法則

1774 年	ラボアジェ(仏)：質量不変の法則「物質の重量の総和は，反応で変化しない」
1799 年	プルースト(仏)：定比例(重量比の不変)の法則「複数の元素が集まって化合物を作るとき，量の比は一定である」[1]
1803 年	ドルトン(英)　：倍数比例の法則「他の元素の一定量と結合して化合物を作る，ある元素の量は簡単な倍数である」[2]

[1] 例えば，水素と酸素から水が生成する反応では，水素 2 g に対して酸素は 16 g (8 倍)。
[2] 例えば，CO と CO_2 では，同量の炭素と化合する酸素の量の比は 1：2。

> ラボアジェは偉大な化学者であったが，税の取り立てに関する仕事をしていたために市民から恨まれ，フランス革命のときにギロチンにかけられてしまった。

精密な測定を行い，質量不変の法則「物質の重量の総和は反応で変化しない」を見出した。1774 年のことである。1799 年 Proust (プルースト)は，定比例(重量比の不変)の法則「複数の元素が集まって化合物を作るときの量の比は一定である」を見出した。1 つの化学反応式にしたがって物質が変化することを考えれば，今や当然のことである。1803 年にイギリスの Dalton (ドルトン)が倍数比例の法則「他の元素の一定量と結合して化合物をつくる，ある元素の量は簡単な倍数である」を見出した。例えば，一酸化炭素 CO と二酸化炭素 CO_2 では，同量の炭素と化合する酸素の量の比は 1：2 ということである。分子が特定の比率の原子からなる場合，そして異なる比率が可能な場合に，当然成り立つべきことである。このことから，ドルトンは 1803 年に原子論を唱え，ギリシャ哲学者のデモクリトスの考えを復活させた。

　化学反応の法則の中で，特に重要な意味をもつのは気体の法則であった(表 3.11)。1787 年にフランスのシャルルが，気体の熱膨張の法則「あらゆる気体は，同一の温度上昇について同じ割合で膨張する」を見出した。そして，1802 年にゲー・リュサックが，これについて正確な測定を行った。0℃から 100℃の間の気体の体積と温度の関係は直線的になっている(図 3.5)。その線を低温側に延長すると，気体の体積は－273℃でゼロになる。この温度が絶対零度 0 K (ケルビン)である。これは温度の下限である。ゲー・リュサックは実際に水素気球に乗って，上空 7000 m まで達した。高度によって温度や圧力が変わるので，気球の体積(あるいは浮力)をどうコントロールするかということと関わってく

表 3.11 気体の法則

1787 年	シャルル(仏)：気体の熱膨張の法則「あらゆる気体は，他の条件が同一であれば，同一の温度上昇について，同じ割合で膨張する」[1]
1808 年	ゲー・リュサック(仏)：気体体積(気体反応)の法則「二種以上の気体間に反応が起こるとき，反応および生成気体相互の体積比は，同温・同圧のもとで簡単な整数比となる」[2]
1811 年	アボガドロ(伊)：アボガドロの仮説「同温同圧において同体積の気体は同数の分子を含む」
1858 年	カニッツァーロ(伊)：アボガドロの仮説を応用[3]

[1] 0℃ ⟶ 100℃で温度1℃上昇あたり，体積の増加 $\Delta V/V = 0.00366 = 1/273$
[2] 例えば，酸素50容と一酸化炭素100容から，二酸化炭素が100容生成する。
 [$O_2 + 2CO \longrightarrow 2CO_2$]
[3] 例えば，窒素1容が水素3容と化合すると，2容のアンモニアが生成する。アボガドロの仮説にもとづくと，窒素1個からアンモニアが2個生成するのだから，窒素は単原子気体ではないといえる。[$N_2 + 3H_2 \longrightarrow 2NH_3$]

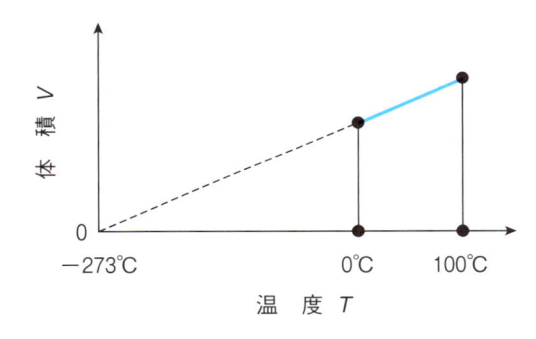

図 3.5 気体の温度と体積

る。ゲー・リュサックは1808年に気体体積(気体反応)の法則も発表している。「二種以上の気体間に反応が起こるとき，反応および生成気体相互の体積比は，同温・同圧のもとで簡単な整数比となる」。つまり，気体の化学反応には，質量の比のかわりに体積の比が使える，ということである。例えば，酸素50容と一酸化炭素100容から二酸化炭素が100容生成する [$O_2 + 2CO \longrightarrow 2CO_2$]。

イタリアのAvogadro(アボガドロ)は，この気体体積の法則がなぜ成り立つのかを考えた。そして，1811年にアボガドロの仮説「同温同圧において同体積の気体は同数の分子を含む」を発表した。物質によらず，同体積中の分子の数がなぜ同じなのだろうか。それは，気体の圧力とは，気体を構成するそれぞれの粒子が壁に衝突することによって生じているからで，圧力は粒子の数に比例する(図3.6)。気体の構成単位は分子である。よって，容器の体積が同じで圧力も同じならば，その中の分子数も同じということになる。アボガドロの仮説は，原子と分子の違いを明確にした。しかし，その重要性が世に認められたのは，彼の死後

0℃，1気圧における理想気体1モルの体積は，22.4 L である。

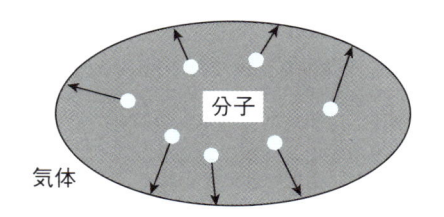

図 3.6 気体の分子と圧力

であった．1858 年，同じイタリアの Cannizzaro（カニッツァーロ）は，アボガドロの仮説の重要性に気付き，それを応用した．窒素 1 容が水素 3 容と化合すると 2 容のアンモニアが生成する［$N_2 + 3H_2 \longrightarrow 2NH_3$］．アボガドロの仮説にもとづくと，窒素 1 個からアンモニアが 2 個生成するのだから，窒素は単原子気体ではないことがわかる．このように，物質は一般に分子からなり，それは原子が結合してできたものである．ただし，例外として，ヘリウム He，ネオン Ne，アルゴン Ar などの希ガスは，原子 1 個の状態で非常に安定であるため，単原子気体として存在する．

3.7 無機物と有機物

物質を分類する場合，古くからの慣習として，生物や生命に関係のあるものを有機物，鉱物など生命と関係しないものを無機物として区別していた．1828 年にドイツの Wöhler（ウェーラー）は，尿素を合成した．無機物である，鉄のシアン錯体 $K_4Fe(CN)_6$ を反応させたところ，KCNO（シアン酸カリ）そして NH_4OCN（シアン酸アンモニウム）を経由して $CO(NH_2)_2$（尿素）が生成した．尿素は，おしっこに含まれている有機物である．つまり，無機化合物だけから有機化合物が合成できてしまった．これは，非常に驚くべきことであった．なぜなら，動植物界に見られる化合物は，生命力の神秘的な作用のもとに生成される物質である，と当時考えられていたからである．しかし，それが人工的に合成できることがわかった．この事に勢いを得て，有機化合物を合成する試みがこれ以降盛んに行われるようになった．なお，有機化合物とは現在の定義では，炭素化合物のことである．ただし CO，CO_2 やダイヤモンドなど，炭素を含むものでも炭素原子に水素が結合していないような，単純な物質は無機化合物に分類される．

物質の化学組成や化学反応式を書く場合に，元素記号が必要となる．1803 年当時，ドルトンは○に点や線を入れた記号を使っていた（図

水素　酸素　窒素

図 3.7　ドルトンの元素記号

3.7)。現在使われている元素記号の方式（水素 H，酸素 O，硫黄 S など）を考案したのは，スウェーデンの Berzelius（ベルセリウス）で 1814 年のことであった（表 3.12）。ロシアの Mendeleev（メンデレーエフ）は，化学の教科書を書く際に，既知の元素をうまく並べて説明しようとした。そして 1869 年に，元素の周期律を発見した。周期表は，元素を一定の規則に従って並べたものであり，似た性質の元素がくりかえし出てくる（表 3.13）。周期表の横の行を周期，縦の列を族と呼ぶ。性質の類似している元素が縦に並んでいる（同族元素）。左側の 1 列目が 1 族（Li, Na, K, …）で，これをアルカリ金属という。右側 1 列目が 18 族（He, Ne, Ar, …）で希ガス，右側 2 列目が 17 族（F, Cl, Br…）でハロゲンと呼ぶ。

メンデレーエフの偉かったところは，当時まだ未発見の元素が入るべき位置を空欄とし，融点や化学的性質などを推定したことである。これが新元素発見に役立った。

20 世紀に入り，さらに新しいことがわかってきた（表 3.14）。1906 年

メンデレーエフ
（生誕 100 年記念，1934 年ソビエト連邦）

なお，周期表という化学の根幹ともいえるものを発見したにもかかわらず，メンデレーエフはノーベル賞を受賞していない。実は，1906 年にノーベル賞の候補になったのだが，そのときはフッ素ガスの単離に成功した，フランスの Moissan（モアッサン）にノーベル化学賞が授与された。なぜ選にもれたかというと，似た性質の元素を並べて組にするという試みは他の研究者も行っていたこと，またフッ素は非常に反応しやすい猛毒ガスで危険をともなうため，その実験成果のインパクトの方が大きかったためと推定される。

表 3.12　元素記号と有機反応

1803 年	ドルトン（英）：原子説
1814 年	ベルセリウス（スウェーデン）：元素記号（現在の方式）を考案
1828 年	ウェーラー（独）：尿素の合成（無機化合物だけから有機化合物を合成した）[1] $K_4Fe(CN)_6 \longrightarrow KOCN \longrightarrow NH_4OCN \longrightarrow$ 尿素 $CO(NH_2)_2$
1869 年	メンデレーエフ（ロシア）：元素の周期律の発見

[1] それまでは，動植物界に見られる化合物は，生命力の作用のもとに生成される物質と考えられていた。

表 3.13　元素の周期表（原子番号 36 番までの抜粋）[1]

族	1	2	3	4	5	6	7	8	9	10	11	12	13	14	15	16	17	18
周期																		
1	H																	He
2	Li	Be											B	C	N	O	F	Ne
3	Na	Mg											Al	Si	P	S	Cl	Ar
4	K	Ca	Sc	Ti	V	Cr	Mn	Fe	Co	Ni	Cu	Zn	Ga	Ge	As	Se	Br	Kr

[1] 周期表とは，原子番号順に元素を一定のルールに従って並べたものであり，性質の類似している元素が，くりかえし出てくる。縦に並んでいるのが，同族元素であり，1 族（Li, Na, K, …）はアルカリ金属，17 族（F, Cl, Br, …）はハロゲン，18 族（He, Ne, Ar, Kr, …）は希ガスと呼ばれる。

表 3.14　同位体と核分裂

1906 年	同位体の発見（同じ種類の原子でも質量が違う）[1]
1938 年	核分裂の発見[2]

[1] 天然のトリウムは 100% が ^{232}Th であるが，その放射性同位体 ^{230}Th が見い出された。
[2] 原子核が割れる反応。（例）^{235}U $\longrightarrow$ ^{144}Xe + ^{90}Sr + ^{1}n（n は中性子）

> 太陽の中心部では，陽子（水素の原子核 ^{1}H）が重水素 ^{2}H などを経由してヘリウムの原子核（^{4}He）へと変化する反応が起こっている。
>
> $2\,^1\text{H} \longrightarrow\ ^2\text{H}$　　①
> $^1\text{H} + {}^2\text{H} \longrightarrow\ ^3\text{He}$　　②
> $2\,^3\text{He} \longrightarrow\ ^4\text{He} + 2\,^1\text{H}$　　③
>
> ①〜③を総合すると，結局，4個の軽水素 ^{1}H から ^{4}He が 1 個生じていることになり，質量が約 0.7% 減少する。この質量の減少分がエネルギーとして放出される。このように，元素の原子核が融合し，エネルギーを放出する反応を核融合という。これは，鉄よりも軽い元素が生成する場合に限られる。鉄より重い元素では，原子核が分裂することで，エネルギーが放出される。

> ^{12}C の 12 g 中に含まれる原子の個数がアボガドロ数 6.022×10^{23} であり，アボガドロ数個だけ集まった量を 1 モルという。

に，同位体が発見された。つまり，同じ元素でも質量が違う原子が存在する。例えば，天然に存在するネオンはその 90.5% が ^{20}Ne であり，その他に ^{21}Ne や ^{22}Ne の安定同位体も存在する。ここで，元素記号の左肩の数字は質量数（＝陽子と中性子の総数）を表す。1938 年には，核分裂が発見された。原子核は不変ではなく，場合により壊れるのである。特殊な条件下では，原子が核融合や核分裂を起こして，他の元素へ変わる。例えば，太陽では核融合によって，水素からヘリウムが作られている。このため，膨大なエネルギーが放出されているのである。

　原子量とは，原子の相対質量のことである。一番軽い原子を基準にとるのは，ごく自然である。1803 年頃，つまりドルトンらは「水素を 1」としていた。しかし，種々の元素の相対質量を決めるためには，基準物質が，化合物の中に含まれている方が便利である。このため，「酸素が 16」という基準へ変わった。同位体が発見されてからは，物理と化学の分野で原子量の定義が違うという，混乱した時期があった。酸素にも同位体が存在するため，「酸素が 16」という基準はあいまいなものとなったからである。そこで，1962 年以降は，「^{12}C を 12」という定義で統一されている（表 3.15）。なぜかというと，^{12}C を 12 とすると，酸素の平均原子量が 15.9994 となる。つまり，原子量の定義を厳密にし，またそれまで使ってきた原子量の値が，実験誤差の範囲でそのまま使えるように工夫したわけである。

表 3.15　原子量の定義と同位体存在比との関係

	相対質量	同位体存在比	原子量
^{12}C	12	98.93（%）	C＝12.0107
^{13}C	13.003	1.07	
^{16}O	15.9949	99.76（%）	O＝15.9994
^{17}O	16.9991	0.038	
^{18}O	17.9992	0.205	

デンマーク語のÅ

デンマークやスウェーデンなど，北欧諸国の言語も基本的には英語と同じアルファベットを使っている。しかし，英語にはない母音が存在する。そのうちの1つがÅである（大きく口を開けてアーと発音する）。これは，長さの単位，オングストロームの記号として使われている。1Å = 10^{-8} cm である。これは，スウェーデンの物理学者 Jonas, A. Ångstrom の名前に由来する。彼は太陽光の数千もの暗線（フラウンホーファー線）を測定し，その波長を 10^{-8} cm を単位として〇〇〇〇.〇〇と，有効数字6桁の形で報告した（1868年）。1905年以降に，彼の名前を記念して，長さの単位としてオングストロームが正式に使われるようになった。このÅの単位は，分子の大きさを議論するのに，非常に便利である。なぜなら，C-Hの結合距離は約1Åであるし，C-C単結合は1.54Åという具合に，ぴったりの尺度だからである。

英語にはない母音（大文字と小文字）

デンマーク語	Æ	æ	Ø	ø	Å	å
スウェーデン語	Ä	ä	Ö	ö	Å	å

英語にはない母音を含む単語の例

デンマーク語	ÆBLE	BØF	ÅL
英語	APPLE	BEEF	EEL
日本語	リンゴ	牛肉	ウナギ

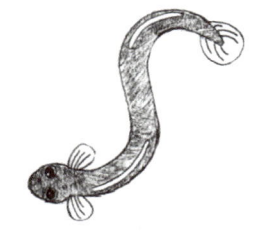

りんごと牛とウナギ

演習問題

問1 1803年頃のドルトンによると「ある元素の原子はすべて同じで，元素は不変である。」しかし，これに修正が加えられ現代の元素観に至った。カッコ内の文章はどのように修正すべきか考えなさい。

問2 窒素1容が水素3容と化合して，2容のアンモニアが生成する。この事から窒素は単原子気体ではないことがわかる。アボガドロの仮説をもとに，その理由を説明しなさい。

問3 元素の周期表を原子番号20番まで書き，それぞれの元素記号の下に元素名も示しなさい。ただし，同族元素は縦に並ぶように配置すること。また，その中の希ガスの元素記号を丸で囲みなさい。

4 量子論のはじまり
―電子は波動性をもつ―

4.1 はじめに

　20世紀の初頭に，量子論が急速に発展した（表4.1）。それは，これまでの理論では説明がつかない実験事実が，次々と発見されたからである。1885年にBalmer（バルマー）系列が発見された。水素の放電管から発せられる一連の光の波長が，単純な1つの式で表せることがわかったのである。また，1888年に光電効果が発見された。金属板に光を照射すると，表面から電子が飛び出してくる。しかし，光の波長がある一定の値よりも長いと，光をいくら強くあてても電子が飛び出してこない。

　量子論の考えの始まりは，1900年のPlanck（プランク）による熱放射の理論である。当時は製鉄を行う際に，炉から出てくる光の波長分布をもとに内部の温度を推定する必要があった。ところが，それまでの理論では温度をうまく解析できなかった。プランクは，エネルギーには最小単位があり，その整数倍の値しかとれないと仮定することで，熱した物体から放出される光の強さを，あらゆる波長にわたって正確に表す式を導いた。このように，物理量の取り得る値が不連続であり，基本的な量の整数倍で表せるとき，その基本的な量を量子という（図4.1）。例えば，電気量の量子は，電気素量e（電子の電荷，ただし逆符号）である。

> ニュートン力学やマクスウェルの電磁気学およびそれらを発展させたものを，古典物理学，あるいは古典論という。量子論は，それらとは一線を画する，新しい理論である。

表4.1　実験事実と理論の発展

1885年	バルマー系列の発見
1888年	光電効果の発見
1900年	プランク「熱放射の理論」
1905年	アインシュタイン「光量子説」，光はエネルギー $h\nu$ をもつ粒子（光子）である。
1911年	ボーア「原子の理論」
1926年	シュレディンガー「波動力学」
1927年	ハイゼンベルグ「不確定性原理」，粒子の位置 r と運動量 p を両方同時に正確に決めることはできない。[1]

[1] 測定誤差の積 $\Delta r \Delta p \geq h/2\pi$。エネルギー E と時間 t についても同様に，$\Delta E \Delta t \geq h/2\pi$。

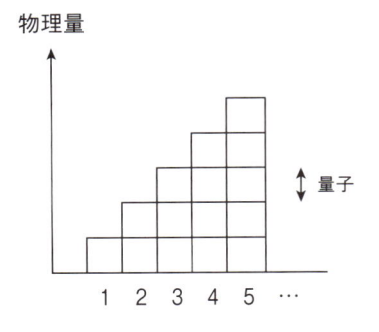

図4.1　量子とは

電荷を分けていくと，それ以上は分解できない．この最小単位が電子の電荷ということである．

1905年にEinstein（アインシュタイン）は光量子説を発表し，光電効果の現象を理論的に説明した．また，1911年にBohr（ボーア）は原子の構造モデルをもとに，バルマー系列の数式を理論的に導いた．その後，Schrödinger（シュレディンガー）が波動関数を使って，原子や分子中の電子の状態を表す方法を見い出した．またボーアの弟子だったHeisenberg（ハイゼンベルグ）が，1927年に不確定性原理を発表した．この他にも，量子論の発展に多大な寄与をした理論家は少なからずいて，いずれもノーベル物理学賞を受賞している（表4.2）．

表4.2 ノーベル物理学賞（量子力学関連）

1918年	プランク（Planck, M. 独），熱放射の法則
1921年	アインシュタイン（Einstein, A. 独-米），光量子説
1922年	ボーア（Bohr, N. デンマーク），原子の構造と光放射
1929年	ド・ブロイ（de Broglie, L.V. 仏），電子の波動性
1932年	ハイゼンベルグ（Heisenberg, W. 独），不確定性原理
1933年	シュレディンガー（Schrödinger, E. オーストリア） ディラック（Dirac, P.A.M. 英），波動力学，相対論的量子力学
1945年	パウリ（Pauli, W. スイス），パウリの原理
1954年	ボルン（Born, M. 独—英），波動関数の確率的解釈

> 全てのギリシャ語アルファベットについては，付表Ⅵを参照．

科学では，記号としてギリシャ文字が使われる．この章でも，これから出てくるので，これについて少し説明しておく．ギリシャ文字は，今でもギリシャ語で使用されており，大文字と小文字とがある（表4.3）．

表4.3 ギリシャ文字の記号

	大文字	小文字	使用例
パイ	Π	π	円周率 π
シグマ	Σ	σ	総和 Σ
デルタ	Δ	δ	差 Δ，微小量 δ
ラムダ	Λ	λ	波長 λ
ニュー	N	ν	振動数 ν
プシー*	Ψ	ψ	波動関数 ψ
ロー	P	ρ	電子密度 ρ

＊プサイともいう．

数学で出てくる円周率は，パイの小文字 π である．総和を表すシグマ Σ や差を意味するデルタ Δ も，数学に使われる．ラムダの小文字（λ）は入口の入という字に似ているが，光の波長を表すのに用いられる．

4 量子論のはじまり—電子は波動性をもつ—

ニュー（ν）はアルファベットのブイ（v）とは違って，折れ曲がる部分を細長くとがらせて書く必要があるが，これは光の振動数を表すのに使われる。プシーはプサイとも読むが，大文字（Ψ）も小文字（ψ）も，波動関数の記号として用いる。ロー（ρ）は，密度を表す。

4.2 光の波動性と粒子性

光は電磁波というくらいであるから，波であることは明らかである。光の進行方向に対して，電場と磁場が垂直な方向に振動している（図4.2）。

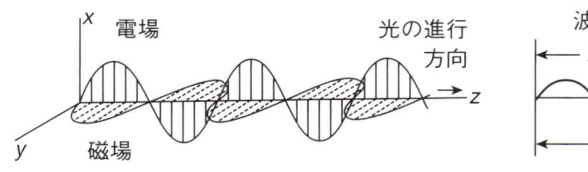

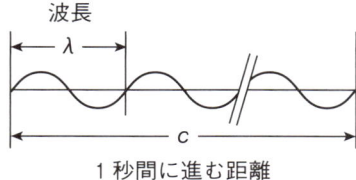

図4.2 電磁波

電場と磁場が振動している面は互いに垂直であるが，いちいち両方を描くのは厄介なので，今後は電場の振動だけを示すことにする。光が真空中を進む速さは，

$$\text{光速}: c = 2.998 \times 10^8 \text{ m s}^{-1} \tag{4.1}$$

である。つまり，1秒間に距離 c だけ進むのであるから，光の波長（波として一うねりしたときの長さ）を λ とすると，1秒間の波の数（つまり振動数）ν は，次のように書ける。

$$\nu = c/\lambda \tag{4.2}$$

光が波動であることを示す現象として，光の干渉がある。金属の板に縦方向に細長い2つの穴をあけ（これをスリットと呼ぶ），そこに光をあてるとしよう。図4.3では，このスリットを上部から見下ろしているので，穴の断面が小さく見えている。光が2つのスリットに入ると，そこを中心として同心円状に広がり，波の山と谷が重なると打消し合い，山と山が重なると強め合う。このため，スリットの後ろにスクリーンを置くと，明と暗が交互に並んだ干渉縞が観測される。スリットが2つだけでなく，多数並んだものが回折格子である（図4.4）。これに白色光（太陽光のように連続的に波長の違う成分を含んだ光）をあてると，波長の成分毎に分解することができる。なぜならば，干渉して強め合う条件を満たすためには，波長の違う成分が回折角の違いとなって表れるからである。

> 物理・化学定数の中で，真空中の光速度は全ての基準となるものであり，正確な値として定義されている（付表IV参照）。

> 二重スリットによる光の干渉縞の実験がはじめて行われたのは，1804年頃で Thomas Young（トーマス・ヤング，英）による。ただし，そのときはスリットではなくて，隣接した2つのピンホールが使われた。

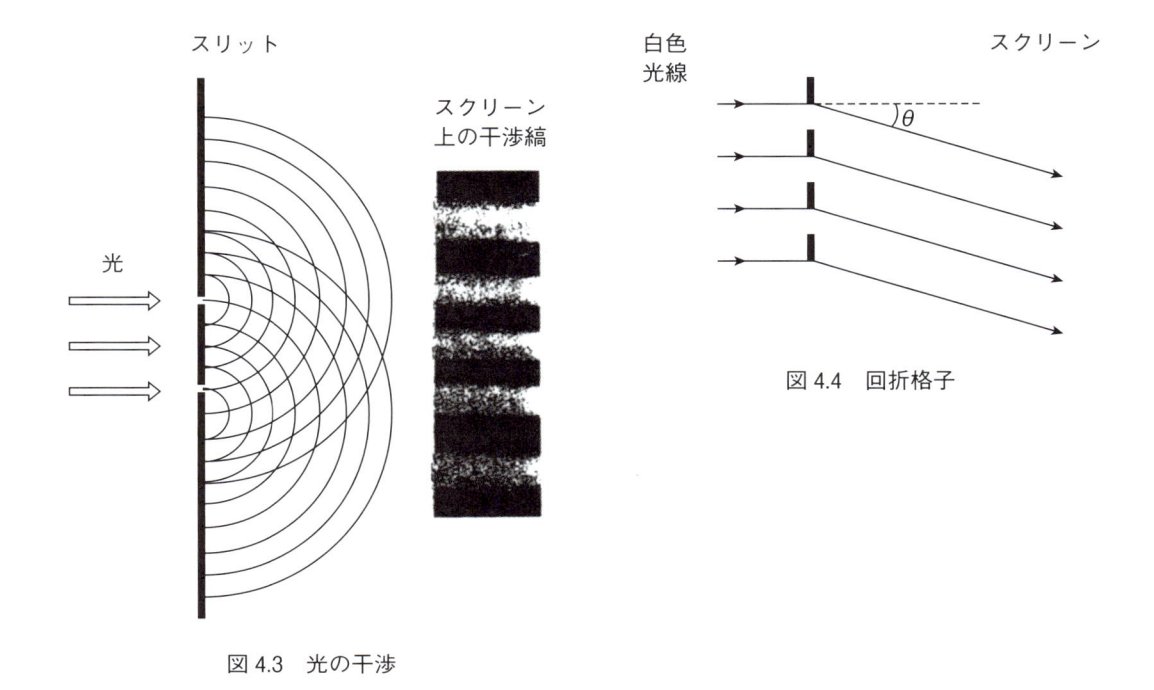

スリット／白色光線／スクリーン／スクリーン上の干渉縞／光

図 4.3　光の干渉

図 4.4　回折格子

　　光が波である証拠は，まだある。2 枚の偏光板を垂直な配置で重ねると，光が透過できなくなる（図 4.5）。太陽など自然の光は，その電場の振動方向があらゆる（ただし光の進行に対して垂直な）方向を向いている。偏光板にこの自然光が入ると，偏光板の光軸方向に振動する光の成分しか通過できない。そして，それが 2 枚目の偏光板にあたると，光の振動方向が偏光板の光軸と直交しているため，通過できず遮断されてしまう。この偏光という現象は，光が波であることを如実に語っている。

　　しかし，光は粒子であると考えないと，説明できないこともある。それが，光電効果である。光電効果とは，真空中で金属板に光を照射すると，電子が飛び出す現象である（図 4.6）。この現象を観察するには，金属から電子が飛び出しやすいように，表面を清浄にしたり空気を除く必要がある。しかし，光をあてさえすれば，電子が飛び出すわけではな

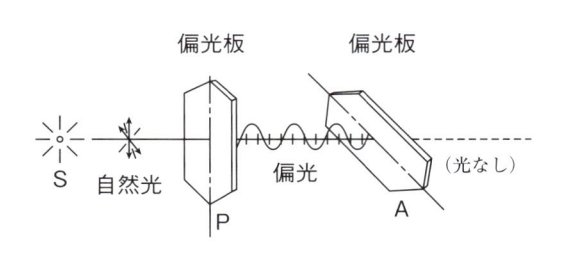

図 4.5　偏光

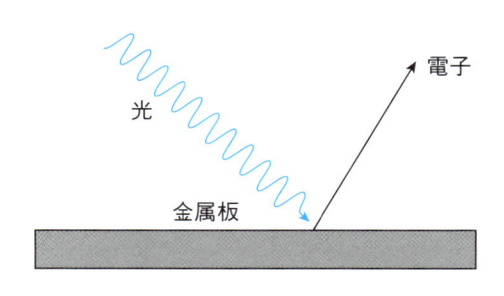

図 4.6　光電効果

い。光の波長がある程度短くなければ、光電効果は起こらないのである。どうしてだろうか。1905年に、アインシュタインは光量子説を発表した。光はエネルギー $E = h\nu$ をもつ粒子（光子）の噴流である。

$$E = h\nu = hc/\lambda \tag{4.3}$$

ここで、h はプランクの定数である。

$$h = 6.626 \times 10^{-34} \text{ J s} \tag{4.4}$$

光電効果においては、光子1個が電子に吸収され、そのエネルギーが電子の運動エネルギーに変わる（図4.7）。金属中で自由電子は、比較的自由に動ける。しかし、金属板の外に飛び出るのは容易ではない。なぜなら電子は、原子核の正電荷に引きつけられているからである。それは地表面で自由に動けるが、空へ向けて飛び立つには重力に逆らって勢いよく発射しないと、地球の重力場から逃れられないのと似ている。電子は金属の外に出るために、エネルギーを消費する（図4.8）。金属表面から1個の電子を引き離すのに最低必要なエネルギーを仕事関数といい、それぞれの金属に固有な定数である。したがって、電子が飛び出すには、光子から受け取ったエネルギーが仕事関数 W よりも大きくなければならない。

$$hc/\lambda > W \tag{4.5}$$

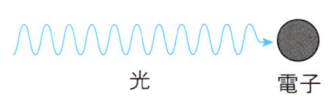

図4.7　電子への光の照射　　図4.8　電子が飛び出すための条件

光子1個のエネルギーは波長 λ に反比例する。よって、光の波長が長くなると(4.5)式が満たされなくなるため、光電効果が起こらなくなる。光の強さは、光子の数の多さに対応するが、電子は1回に光子を1個しか吸収できない。このため、いくら光を強くあてても、波長が(4.5)式を満たさなければ、電子は飛び出せない。電子が光のエネルギーを1個、2個と貯めておけないからである。

光を粒子と考えると説明しやすい現象が、他にもある。それは、コンプトン効果である（図4.9）。電子に高エネルギーのX線をあてると、電子が跳ね飛ばされ、反射されるX線は波長が長く（エネルギーが低く）なる。これは、光子と電子との弾性衝突として、解釈できる。

このように光は波動でもあり、粒子性も示す。これを、光の二重性という。しかし、これらの現象を古典論で説明しようとすると、無理が生

衝突の前後で光子と電子のエネルギーの和および運動量の和が、それぞれ保たれている。

粒子性とは、細かいつぶであり、1個2個と数えることができることをいう。

反射X線

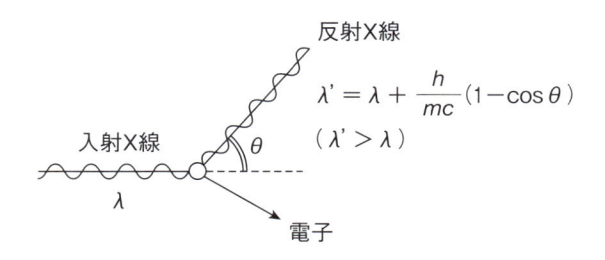

入射X線
λ

θ

電子

$$\lambda' = \lambda + \frac{h}{mc}(1-\cos\theta)$$
($\lambda' > \lambda$)

図 4.9 コンプトン散乱(コンプトン効果ともいう)

じる(表 4.4)。ただし，光の性質のうち，直進，反射，屈折については，波としても粒子としても古典論で説明がつく。量子論では，光は波でもあり粒子でもあると考える。そして，光の波動性が強く現れるときもあれば，粒子性が強く現れる場合もあると解釈する。

表 4.4 光の二重性[1]

	干渉，回折，偏光	光電効果，コンプトン効果	直進，反射，屈折
波として	○(説明可能)	×	○
粒子として	×(説明不可)	○	○

[1] 量子論では，光は波と粒子の両方の性質をもつと考える。光に関する現象を古典論で(波動あるいは粒子として)説明しようとすると，無理が生じる。

では，光の粒子は見えるのだろうか。肉眼では，もちろん無理だが，光電子増倍管を使うと，光子を1個ずつ観測できる。図 4.10 に，その実験装置を示す。上部の左端に光源のランプがあり，レンズと単一スリットを組み合わせて，光の入射方向をコントロールしている。中央には2つの細長い穴があいたスリットがあり，その奥に検出器がある。光電子増倍管に光が入ると電子が発生し，その信号が増幅されるため，どこに光が入ったかがわかる。ランプの光を弱くして，露光時間を 10 秒，10 分，1 時間と変えたときの，光の観察結果は図 4.10 に示す通りである。露光時間 10 秒のときの写真をみると，光子がつぶつぶとして検出器へ飛び込んでいる様子がわかる。まさに，光は粒子の噴流なのである。露光時間 10 分で，画像はまだ荒いが，明暗の縞模様が見える。そして1時間では，きれいな縞模様となっている。入射光を強くすると，露光時間が短くても，同様な縞模様となる。これが，図 4.3 に出てきた干渉縞と同じである。

では，光子は集団として，波動性を示すのだろうか。いや，そうではない。光子1個だけでも，波動性をもつのである。1個の光子が，2つのスリットのどちらを通過するのか，両方の場合が可能であり，それがあたかも同時に起こり干渉し合う。そのため，検出器のどこに到着する

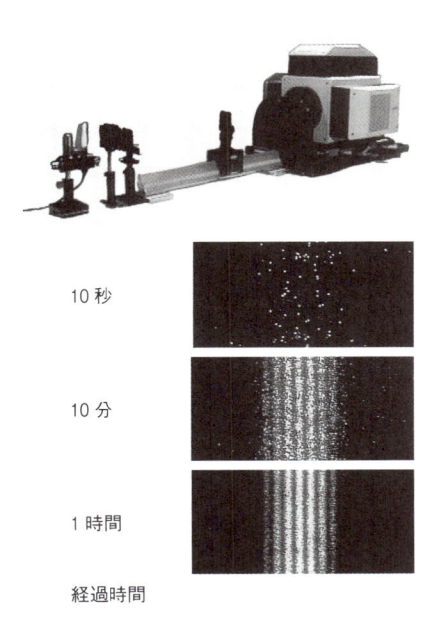

図 4.10　光子の検出
(Y. Tsuchiyaら, *J. Imag. Technol.* 11, 215, 1985)

かの確率の高低は，縞模様のような分布となる。ただし，実際に1個の光子は，光源を発して検出器のどこか1点にしか到着しない。これが，量子論の奥深いところであり，単純には理解し難いところでもある。

4.3　電子の波動性

質量 m の粒子が速度 v で運動しているとき(図 4.11)，古典力学では，粒子の運動量を次式で定義する。

$$p = mv \tag{4.6}$$

運動量とは，運動を続けようとする力の大きさである。例えばダンプカーがゆっくり走っているときと比べ，小さい車でも猛スピードを出すと運動量が同程度になり得る。運動エネルギーは次のように表される。

$$E = mv^2/2 = p^2/(2m) \tag{4.7}$$

量子論では，すべての粒子は波動性ももつと考え，これを物質波と呼ぶ(図 4.12)。その波長は次式で定義される。

$$\lambda = h/p \tag{4.8}$$

ここで，h はプランクの定数，p は粒子の運動量である。

古典論と量子論において，粒子と波動の考え方が根本的に違う(表 4.5)。我々にとって目で見える世界はマクロ(巨視的)で，粒子はボール

> なぜ，(4.8)式になるのか，疑問に思うかもしれない。しかし，結論からいうと，理論というものは，それで実験事実が説明できれば正しいということになる。

図 4.11 粒子の運動量　　　　　　　図 4.12 物質波

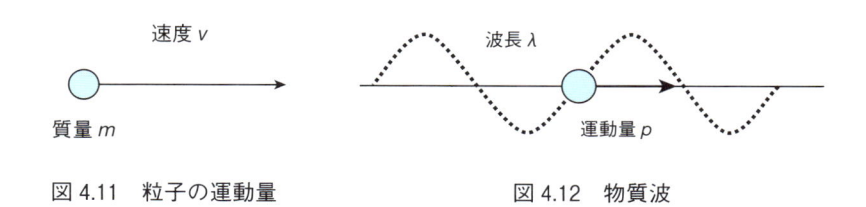

表 4.5 粒子の大きさと性質

	マクロ(巨視的)の世界	ミクロ(微視的)の世界
粒子の大きさ	目で見える(ボールなど)	原子よりも小さい(電子など)
粒子	物質	粒子であり，波でもある
波	波動	
理論	古典力学	量子力学
粒子の存在位置	ある時刻，どこか1ヵ所	確率分布として表す

や石などであり，物質である。波は水面に現れたり，音として空気の振動を伝えたりする。つまり，波は波動である。これらの運動を取り扱う理論が，古典力学である。もし，ボールを投げたとすると，その後のボールの位置はある時刻にどこか1カ所に定まり，それを計算で求めることができる。それに対して，ミクロ(微視的)の世界の粒子は，原子よりも小さい電子などであり，粒子でもあり波動でもあると考える。これを扱うのが量子力学である。原子核のまわりを運動している電子について，どこかに存在するはずだが，量子論では存在確率でしか表せない。

このことを明確に示したのが，Heisenberg(ハイゼンベルグ)の不確定性原理である。「粒子の位置 r と運動量 p を両方同時に正確に決めることはできない」。これは数式を使って，次のように表される。

　　　　測定誤差の積　　$\Delta p \Delta r \geq h/2\pi$ 　　　　　　　　　　(4.9a)

また，エネルギー E と時間 t についても，同様な関係式が成り立つ。

　　　　測定誤差の積　　$\Delta E \Delta t \geq h/2\pi$ 　　　　　　　　　　(4.9b)

つまり，粒子の位置を特定しようとすると，運動量が不明確になってしまう。また，エネルギーが変化するような場合，時間は特定できないということを意味する。

このような曖昧さを含む量子論の解釈に対して，異議を唱えたのがア

図 4.13　ボーア(右)と
アインシュタイン(左)
写真提供：Niels Bohr Library, American Institute of Physics

インシュタインであった。アインシュタインは，何か重要な因子が見つかっていないために，理論が不完全になっていると考え，不確定性原理を受け入れようとしなかった。「神はサイコロを振らない」という有名な言葉を残している。これに対して，量子論の確率論的な解釈を進めたのは，Bohr（ボーア）であった（図 4.13）。ボーアとアインシュタインは，約 10 年間にわたり，量子論の解釈について論争を続けた。アインシュタインは，あらゆる思考実験を考え，量子論の確率的な考えの欠点を暴こうとした。しかし，ボーアはそれに対してていねいに答えていった。時にはアインシュタインの相対性原理をも使って反論したという。ボーアにいわせると，「世界をどう動かすべきか指図するのも，人間の仕事ではない」とのこと。量子論は不確定性原理も含めて，今や定説となっている。それは，実験事実がそれでうまく説明でき，理論を破るような現象が見つかっていないからである。量子論も含めて，理論は突き詰めてみれば，自然の法則を単なる式で表したものに突き当る。つまり，その正統性は，実験結果と一致することで示される。

　量子論において，粒子は波動性をもつ（図 4.14）。つまり，電子も波動性をもっている。その存在状態を表すのに，波動関数 ψ が用いられる。波の振幅が大きいほど，その位置に存在する確率が高い。波動関数の絶対値の 2 乗 $|\psi|^2$ は，電子の存在確率密度，つまり電子密度を与える。

$$電子密度 \rho(r) = |\psi(r)|^2 \tag{4.10}$$

電子密度は実際に存在するものであり，位置 r に伴なって変わる正の実数関数である。それに比べると，波動関数の方はそれそのものが波として実在するわけではない。

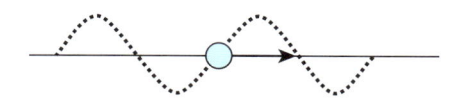

図 4.14　粒子と波動関数

4.4　箱の中の粒子

狭い空間に粒子を閉じ込めると，エネルギーが飛び飛びの特定の値しか取れなくなる。このことを示すために，まず単純化して，1次元の場合を考える。長さ L の線分上で，粒子が動いているとする(図 4.15)。

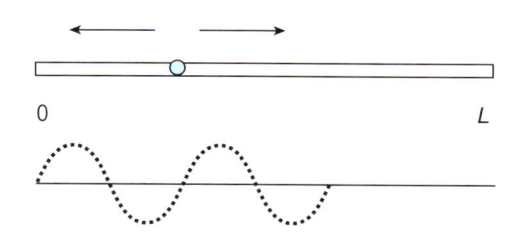

図 4.15　1 次元の箱の中の粒子

つまり 1 次元の箱の中に，粒子が 1 個閉じ込められている。粒子の位置エネルギーは箱の中では 0，箱の外では ∞（無限大）と仮定する。位置エネルギーは，ポテンシャルエネルギーともいう。箱の壁および外で位置エネルギーが ∞ ということは，粒子はものすごく深い井戸の中に入っているようなもので，外には出られない。

箱の両端で波動としての振幅が 0 でなければならない。なぜならば，波動関数が 0 でないと，箱の壁に粒子が存在する確率があることになり，位置エネルギーが ∞ という，あり得ない状態が生じてしまうことになる。それを避けるためには，壁の左端で波が 0 から始まり，箱の右端でちょうど波が 0 で終わらなければならない。それを満たすためには，箱の長さが半波長の整数倍であればよい。つまり

$$L = n\lambda / 2 \quad (n \geq 1 \text{の整数}) \tag{4.11}$$

箱の中で位置エネルギーは 0 と仮定しているので，粒子のエネルギーはすべてが運動エネルギーである。よって，粒子の運動量を p とすると，エネルギーは(4.7)式のように表せる。

一方，(4.8)および(4.11)式より，

> たとえば地上では，標高が高くなるほど位置エネルギーが大きくなる。水力発電などは，この位置エネルギーを利用してタービンを回し，電気エネルギーに変換している。

$$p = \frac{h}{\lambda} = \frac{h}{\left(\frac{2L}{n}\right)} = \frac{nh}{2L} \tag{4.12}$$

よって，これを(4.7)式に代入すると次のようになる。

$$E = \frac{p^2}{2m} = \frac{1}{2m}\left(\frac{nh}{2L}\right)^2 = \frac{n^2 h^2}{8mL^2} \quad (n \geq 1 \text{ の整数}) \tag{4.13}$$

詳しい説明は省略するが，波動関数は次のように書ける。

$$\psi(x) = \sqrt{\frac{2}{L}} \sin\left(\frac{n\pi}{L} x\right) \tag{4.14}$$

図 4.16 に，エネルギーと波動関数，それに粒子の存在密度を示す。整数 n が 1, 2, 3… となるにつれ，エネルギーは E_1, E_2, E_3, … と飛び飛びの値で増えていく。このことを，エネルギーが量子化されているといい，n を量子数と呼ぶ。図 4.16 ではエネルギー準位と同じ高さの

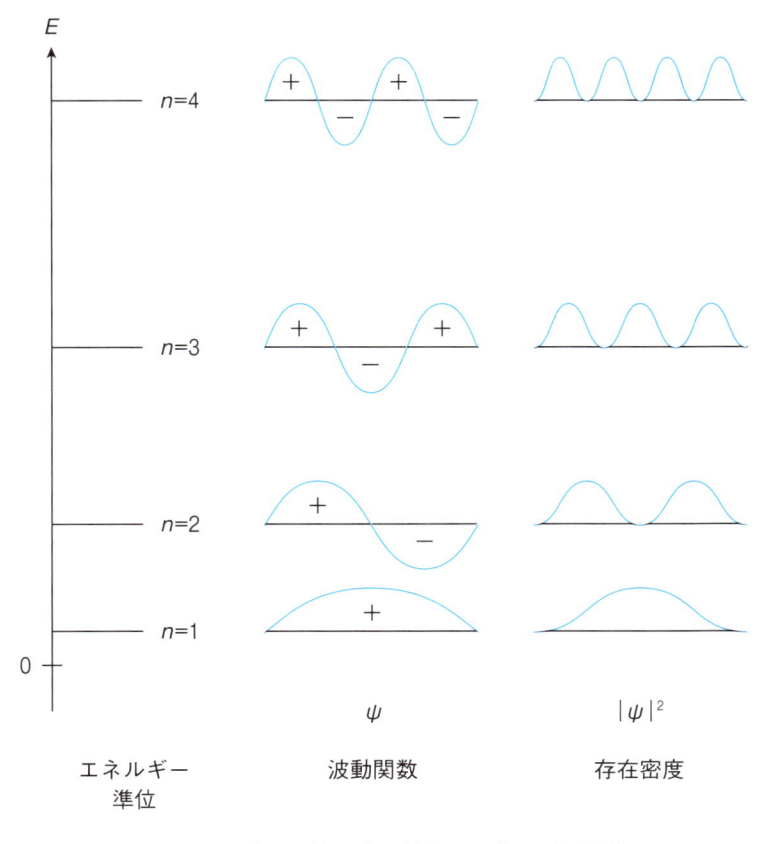

図 4.16　1 次元の箱の中の粒子のエネルギー準位
その横に，対応する波動関数と存在密度が示してある。

> 量子論は，自分には到底理解できない，と思うかもしれない。しかし，誰しも量子論を初めて学ぶときは，チンプンカンプンであるから，心配することはない。外国語の学習と同じで，幾度となく使っていくうちに「なぜ」と思う気持ちは薄れ，慣れていくものだからである。

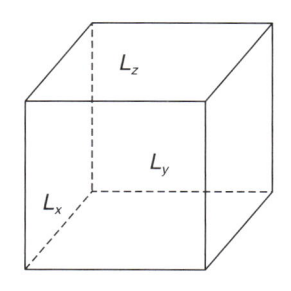

図 4.17　3 次元の箱

> 量子数とは，電子などの状態を指定する数字である。1 次元の箱の中の粒子については，n だけで 1 つの状態が定まるが，3 次元の箱になると n_x, n_y, n_z の 3 つの数字 1 組に対して，1 つの状態が対応する。

ところに，波動関数と，それに対応する存在密度が横に並べて示してある。$n = 1$ が，一番エネルギーが低い状態であり，波動関数としては，箱の中にちょうど半波長がおさまっている。存在確率分布 $|\psi|^2$ をみるとわかるように，$n = 1$ では箱の中央に粒子が存在する確率が一番高く，端に近づくほど存在確率は下がる。$n = 2$ の状態は，1 波長分が箱におさまっており，箱の 1/4 あるいは 3/4 のところに粒子が見出される確率が一番高い。n が大きくなるほど，波動関数の波が細かくなり，確率分布も複雑に割れてくることがわかる。

次に 3 次元，つまり直方体の箱を考えよう（図 4.17）。3 辺の長さを L_x, L_y, L_z とする。前と同じように，箱の中では位置エネルギーが 0，箱の外では ∞ と仮定する。このとき，粒子のエネルギーは運動エネルギーを意味するが，x, y, z 方向のそれぞれの和となる。

$$E = E_x + E_y + E_z \tag{4.15}$$

それぞれの方向について，壁の位置で波動関数が 0 である条件から，表 4.6 のような結果が導かれる。ここで重要なことは，量子数が 3 つ出てくることである。1 次元の箱では，量子数が 1 つであった。3 次元なので，量子数は 3 つになるのである。原子核のまわりで運動している電子も，原子核からの引力を受けて狭い空間に束縛されているとみなすことができる。そして，その空間は 3 次元なので，量子数を 3 つもつのであるが，この件はまた後に述べる。

表 4.6　箱の中の粒子

	1 次元の箱（長さ L）	3 次元の箱（長さ L_x, L_y, L_z）
エネルギー	$E = \dfrac{n^2 h^2}{8mL^2}$	$E = E_x + E_y + E_z$ $= \dfrac{h^2}{8m}\left[\dfrac{n_x^2}{L_x^2} + \dfrac{n_y^2}{L_y^2} + \dfrac{n_z^2}{L_z^2}\right]$
波動関数	$\psi(x) = \sqrt{\dfrac{2}{L}} \sin\left(\dfrac{n\pi}{L}x\right)$	$\psi(x, y, z)$ $= \sqrt{\dfrac{8}{L_x L_y L_z}} \sin\left(\dfrac{n_x \pi}{L_x}x\right) \sin\left(\dfrac{n_y \pi}{L_y}y\right) \sin\left(\dfrac{n_z \pi}{L_z}z\right)$

4.5　水素の発光スペクトル

図 4.18 の上部には，水素の発光スペクトルを測定する実験方法が描かれている。放電管は閉じたガラス管に電極が埋め込まれていて，中の空気を抜いて減圧してある。そこに水素を少し入れ，両端の電極に高電圧をかけると放電し，ネオンサインのように桃色に光る。この光をレン

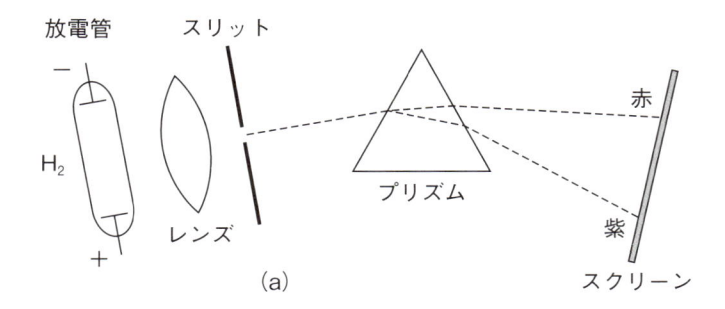

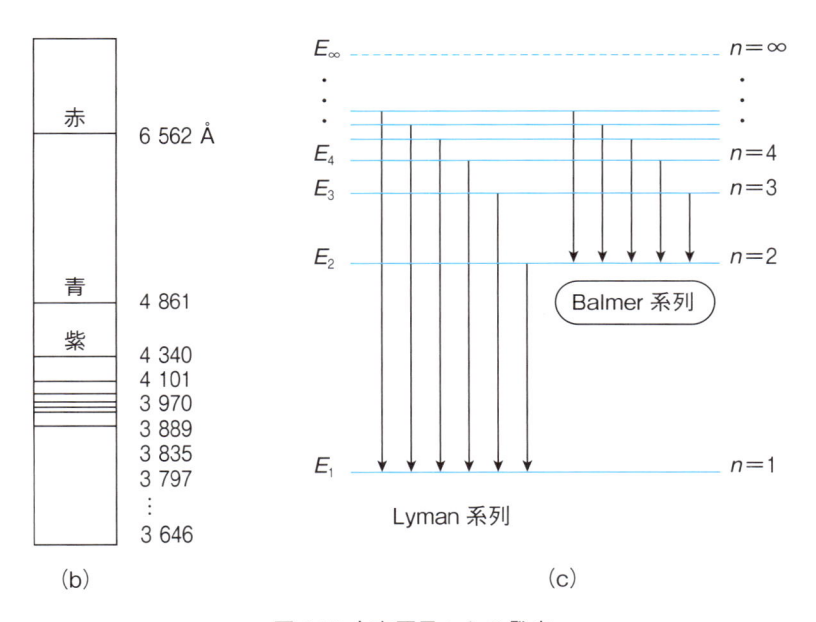

図 4.18 水素原子からの発光
(a)水素の放電管から出てくる光をプリズムで分けて, スクリーンで観察するときの様子. (b)スクリーンに観察される線スペクトルとその波長. (c)発光に伴う水素原子中の電子のエネルギー変化.

ズで集め, スリットを通して細くしぼり, プリズムにあてる. 光の波長によって屈折率が違うため, 色が分かれて出てくる. スクリーンをプリズムの後ろにおくと, 出てきた光が色別に細い線となって投影される. 実際に肉眼で見えるのは, 赤(波長$\lambda = 6562$ Å), 青(4861 Å), 紫(4340 Å)の3本であるが, 分光器などの装置を使うと, もっと短波長側の弱い光まで検出できる. 細い線が横に伸びているのは, スリットの細長い穴の形が反映しているのであるが, 注目すべきは線の細さである. これは, それぞれの光の波長が, 特定の値に制約されていることを物語っている. 水素原子の, この可視部における一連の発光を, バルマー系列と呼ぶ.

原子や分子などについて，エネルギーが一番低い状態を基底状態(ground state)といい，それよりもエネルギーが高い状態はどれでも励起状態(excited state)という。励起状態にある原子や分子は，すぐによりエネルギーの低い状態へと変化する。

　放電管の中では，放電によって水素分子の結合が切れ，励起状態の原子が生じる(これをH*で表す)。この原子が，よりエネルギーの低い状態になるとき，余分なエネルギーが光($h\nu$)として放出される。

$$H_2 \longrightarrow 2H^*$$
$$H^* \longrightarrow H + h\nu$$

数学者のBalmer(バルマー)は，この水素原子の可視部における発光波長，λ = 6562, 4861, 4340, 4101,…(Å)に注目し，1つの式で表せることに気付いた。

$$\frac{1}{\lambda} = R'\left[\frac{1}{4} - \frac{1}{m^2}\right] \quad (m \geq 3 \text{の整数}) \tag{4.16}$$

ここで，R'はリュードベリ定数である。

$$R' = 1.097 \times 10^7 \text{ m}^{-1} \tag{4.17a}$$
$$R = 2.179 \times 10^{-18} \text{ J} \tag{4.17b}$$

　リュードベリ定数は，物理・化学定数の1つである。スウェーデンの分光学者Rydberg(リュードベリ)の名前に由来する。厳密な計算をする場合，電子に対して原子核の質量を無限大(記号∞)と仮定したときと，水素の原子核の場合とで，リュードベリ定数をそれぞれR_∞，R_Hと書いて区別する。有効数字4桁で計算する場合は，R_∞とR_Hの区別をする必要はないので，単にRと書く。

なお，エネルギーの単位は通常，ジュール(J)を使うのであるが，スペクトルを扱う際は波数単位(波長の逆数)を使う方が便利である。このとき，対応する数式が違ってくるので，混乱を避けるために，RとR'と表記を変えている。

(4.16)式について，一般には次のように書けることが，後にわかった。

$$\frac{1}{\lambda} = R'\left[\frac{1}{n^2} - \frac{1}{m^2}\right] \quad (m \geq n+1 \text{の整数}) \tag{4.18}$$

つまり，バルマー系列では，$n = 2$であったので，mが3以上となっていた。可視部の光は研究しやすいため，まずバルマー系列が1885年に発見されたのであるが，1906年には$n = 1$のLyman(ライマン)系列が紫外部に，そして同年に$n = 3$のPaschen(パッシェン)系列が赤外部に発見された。この他，$n = 4, 5$の系列も遠赤外部に見出されている。

　赤外線の波長は約0.8 μmから1 mmの範囲にある。さらにそれを3つに区分して，2.5 μm以下を近赤外，2.5～25 μmを(中間)赤外，25 μm以上を遠赤外とよぶことが多い。

(4.16)式のように，水素から発せられる光の波長が，単純な式で表せることは，当時としては非常なる驚きであった。そこで，Bohr(ボーア)は，理論的にこの式を導出しようと試みた。電子はe^-の電荷をもち，原子核(電荷e^+)に静電気的な引力を受けながら，運動している。ボーアは，電子が原子核のまわりを等速円運動していると仮定した(図4.19)。そして，電子のエネルギーが次式で表せることを示した。

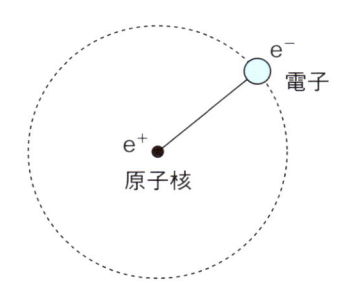

図 4.19 水素の原子核と電子

$$E_n = -\frac{e^2}{8\pi\varepsilon_0 a_0}\frac{1}{n^2} = -R\frac{1}{n^2} \tag{4.19}$$

n は量子数で，1 以上の整数である。円軌道の半径 r は，次式のように表される，とした。

$$r = a_0 n^2 \tag{4.20}$$

ここで，a_0 はボーア半径と呼ばれる定数である。$a_0 = 0.529$ Å。ε_0 は真空の誘電率である（付表 IV 参照）。これにより，リュードベリ定数は，他の物理定数で表せることが明らかとなった。

(4.19)式を見ると，電子のエネルギーがマイナスになっている。これは，原子核と電子が無限に離れている状態を，エネルギーの基準（$E = 0$）としているからである。原子や分子のエネルギーについては，それを構成している粒子や原子が，相互作用していないバラバラの状態を仮定し，それを基準にとる。このように，エネルギーの非常に高い状態を $E = 0$ としているので，構成粒子が接近して原子や分子を形成すると安定になり（つまりエネルギーが下がり），相対的にエネルギーは負となる（図 4.20）。

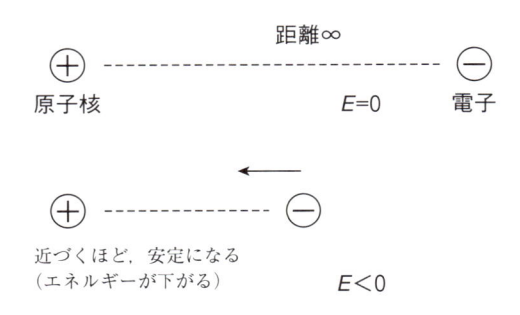

図 4.20 エネルギーが負の意味

図 4.21 は，エネルギーの変化と，光の吸収や放射の関係を示したも

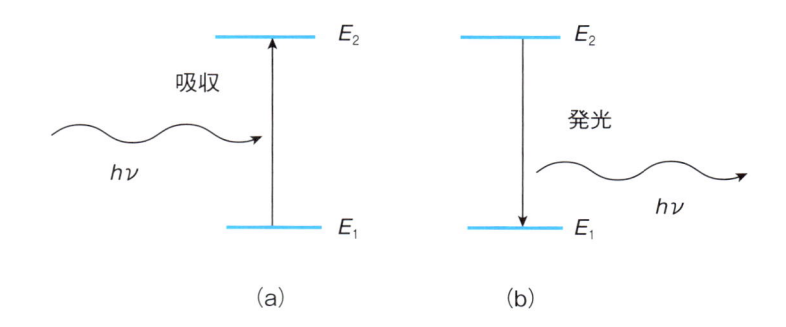

図 4.21 光の(a)吸収と(b)放出に伴うエネルギー状態の変化

のである。原子や分子に光があたった場合，その光のエネルギーがちょうど E_1 と E_2 のエネルギー差に等しいときに，その光が吸収され，エネルギーが E_1 の状態から E_2 へ上がる。しかし，このエネルギーの高い状態は永遠に保たれるわけではなく，しばらくするとエネルギーが E_2 から E_1 へ下がる。このとき，エネルギー差に対応した光が，放出される。つまり，光の吸収でも発光でも，次の関係が成り立つ。

$$\Delta E = h\nu \tag{4.21}$$

水素原子について，E_m の状態から E_n の状態へエネルギーが下がったとすると(4.19)式より

$$\Delta E = E_m - E_n = -R\frac{1}{m^2} - \left(-R\frac{1}{n^2}\right) = R\left(\frac{1}{n^2} - \frac{1}{m^2}\right) \tag{4.22}$$

そして，(4.21)式も成り立つことから

$$\Delta E = h\nu = \frac{hc}{\lambda} = R\left(\frac{1}{n^2} - \frac{1}{m^2}\right) \tag{4.23}$$

エネルギーの単位の換算より，$R = hcR'$。したがって，(4.18)式が成り立つ。図 4.18(c)に書かれているのが，水素原子中の電子のエネルギー準位である。そして，エネルギーの高い所から $n = 2$ への失活に伴う一連の光が，可視部に現れるバルマー系列である。$n = 1$ への遷移は，ライマン系列であるが，エネルギー差(つまり光のエネルギー)が大きくなるので，紫外部に現れる。

ボーアが水素原子のエネルギーを計算したとき，電子が円運動していると仮定した。しかし，実際に円運動しているわけではない。電子は原子核のまわりで雲のように広がって分布している。ボーアの仮定は間違っていたが，原子の構造を理論的に取り扱う足がかりを作ったという

意味で，量子論の発展に寄与した。

物質に対して光がどのような作用をするかを，表 4.7 にまとめた。紫外線や可視光の場合，それが原子や分子に吸収されると，電子がより高いエネルギー状態に上がる。つまり，電子状態が励起される。赤外線が分子に吸収されると，分子内の振動が活性化する。赤外線こたつで暖かく感じるのはこのためである。マイクロ波が分子に吸収されると，分子全体の回転運動が活性化する。マイクロ波は，電子レンジで使われているが，水分子を盛んに回転させることで，料理を温めているのである。

表 4.7 光による作用

電磁波	主に活性化されるもの
紫外線や可視光	原子や分子の電子状態 H ⟶ H* (例) 水素原子の励起
赤外線	分子内の振動運動 (例) CO_2 の分子内振動
マイクロ波	分子全体の回転運動 (例) H_2O の分子回転

アルカリ金属(Li，Na，K)やアルカリ土類金属(Ca，Sr，Ba)などの塩を炎の中に入れると，それぞれ独特の色を発する。Na が黄色，Li が赤，Ba が黄緑という具合である。これを炎色反応という。色とりどりの花火は，炎色反応を利用したものである。水素原子と同じように，その電子のエネルギーが変化することで，特定の波長の光を吸収，または放出する。第 2 章で，太陽光のスペクトルの暗線の話が出てきた。太陽は高温のため，可視部全体にわたり，連続的な波長の光を放出している。そのうち，太陽内に存在する各原子が，特定の波長をそれぞれ吸収し散乱するため，その部分が弱まり，地球に到達する光はその部分があたかも切りとられたかのように暗線となって見えるのである(図 4.22)。Fraunhofer(フラウンホーファー)が詳しく暗線を研究したので，フラウンホーファー線とも呼ばれる。

Be や Mg も Ca と同族元素であるが，炎色反応を示さない。このように性質が少し異なるため，Be や Mg は分類上アルカリ土類金属に含めないことが多い。マグネシウム塩を炎で加熱したときに，放出される光の主な波長は 279.6 nm であり，それは紫外部である。

原子は、特定な波長の
光を吸収し、放出する。

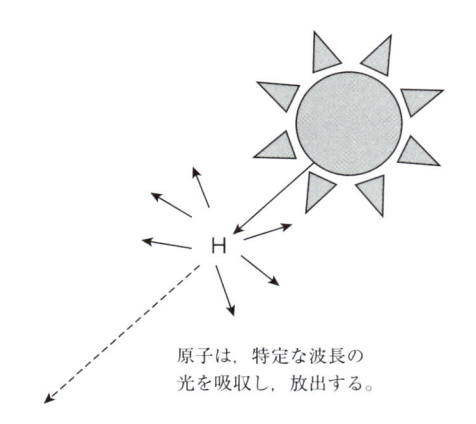

図 4.22 太陽光のスペクトルの暗線の原因

1個の電子の波動性

　水素原子は電子を1個もっており、基底状態ではそれが最も安定な 1s 軌道に入っている。原子核のまわりに電子雲が球対称に分布し、その濃度は原子核に近づくほど高くなっている。この水素原子に、波長 1Å 程度の X 線を1方向から照射すると、同じ波長の X 線が球面状に散乱される。その散乱の強さは、原子核のまわりの電子雲の各位置において、同時に X 線を(電子の存在確率が高いほど強く)散乱し、それらの波が干渉し合った結果生じていると仮定すると、観測結果がうまく説明できる。その一方で、電子は素粒子であり、大きさをもたず、数学的な点とみなされる。つまり、電子は点であるが、原子核のまわりのあらゆるところに存在する確率があり、それぞれの場合について散乱が一斉に起こって重なり合い、干渉が起こるということである。これは、量子論の解釈の問題ではなく、実験事実を説明するためには、そう考えざるを得ない、ということである。

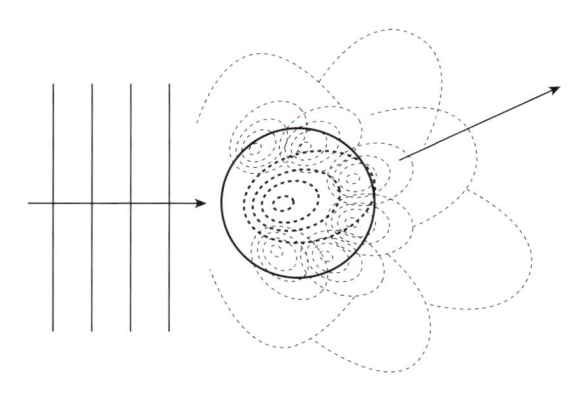

原子の電子雲が様々な位置で X 線を散乱し、干渉し合っているイメージ(模式図)
入射 X 線を平面波として実線で、散乱 X 線を破線で表している。矢印は入射 X 線方向、および1つの散乱 X 線方向を示す。

演習問題

問1 金属の表面に光をあてると，ある一定の波長よりも短い光の場合に電子が金属から飛び出してくる。この現象を理論的に説明するために，アインシュタインが光量子説を提案した。

(1) この現象を何と呼ぶか。

(2) 光量子説を用いて，電子が金属から飛び出す機構を説明しなさい。

(3) ある一定の波長よりも長い場合，光をいくら強くあてても電子は飛び出さない。これはなぜか。

問2 水素原子の n 番目のエネルギー E_n は，次のように表せる。

$$E_n = -R\frac{1}{n^2} \quad (n \geq 1 \text{ の整数}) \tag{1}$$

水素原子がエネルギー E_m の状態から E_n へ変化したとき，波長 λ の光が放出された。このエネルギー変化と光の放出との関係を図示しなさい。またこのとき，次の関係式が成り立つことを示しなさい。

$$\frac{hc}{\lambda} = R\left[\frac{1}{n^2} - \frac{1}{m^2}\right] \quad (m > n \geq 1 \text{ の整数}) \tag{2}$$

問3 フラウンホーファー線（太陽光のスペクトルの暗線）のうち，C（赤，波長 6563 Å）や F（青，4861 Å）などは，水素の発光スペクトルのバルマー系列の波長と一致する。なぜ波長の値が一致するのか，理由を説明しなさい。

5 原子の電子構造
―電子雲が原子核を取り巻く―

5.1 原子の大きさ

　原子は非常に小さいが，どの程度の大きさだろうか。図 5.1 のように，原子を約 2 億倍に拡大するとゴルフボールの大きさとなり，それをさらに約 3 億倍に拡大すると地球の大きさとなる。つまり，地球をゴルフボールとみなすと，ゴルフボールが原子の大きさにほぼ対応する。このように，原子はかなり小さいのである。では，原子を実際に見ることはできるのだろうか。肉眼ではもちろん無理ではあるが，電子顕微鏡を使うと見ることができる。金の原子 1 個を見る方法を，次に紹介する。金は延ばして薄い膜状にすることができる。金の薄膜に電子線をあてると，熱で丸い穴があく（図 5.2）。その横にもう 1 つ丸い穴をあけ，穴と穴の間の細い部分に電子線をあて，さらに削って細くしていく。そうす

> 通常の顕微鏡は，光を使って像を拡大するが，電子顕微鏡ではその代わりに電子線を用いる。

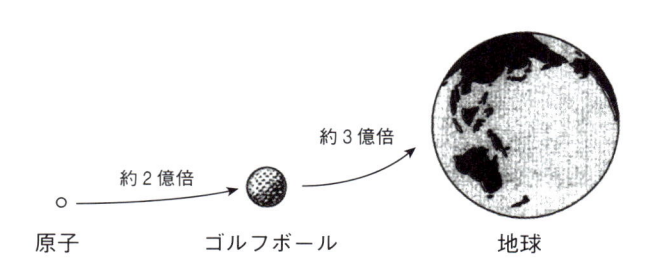

図 5.1　原子の大きさ

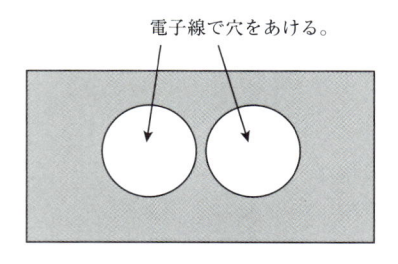

図 5.2　金原子 1 個を見る方法

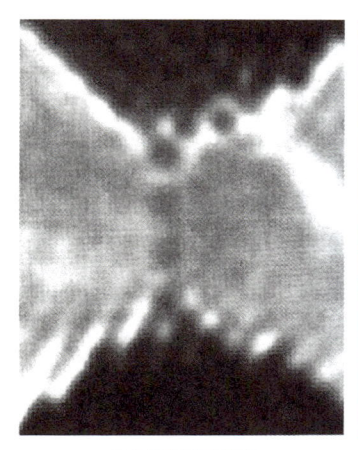

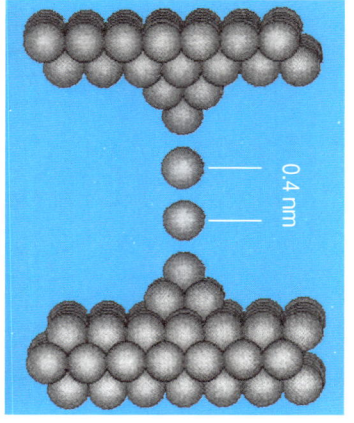

5 原子の電子構造—電子雲が原子核を取り巻く—

　高分解能電顕像　　　　そのモデル図

図5.3　金原子の1本鎖
金薄膜に電子線をあてて穴を2つ開ける。穴と穴の間の細い部分をさらに細くすると，単原子が連なる1本鎖ができる。中央の原子間距離は0.4 nmであり，金の結晶中の距離0.288 nmより長い。
（写真提供：高柳邦夫博士）

ると，図5.3の左側の顕微鏡写真のように，金の原子からなる1本鎖が作れる。画像がややぼやけているのは，顕微鏡の分解能ぎりぎりまで拡大しているからである。右側の図は，写真に対応させて原子の配列をわかりやすく示したモデル図である。中央の1本鎖のところに，2つの原子が黒い丸として写真にうつっている。このように，原子は実在するのである。原子の集団は，ぶどうの房のように見えている。

　では，原子の大きさとは何だろうか。それは，電子雲の広がりの大きさを意味する(図5.4)。それに対して，原子核の大きさは非常に小さい。原子の大きさを東京ドームの広さに例えると，原子核はビー玉くらいの大きさである。ピッチャーマウンドにビー玉の大きさの原子核があったとして，電子はそれの引力を受けながら，内野や外野だけでなく

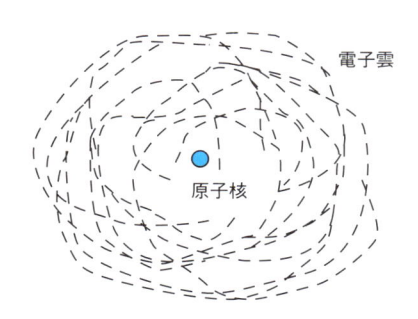

図5.4　原子の大きさとは

ボーア
(500クローネ紙幣，デンマーク)

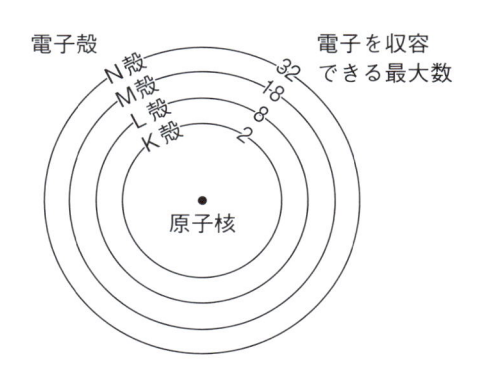

図 5.5　ボーアの原子模型

客席の方まで広がりながら運動し，雲のように分布しているのである。

4章で述べたように，ボーアは電子が円軌道を運動していると仮定して，水素原子中の電子のエネルギーを計算した。この仮定は正しくなかったが，原子を表すモデルとして便利なため，高校の教科書などでまだ使われている(図 5.5)。これは，あくまでも物事を単純化して示す1つの道具と考えてほしい。貝殻が次第に外側に成長するように，電子は内側の軌道から順番に詰まっていく。この電子の収容場所を電子殻といい，内側から順に K, L, M, N 殻と呼ぶ。それぞれの電子殻には，収容できる電子の最大数が決まっている。K 殻には電子が2個まで，L 殻には8個まで，M 殻と N 殻にはそれぞれ 18 と 32 個まで収容できる。なぜ K 殻には2個まで，そして L 殻には8個までしか電子が入らないのかは，この章で後に明らかとなる。

5.2　水素様原子

量子論にもとづき，これから原子中の電子の状態を取り扱う。そのためには，まず原子核の周りに，電子が1個だけある場合を考える。水素原子がこれに当てはまるが，もっと一般的に，原子番号 Z の原子核を考えることにする。そうすると原子核は，Ze^+ の正電荷をもち，そのまわりで電荷 e^- の電子が運動していることになる(図 5.6)。これは水素原子と似た状況なので，水素様原子と呼ばれる。$Z = 2$ のときは He^+，$Z = 3$ のときは Li^{2+} イオンに対応する。

電子の位置を表すのに，座標を用いる。座標の原点は，原子核の位置とする。なぜならば，電子に比べて原子核は 1000 倍以上も重いので，電子の運動に対して原子核は静止しているとみなせるからである。図

> このようなイオンがたとえ通常は見られなくても，理論的にはいくらでも仮定することができる。

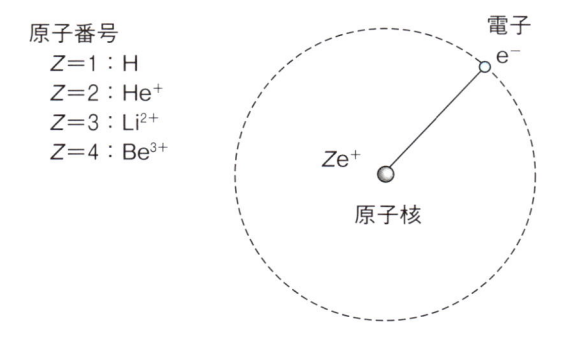

原子番号
Z＝1：H
Z＝2：He$^+$
Z＝3：Li^{2+}
Z＝4：Be^{3+}

図 5.6　水素様原子

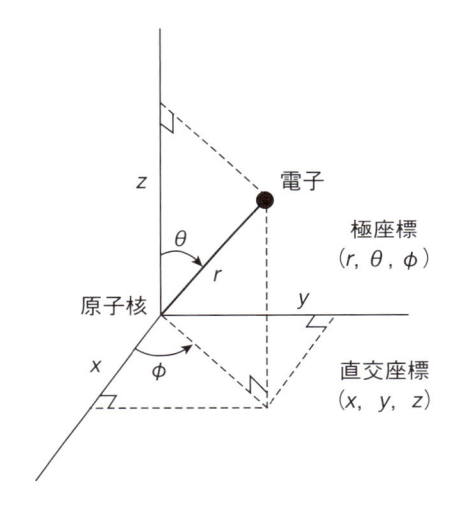

図 5.7　極座標

5.7 のように，直交座標 (x, y, z) で電子の位置を表そうとすると，不便である。なぜならば，電子は原子核から引力を受けており，その力の大きさは原子核からの距離 r で決まってくるからである。そこで，原点からの距離 r と 2 つの角度を変数とする極座標 (r, θ, ϕ)，を用いることにする。角度 θ は z 軸からの傾き角で，ϕ は電子の位置ベクトルを xy 平面に投影したときの x 軸からの角度である。

さて，原子核のまわりの電子の存在状態を，波動関数を用いて表すのであるが，古典力学でニュートンの運動方程式を解くように，量子力学では波動方程式を満たす解を求めることになる。これは偏微分方程式を解くことになるが，詳しい内容は省略して，結果だけを示すことにする。水素様原子の波動関数は，数学的に厳密に求まり，次の形で与えられる。

$$\Psi_{n,l,m}(r,\theta,\phi) = R_{n,l}(r) Y_{l,m}(\theta,\phi) \tag{5.1}$$

> ベクトルとは，大きさと方向をもつ量をいう。それとは対照的に，大きさだけで方向はもたない量をスカラーという。例えば速度はベクトルであるが，質量はスカラーである。位置ベクトルとは，座標の原点からその位置までを結ぶ線分のベクトルである。ベクトルは太字で **r** のように表すか，あるいは文字の上に矢印をつけて $\vec{r}$ のように書く。単に r と書いたときは，ベクトルの大きさを意味する。すなわち，$r = |\mathbf{r}|$。

ここで，n，l，mは量子数である。箱の中の粒子のところで説明したように，3次元の箱の中に粒子が閉じ込められている場合と同様に，量子数が3つ出てくる。(5.1)式の右辺の$R(r)$は，原点からの距離rだけの関数なので動径部分と呼ばれ，$Y(\theta, \phi)$は極座標の角度だけの関数なので角度部分と呼ばれる。つまり，波動関数は，動径部分と角度部分の積となっている。例えば，量子数が$n=2$，$l=1$，$m=0$のときの波動関数は，次の通りである。

$$\Psi_{2,1,0} = \frac{1}{4\sqrt{2\pi}} \left(\frac{Z}{a_0}\right)^{\frac{3}{2}} \left(\frac{Z}{a_0}r\right) \exp\left(-\frac{Z}{2a_0}r\right) \cos\theta \quad (5.2)$$

この式における角度部分は$\cos\theta$であり，それと距離rだけの関数の積となっていることがわかる。

電子の波動関数を，便宜上，軌道と呼ぶ。ただし，それはジェットコースターのように，電子がある決まった軌跡（orbit）をえがいて運動しているわけではない。いわば雲のように広がって，あらゆる位置での存在確率をもって分布している。これを英語でorbital（軌道みたいなもの）といい，そのままオービタルと表記している本もある。しかし，この本では便宜上，単に軌道と呼ぶことにする。

原子中の電子は，3つの量子数n，l，mをもつ（表5.1）。nはその値でエネルギーが定まるので，主量子数と呼ばれる。lは方位量子数であり，それで軌道の形が決まり，mは磁気量子数と呼ばれ，軌道の向きを指定する。量子数がとり得る値は，nが1以上の整数である。lは0以上でnよりも小さく，mの絶対値はlを越えられないという条件がつく。よって，$n=1, 2, 3, 4$について順に考えていくと，表5.2に示すような組合せが可能であることがわかる。量子数n，l，mの1つの組合せに対して，1つの波動関数が対応し，それを原子軌道と呼ぶ。特定の軌道を指し示すときに，3つの量子数を並べて1, 0, 0とか2, 1, -1とか番号で呼ぶのは，わかりにくい。そこで，$l = 0, 1, 2, 3$に対して，それぞれs，p，d，fという記号が割り当てられた。これは，原子スペクトルにおける特徴を表す英単語の頭文字からきている（表5.3）。つまりニックネームみたいなものである。これと主量子数nとを合わせて，

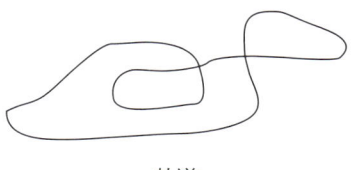

軌道
orbit

オービタル orbital
（軌道みたいなもの）

表5.1　原子中の電子の量子数

記号	名称	指定されるもの	とり得る値
n	主量子数	軌道のエネルギー	$n = 1, 2, 3, \cdots$
l	方位量子数	軌道の形	$l = 0, 1, 2, \cdots, n-1$
m	磁気量子数	軌道の向き	$m = 0, \pm 1, \pm 2, \cdots, \pm l$

表 5.2 量子数の組合せ

n	l	m	原子軌道
1	0	0	1s
2	0	0	2s
	1	-1, 0, 1	2p
3	0	0	3s
	1	-1, 0, 1	3p
	2	-2, -1, 0, 1, 2	3d
4	0	0	4s
	1	-1, 0, 1	4p
	2	-2, -1, 0, 1, 2	4d
	3	-3, -2, -1, 0, 1, 2, 3	4f

表 5.3 軌道の呼び方

l	軌道[1]	名前の由来[2]
0	s	sharp（鋭い）
1	p	principal（主な）
2	d	diffuse（幅広い）
3	f	fundamental（基本的な）
4	g	アルファベット順[3]

[1] 例えば $n = 1$, $l = 0$ の軌道を 1s と呼ぶ。
[2] 原子スペクトル線の性質を表す単語の頭文字。
[3] $l = 4$ 以降は f の次のアルファベット順。つまり，4(g), 5(h), 6(i)。

1s や 2p というように表す（表 5.2）。磁気量子数 m については，明記しない場合が多い。したがって，s, p, d, f はそれぞれ 1, 3, 5, 7 個の軌道からなることを，頭に入れておく必要がある。各軌道のエネルギーは，水素様原子の場合に限り，主量子数 n にのみ依存する。

$$E_n = -R\frac{Z^2}{n^2} \tag{5.3}$$

ここで，R はリュードベリ定数である。$Z = 1$ のとき，4 章で出てきた水素原子についての式と一致する。

原子軌道の角度依存性を，図 5.8 に示す。1s 軌道は球対称で丸い形をしている。波動関数は波を表しているので，プラス（＋）の符号は山を，マイナス（－）の符号は谷になっていることを表している。2p 軌道は 3 つあるが，同じダンベル形をしていて，それぞれ x, y, z 軸方向を向いている。3d 軌道はダンベルが 2 つ組合わさったような形をしている。方位量子数 l が 0, 1, 2 と増えるにつれ，波動関数の空間分布が分裂し複雑な形になっていくことがわかる。

電子が波動として存在することを実感しにくいが，波が移動していくわけではない。位置によって波の振幅と位相（山と谷）が異なることを，膨らんだ形と符号を用いて表している。波動関数の空間分布を，等高線で比較的正確に表すと図 5.9 のようになる。この図では，1s と 2p 軌道について，原点を通る断面での等高線，および 3 次元の立体的な形をそれぞれ描いている。1s 軌道は，原子核位置において一番値が大きく，原子核から遠ざかるにつれて波動関数の値が急激に下がる。2p 軌道は，原子核から少し離れたところに，正の山と負の谷が原点をはさんで存在する。それは，ややつぶれたおにぎりが 2 つ並んでいるような形であ

> 球対称とは，中心（つまり原子核）からの距離が等しいところは，すべて値が等しいということである。

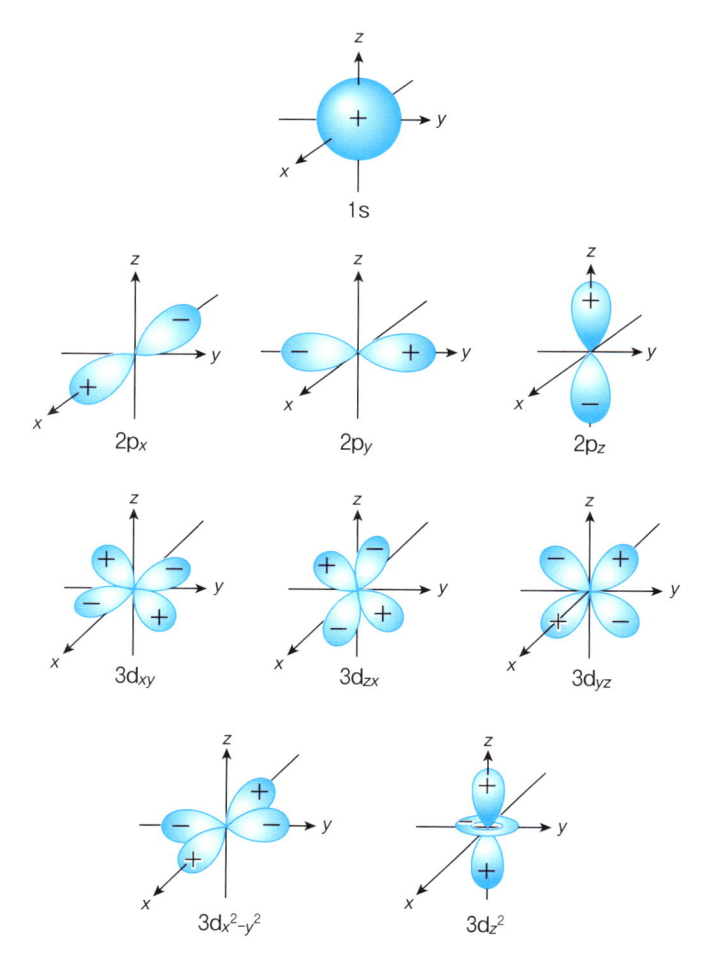

図 5.8　原子軌道の角度依存性。＋と－は，波動関数の符号を表す。

る。このような実態を詳細に反映した図は描きにくいため，2p 軌道は図 5.8 のようにダンベル形として単純化して描かれる。

　波動関数の絶対値を 2 乗したものが，電子密度である。その濃淡を点画として，コンピュータで描かせると，図 5.10 のようになる。それぞれの正方形の一辺の長さは共通にしてあり，正方形の中心は原子核の位置である。1s 軌道の電子は原子核近傍に集中していて，しかも球形であることがわかる。2s も 3s も球形だが，外側に広がり，しかも波打っている。これは，主量子数が大きくなると，原子核から遠ざかるに伴い波動関数の＋と－の切り換えが何回か起こるためである。波動関数の符号が切り替わる位置で，波動関数が 0 となり，電子密度も 0 となる。このため，電子が存在しない白い領域が途中にできる。2p 軌道はダンベル形であり，原子核から少し離れた位置に 2 つの極大をもつ。波

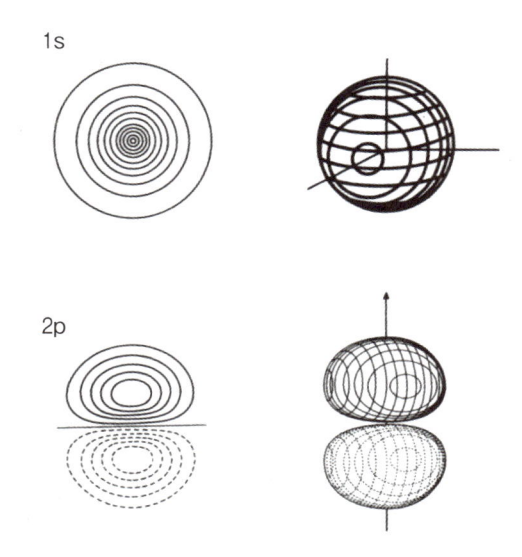

図 5.9　1s と 2p 軌道の空間分布
左側の図は原子核を通る断面での波動関数の値を示したもので，実線は正，破線は負の等高線である。右側の図は 3 次元の立体的な形を表現している。

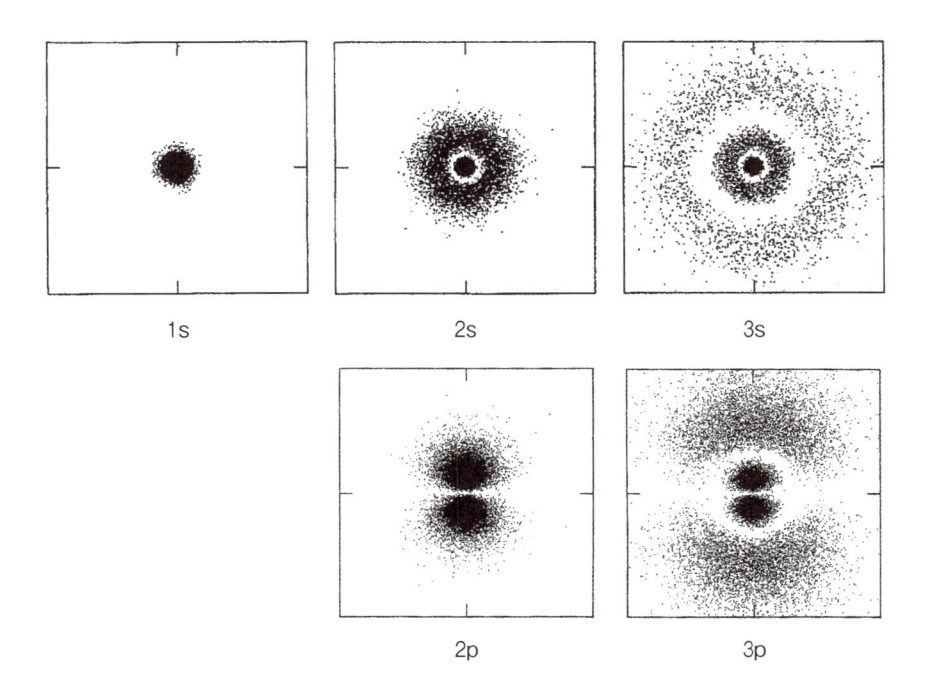

図 5.10　電子密度の点画

（正方形の 1 辺は 0.45 Å）
出典：M.J.Winter,"Chemical Bonding", Oxford University Press(1994)

動関数が＋であれ－であれ，電子密度としては同じピークとなる。3p軌道も基本的にはダンベル形だが，波打ち現象（原子核から遠ざかるに伴う波動関数の＋と－の切り替わり）が加わり，2p に比べてより外側へ電子雲が広がっている。この図 5.10 は，実際の水素原子の電子分布を反映している。一番エネルギーの低い軌道は 1s であり，その電子雲は原子核の近くに集中して存在する。これが安定な水素原子の状態である。これに光があたると，電子が光のエネルギーを吸収して，2p や 3p の形に変わる。あるいは逆に 3s から 2p へ電子雲の形が変化するときに，そのエネルギー差に相当する光が，水素原子から発せられることになる。

5.3　多電子原子

原子核の周りに複数の電子が存在する場合，電子の波動関数は厳密には解が得られなくなる。なぜかというと，電子間には静電気的な反発が生じ，その大きさが電子間の距離によって変わるからである。原子核に対して，1 つの電子の座標を指定しても，そのエネルギーは他の電子の位置によって左右される。そこで，解を求めるために近似が用いられる。ある 1 個の電子に着目して，その他の電子は原子核を雲のようにおおい隠し，原子核の正電荷を部分的に中和しているとみなす。これを遮へい効果という（図 5.11）。電子が原子核から遠く，その裸の正電荷を感じることができなくなるほど，他の電子による遮へい効果は大きく，エネルギーが高くなる。このため，主量子数が同じでも，軌道のエネルギーが違ってくる。多電子原子の軌道エネルギーは，次のような順番になる。

$$1s < 2s < 2p < 3s < 3p < (4s < 3d) < 4p \qquad (5.4)$$

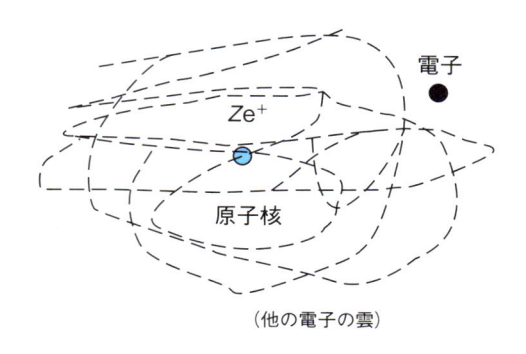

図 5.11　遮へい効果

5 原子の電子構造—電子雲が原子核を取り巻く— 77

　エネルギー準位の配置を，水素原子の時と比較して示すと，図5.12のようになる。軌道は，いわば電子を収容する部屋みたいなものであり，マンションに例えると，1階部分($n = 1$)がsタイプの部屋しかない。2階部分($n = 2$)はsとpタイプの部屋があり，水素原子のときは2階は平坦だったが，多電子原子では，階段状となっている。3階($n = 3$)もs，p，dとなるにつれて高さが上昇するため，3階部分の最後（3d）と，4階部分の最初（4s）との高さが接近してくる。(5.4)式で4sと3dとの大小関係にカッコをつけているのは，順番が逆転することもあることを意味している。2s軌道に比べて，2p軌道はエネルギーが高くなっている。これは，原子核近傍に1s電子が集中して存在し，原子核の正電荷を遮へいしている状況のもと，2sは原子核位置に存在確率があるので奥深くもぐり込めるが，2p軌道は原子核での存在確率をもたず，深くもぐり込めないからである。

　図5.12のようなエネルギー準位図を毎回書くのは手間がかかるので，1つの軌道をやや大きめの○で表してエネルギーの低い方から順に並べ，その中に収容されている電子を，電子1個につき矢印1個（↑または↓）で示す（図5.13）。ここで，矢印の方向は，電子のスピンの向きを

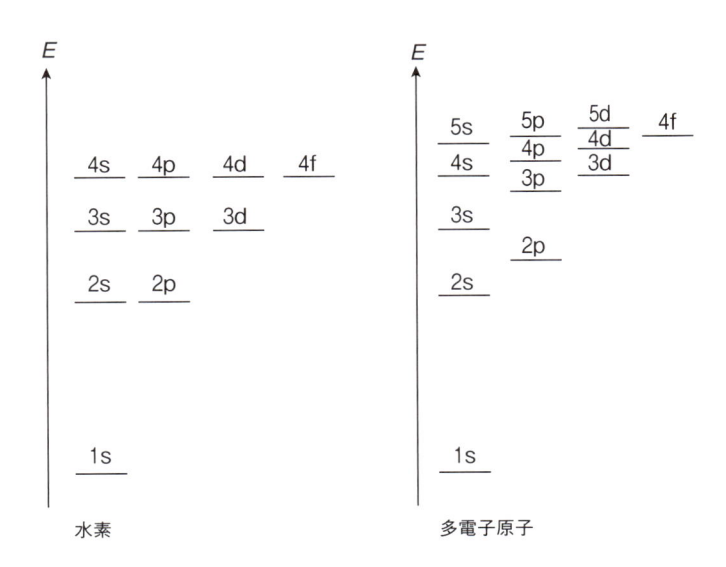

図 5.12　原子軌道のエネルギー準位

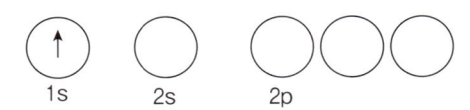

図 5.13　水素の電子配置

表す。スピンとは自転運動のことである。原子核の周りをまわっている電子を，太陽の周りをまわっている地球にたとえると分かりやすい。地球は太陽の周りを1年に1回公転運動をしながら，1日に1回自転運動もしている（ちなみに太陽も自転している）（図5.14）。同じように，電子を粒子とみなすと，原子核の周りで公転運動しながら自転運動もしている。このとき，公転運動と自転運動の回転方向が同じときを α スピンと呼び，上矢印（↑）で表す。公転運動に対して，自転の回転方向が逆のときは β スピンと呼び，下矢印（↓）で表す（図5.15）。

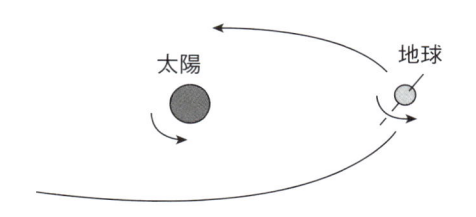

図 5.14　地球はアルファスピン

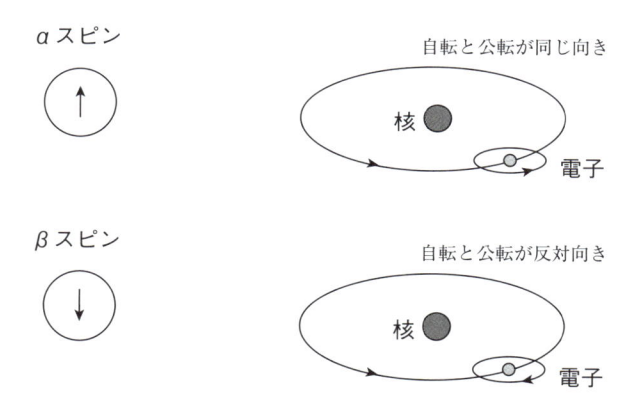

図 5.15　電子のスピン（2種類）

5.4　パウリの原理とフントの規則

　電子を収容する部屋が軌道であり，そのエネルギーの順番もわかっているので，後はエネルギーの低いところから順番に，電子を入れていけばいいことになる。ここで，大事なルールが存在する。それは，「1つの原子において，2個以上の電子が同じ状態を取ることはできない。1つの軌道には α スピンと β スピンを1つずつ，合計2個まで収容することができる」という，Pauli（パウリ）の原理である。すなわち，1つの軌道に同じスピンの電子を2つ収容することはできない。なぜなら，同

じ軌道に電子が2個入るということは，3つの量子数 n, l, m が共通ということであり，スピンの向きまで同じであれば，2個の電子がまったく同じ状態を取ることになってしまうからである。よって，電子1個のときはαスピンでも，βスピンでも良いが，電子2個のときはαとβの組合せに限られる（図5.16）。

電子1個のとき
αスピンか， βスピン

電子2個のとき
αとβスピン

図5.16 パウリの原理

パウリの原理をもとに，エネルギーの低い軌道から順に電子をつめていくと，表5.4に示すような配置となる。これは，基底状態の原子についての電子配置である。原子番号1番の水素から，2番のヘリウムまでは，1s軌道に電子が入る。これで満員となるので，それ以降は2s，2pに電子が順に入っていくことになる。表5.4の上部に示してあるように，$n=1$ の部分をK殻，$n=2$ をL殻，$n=3$ をM殻と呼ぶ。この

基底状態とは，一番エネルギーの低い状態をいい，それよりもエネルギーが高い状態は全て，励起状態である。

表5.4 原子の電子配置（基底状態）

電子殻	K	L		M		
軌 道	1s	2s	2p	3s	3p	3d
1 H	1					
2 He	2					
3 Li	2	1				
4 Be	2	2				
5 B	2	2	1			
6 C	2	2	2			
7 N	2	2	3			
8 O	2	2	4			
9 F	2	2	5			
10 Ne	2	2	6			
11 Na	2	2	6	1		
12 Mg	2	2	6	2		
13 Al	2	2	6	2	1	
14 Si	2	2	6	2	2	
15 P	2	2	6	2	3	
16 S	2	2	6	2	4	
17 Cl	2	2	6	2	5	
18 Ar	2	2	6	2	6	

章のはじめに，ボーアの原子模型を説明したときに，最大収容電子数が，K殻は2個，L殻は8個であると述べた。それは，$n=1$ の軌道は1sだけ，$n=2$ の軌道は2s, $2p_x$, $2p_y$, $2p_z$ で合計4個あるからである。ここで，表5.4の希ガス元素(He, Ne, Ar)のところを見ると，ちょうど区切りよく電子が埋まっていることがわかる。このように，K殻やL殻などに電子が全部入って満席の状態を閉殻という(表5.5)。

表5.5 閉殻構造

原子番号	元 素	電子配置の特徴
2	ヘリウム He	K殻が $(1s)^2$ で満席
10	ネオン Ne	L殻が $(2s)^2(2p)^6$ で満席
18	アルゴン Ar	M殻の $(3s)^2(3p)^6$ まで満席

電子配置を書くときは，(軌道名)^{占有電子数} という形で並べて示す。

電子配置をスピンの向きまで含めて示すと，図5.17のようになる。このとき，図をわかりやすくするために，軌道に電子を1個だけ入れるときは α スピンを書くようにしている。2p軌道は3つあるため，そこにどのように電子を入れていくか，色々な可能性が出てくる。ここで，

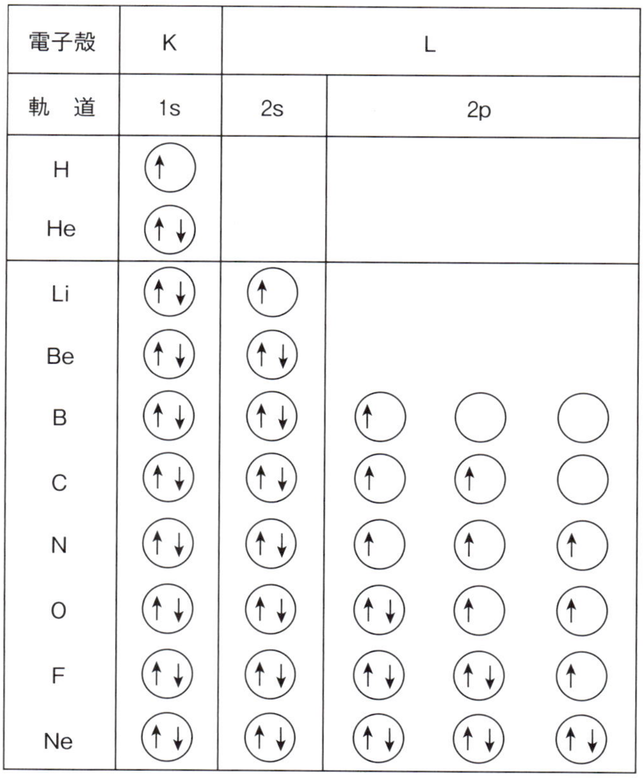

電子殻	K	L		
軌 道	1s	2s	2p	
H	↑			
He	↑↓			
Li	↑↓	↑		
Be	↑↓	↑↓		
B	↑↓	↑↓	↑	
C	↑↓	↑↓	↑ ↑	
N	↑↓	↑↓	↑ ↑ ↑	
O	↑↓	↑↓	↑↓ ↑ ↑	
F	↑↓	↑↓	↑↓ ↑↓ ↑	
Ne	↑↓	↑↓	↑↓ ↑↓ ↑↓	

図5.17 原子の電子配置

基底状態の原子については，Hund（フント）の規則が成り立つ。すなわち，「同じエネルギー準位の軌道が複数ある場合，できるだけスピンの向きをそろえて，異なる軌道に電子が入る」という規則である。電子が3個あるとき，1つの2p軌道に2つ電子を入れ，1つの2p軌道は空席のままにしておくこともちろん可能だが，それではエネルギーが最小ではない。このフントの規則に従うと，図5.18に示すように2pの3つの軌道に，最初は1つずつ電子が収容され，空いた軌道がなくなれば，それ以降はαとβの対として電子が追加されていくことになる。

> $(2p)^3$のときは，部屋が3つあり3人いるときに，1部屋に1人ずつ入った方が落ち着くのと似ている（図5.18）。

$(2p)^1$

$(2p)^2$

電子3個のとき
$(2p)^3$

図5.18　フントの規則

5.5　周期表と元素の物性

原子の電子配置が，物性に反映する。ここでは，代表的な3つの物性データを紹介する。まず，イオン化エネルギーであるが，これは原子から電子を1個とり去るのに必要なエネルギーである。

> 物性とは，物質の物理的および化学的性質をさす。

$$A \longrightarrow A^+ + e^- \tag{5.5}$$

図5.19は，原子番号に伴いイオン化エネルギーの大きさが，どのように変化するかを示したものである。のこぎりの刃のような形となっており，山の頂点はHe，Ne，Arで，希ガス元素である。これに対して，すぐ右隣の窪んでいる谷はLi，Na，Kで，アルカリ金属である。希ガス元素は閉殻構造をとっており（表5.5），そこから電子を1個取り去ろうとすると，かなりのエネルギーを必要とする。アルカリ金属元素の場合は，表5.4を見てもわかるように，最外殻に電子が1個だけあるので，その電子は取り去りやすい。つまり，アルカリ金属は1価の陽イオンになりやすいのである。

電子親和力とは，原子が電子を1個受取って陰イオンになり，安定化

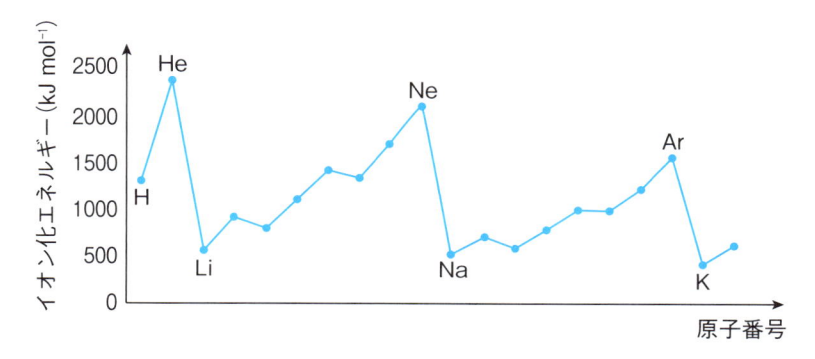

図 5.19 イオン化エネルギー

するエネルギーである。

$$A + e^- \longrightarrow A^- \tag{5.6}$$

電子親和力が大きい元素は，F，Cl，Br などのハロゲン元素である。これは，電子を 1 個受け取ると閉殻構造となって，安定化するからである。電子親和力が負の値，つまり電子を受け取ると不安定になってしまう元素は，He，Ne，Ar の希ガス元素や，Be，Mg などである。イオン化エネルギーと電子親和力との関係を図 5.20 に示す。縦方向はエネルギーの高さを意味する。中性原子から電子を 1 個引きはがすと，エネルギーが上がる。その大きさがイオン化エネルギーである。中性原子が電子を 1 個受け取ると，エネルギーが下がる。この安定化の大きさが電子親和力である。このイオン化エネルギーと電子親和力の大きさを足して 2 で割ったものが，次に述べる電気陰性度に相当する。つまり，電子のやり取りに応じてエネルギーが大きく変わる元素ほど，電気陰性度が大きいといえる。

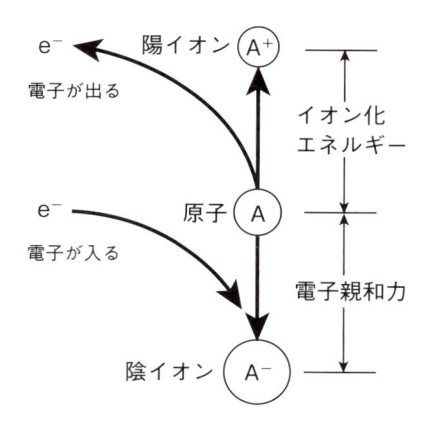

図 5.20 イオン化エネルギーと電子親和力との関係

電気陰性度とは，異種原子間の結合において，どれだけその原子が電子を引きつけるか，その強さを数値化したものである。例えば，気相中における塩酸の分子を考えると，H−Cl 結合はかなりイオン性であり，塩素原子が電子を引きつけ，$H^+−Cl^-$ のようになっている。つまり，水素に比べて塩素の電気陰性度が大きい。図 5.21 は，周期表の配列に応じて，電気陰性度の値の高さを示したものである。電気陰性度が一番大きいのはフッ素であり，次は酸素である。周期表においてフッ素から遠ざかるほど，電気陰性度の値が下がってくる。水は，イオン性の化合物を良く溶かす。それは，水分子が極性をもつからである。酸素と水素の電気陰性度は，それぞれ 3.5 と 2.1 なので，酸素がやや負の電荷（δ^-），水素はやや正の電荷（δ^+）を帯びる。

原子の電子配置の中で，最外殻に存在する電子は結合に関与してくるので，価電子と呼ぶ。これに対して，内側の閉殻部分を内殻という。価電子が s か p 軌道の元素は，典型元素といい，同族元素の性質が類似している。d あるいは f 軌道に電子が部分的に入っているもの（周期表で 3 から 11 族）は，遷移元素という。遷移元素の性質については，周期表の縦よりも横の元素との関連が深い。原子番号 21 番のスカンジウム Sc から 29 番の銅 Cu までを 3d 遷移金属と呼ぶが，これらのイオンはその特殊なエネルギー準位のために多彩な色を呈する。そして，その色は金属イオンの酸化状態および周りの配位環境などによって変化する。

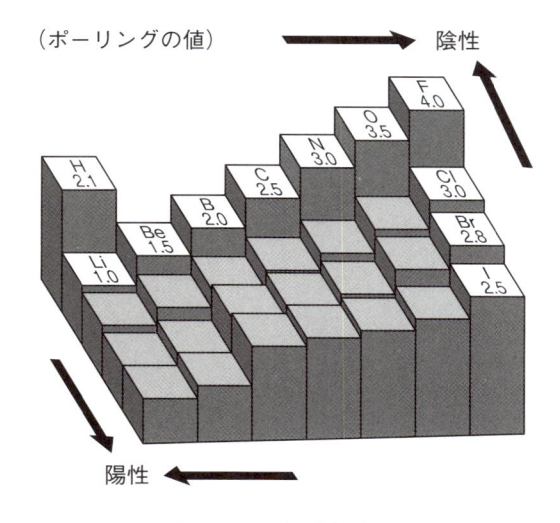

図 5.21 電気陰性度

Pauling（ポーリング）は，原子間の結合エネルギーのデータをもとに，各原子に対する電気陰性度の値を定めた。Mulliken（マリケン）は，（イオン化エネルギー＋電子親和力）/2 を電気陰性度の値とするように提案したが，これはポーリングの方法で計算した値と比例関係にある。なお，ポーリングは「化学結合の本性ならびに複雑な分子の構造に関する研究」で，1954 年にノーベル化学賞を，また核実験反対などの平和運動を推進したことから，1963 年にノーベル平和賞を受賞した。

ポーリング
（2008 年，アメリカ）

相とは，物質の異なる状態を区別するときに使う用語である。気相は，その物体が気体の状態をさす。同様に，液体および固体のときは，それぞれ液相，固相という。

水の分極

炭素と水素の電気陰性度は 2.5 と 2.1 であり，あまり違いがない。このため，メタン CH_4 をはじめとして炭化水素はほとんど極性をもたない。

アルコールパッチテスト

　お酒に対する体質は人によって違う。アルコールパッチテストを行うと，それを簡単に知ることができる。これは，消毒用エタノール（濃度 77～81 vol%）をパッチシールのガーゼの部分に 2, 3 滴たらし，それを上腕の内側にはりつけ，アルコールに触れた皮膚が一定時間内（約 7 分）でどの程度赤くなるかを調べる試験である。体内においてアセトアルデヒドをよく分解する体質の人は皮膚がほとんど赤くならないが，アセトアルデヒドを分解しにくい体質の人は赤くなる。

　エチルアルコールは体内で酸化されてアセトアルデヒドになる。これがたまってくると赤面を生じたり，悪酔いの原因となる。アセトアルデヒドはさらに酸化されて酢酸となる。その反応を担っているのが，アセトアルデヒド脱水素酵素（ALDH）である。アルコールの代謝にかかわる ALDH には 2 種類（1 と 2）の型があり，ALDH1 はアセトアルデヒドの分解能力が低いが，ALDH2 は分解能力が高い。この ALDH2 の活性度は人によって違うが，それは遺伝によって決まってくる。これはモンゴル人種の特徴であり，表に示すように白型の他に赤型の人もいる。白人や黒人は，ほぼ 100% が白型である。

アルコールパッチテストでわかる体質の違い

パッチテストの結果	赤型 （全く飲めないタイプ）	赤型 （本当は飲めないタイプ）	白型 （飲めるタイプ）
パッチテストの結果	7 分後にパッチをはがした段階で，既に皮膚が赤い	7 分後にパッチをはがした時に皮膚は赤くないが，10 分後には赤い	7 分後にパッチをはがし，さらに 10 分たっても皮膚が赤くならない
ALDH2 の遺伝子	活性な遺伝子をどちらの親からも引き継いでいない	活性な遺伝子を片方の親だけから引き継いでいる	活性な遺伝子を両親から引き継いでいる
アルデヒドの分解能力	アルデヒドの分解能力が非常に弱い	アルデヒドの分解能力がやや弱い	アルデヒドの分解能力が高い
酒を飲んだ場合の赤面や悪酔い	わずかな飲酒量でも，赤面や悪酔いが生じる	飲酒量が多くなると，赤面や悪酔いが生じる	飲酒しても，赤面や悪酔いが生じにくい
日本人の比率	約 1 割	約 3～4 割	5～6 割
飲酒に対する注意	無理に飲むと，急性アルコール中毒に陥る危険性がある		深酒を続けるとアルコール依存症になる

エチルアルコール　→　アセトアルデヒド　──ALDH──→　酢酸

アルコールによる酔っ払い

演習問題

問1 次の原子軌道の空間分布を，それぞれ模式的な図で示しなさい。また，電子密度が一番高い位置を，それぞれ答えなさい。(1) 1s 軌道，(2) 2p 軌道

問2 原子番号 $Z=13$ から 16 までについて，元素記号と原子名，および基底状態における電子配置をスピンの向きまで含めて書きなさい。

(例) $Z=3$, Li(リチウム)

6 化学結合と分子構造
―原子と原子を電子がつなぐ―

6.1 原 子 価

分子は物質の構成単位である。その分子の構造式および立体構造の概念は，19世紀の後半に確立していった（表6.1）。1852年に，イギリスのFrankland（フランクランド）が，原子価説を発表した。「各元素は水素原子の何個と化合するか，あるいは化合物中の水素何原子と置き換わるか，という数が決まっている。」これを原子価という。HやClは1価，Oは2価，Nは3価である。原子価とは，いわば結合の手の本数を意味する。当時は既に元素分析の方法が確立していて，反応前後における分子式（あるいは組成式）の変化を知ることができた。炭素の原子価が4であることは，1858年にドイツのKekulé（ケクレ）とイギリスのCouper（クーパー）が，ほぼ同時に見出した。そして彼らは，有機化合物の構造を，元素記号と結合の線で表すことを提案した。これが，構造式の始まりである。この時点では，結合の線は単なる便宜上のものにしかすぎなかった。その結合の線の意味を明らかにしたのが，アメリカのLewis（ルイス）であった。

1916年にルイスが点電子表記法（ルイス構造式，あるいは電子式ともいう）を提案した。それは，化学結合に関与しない内殻電子を除き，その外側の最外殻電子（価電子）の配置を図示する方法である（図6.1）。水素原子は1s軌道に電子を1個もち，これが価電子である。これを表すのに，水素の元素記号Hの横に黒い点を1つ加える。炭素原子の場合は，1sは内殻であり，その外側の2sと2p軌道に入っている電子が価

> 組成式とは，物質を構成している原子の数を，単純な比で表したものである。特にイオン化合物について用いる。例えば，硫酸銅5水和物 $CuSO_4 \cdot 5H_2O$ の場合，Cu^{2+} : SO_4^{2-} : H_2O = 1 : 1 : 5であることを意味する。したがって $CuSO_4$ という分子が存在している，というわけではない。また，グルコースの分子式は $C_6H_{12}O_6$ であり，これを組成式に直すと CH_2O となる。このように，炭素の他に水素と酸素を水 H_2O と同じ比率で含む物質を炭水化物という。

> 有機化合物などを密閉容器の中で酸化物と共に加熱して燃焼させ，それで生じる CO_2 や H_2O の量を測定するための分析装置は，1831年頃にLiebig（リービッヒ）が完成させている。

表6.1 構造式および分子の立体構造の概念の確立

1848年	パスツール（仏）：世界初の光学分割
1852年	フランクランド（英）：原子価説
1858年	ケクレ（独），クーパー（英）：炭素の原子価4，および構造式
1865年	ケクレ（独）：ベンゼンの六角環状構造説
1874年	ファント・ホッフ（蘭）：炭素の正四面体結合説
1916年	ルイス（米）：点電子表記法

6 化学結合と分子構造—原子と原子を電子がつなぐ—

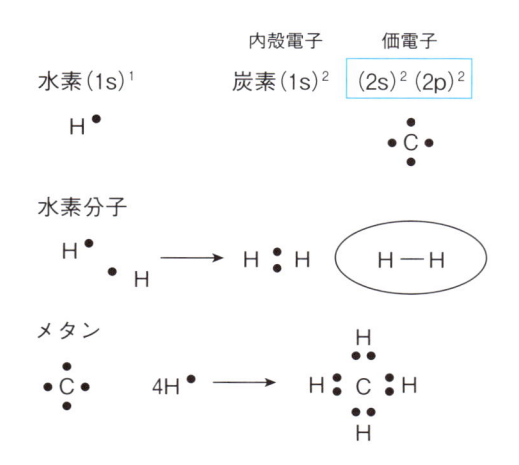

内殻電子　価電子
水素(1s)¹　　　炭素(1s)²　(2s)²(2p)²

H•　　　　　　　　　•C•

水素分子

H•　•H　→　H:H　　(H—H)

メタン

•C•　4H•　→　H:C:H
　　　　　　　　H H

図6.1 ルイスの点電子表記法

> ルイスの電子式で，電子を表す黒丸は，元素記号の上下左右の4カ所のうちのどこに書いてもよいが，（分子形成後も含めて）1カ所につき最大で2個までである。

電子である．価電子が4つあるので，元素記号 C の上下左右に黒い点として表示する．水素原子2つが集まると，価電子を1つずつ出し合って，電子対を形成し，分子となる．メタン分子の場合は，1つの炭素原子の周りに4つの水素原子が集まり，電子対を共有する．これが結合電子対であり，結合の線は，電子対1組に対応する．

　ではなぜ，N と O の原子価が3と2なのであろうか（表6.2）．ルイスの電子式では，元素記号の周りに価電子を書き込むとき，上下左右の4カ所に限るという規則がある．これは，2s, $2p_x$, $2p_y$, $2p_z$ の4つの原子軌道に価電子が入ることに対応しており，後に出てくる混成軌道を考える場合でも4つの軌道に対応する．N と O の価電子数は5と6であるが，それらを4つの方向に配置すると，電子が対となるところが出てくる．この同一原子内で対をつくる電子の組を非結合電子対（孤立電子対，あるいは非共有電子対）といい，これらは結合に関与できない（図6.2）．したがって，不対電子（対をつくっていない価電子）の数が，N と O でそれぞれ3と2であり，これが原子価に対応する．

表6.2 原子の電子配置と価電子数

元素	電子配置	価電子数	原子価
C	$(1s)^2(2s)^2(2p)^2$	4	4
N	$(1s)^2(2s)^2(2p)^3$	5	3
O	$(1s)^2(2s)^2(2p)^4$	6	2
F	$(1s)^2(2s)^2(2p)^5$	7	1
Ne	$(1s)^2(2s)^2(2p)^6$	0[1]	0

[1] 希ガスの最外殻電子は化学反応に関わらないため，価電子とはみなさない．

最外殻電子（価電子）は4つの方向に配置され、電子が対を作ると、結合に関与できなくなる。

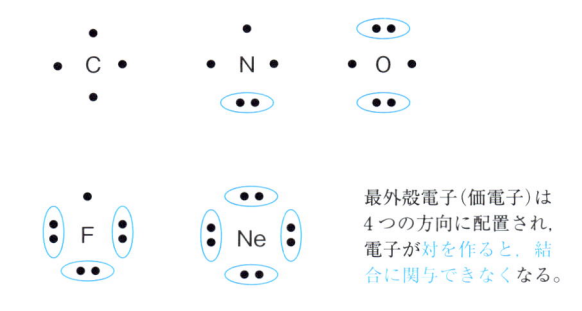

図 6.2　孤立電子対

なお，表 6.1 に 1848 年の Pasteur（パスツール）による光学分割が示してあるが，これは有機化合物に右手と左手の関係にある鏡像異性体が存在することを明らかにした実験であり，この事実をもとに van't Hoff（ファント・ホッフ）が炭素の正四面体結合説を考えついたのであった。このいきさつについては，8 章で詳しく述べる。また，1865 年にケクレがベンゼン六角環状構造説を発表した。この時点では，C_6H_6 の分子式と炭素の原子価が 4 ということから，それを満たす構造式を仮説として提案しただけに過ぎなかった。この仮説が実験結果と矛盾しないことから，その正しさが証明されていくのであるが，このことについては 9 章で説明する。

6.2　構　造　式

構造式とは，分子の構造を元素記号とそれを結ぶ線で表したものである。各原子は結合の手の数が決まっている（表 6.3）。ボンビコール（カイコガのメスのフェロモン）の構造式を書くと，次のようになる（図 6.3）。このフェロモンがわずかしかなくても，遠くからオスの蛾が集まってくるという。さて，構造式はこのままではわかりにくい。そこで，炭素原子からなる有機分子の骨格を，折れ線で炭素間の結合だけ示し，それに結合している水素原子は省略する（ただし N や O に結合している H は省略しない）という簡略形を用いる。このようにすると，分子全体の構造が見やすくなり，構造式を一瞬見るだけで，末端に OH 基がついていることから，直鎖状のアルコールであることがわかる。結

N^+ という状態は結合の手を 4 本もつが，それはルイスの電子式を考えると，炭素原子と同じであることから理解できる。

表 6.3　結合の本数

原　子	H F, Cl, Br	O	N	C N^+
結合の本数	1	2	3	4

図 6.3 ボンビコール(カイコガのメスの性フェロモン)の構造式
上が省略しない書き方で，下はそれを簡略化したもの。

合の線が2本重なっているところは，二重結合を意味する。

芳香族化合物(ベンゼン環を含む化合物)の構造式を，図 6.4 に示す。ベンゼンは炭素原子が正六角形に並び，それぞれの炭素に水素が1個ずつ結合している。炭素間の結合は便宜上，単結合と二重結合が交互に並んでいるように書く。しかし，厳密には二重結合が特定な位置に局在しているわけではない。そこで，このような結合状態を構造式に反映させ

ベンゼン

省略した表し方

A B
C D

トルエン

ナフタレン

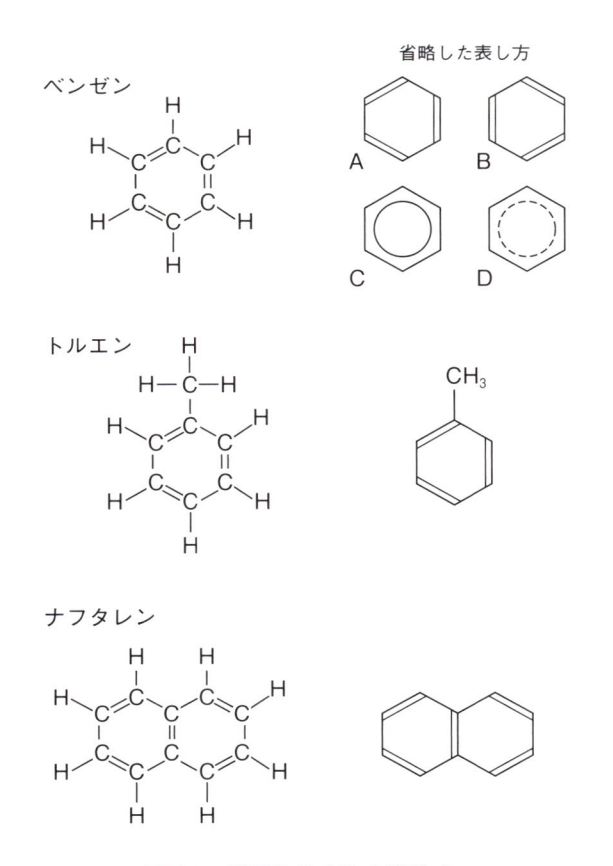

図 6.4 芳香族化合物の構造式

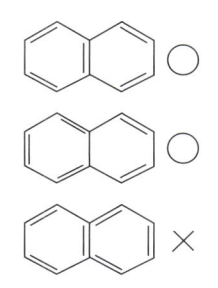

ナフタレンの構造式
一番下はだめな書き方の例（炭素の原子価4を破っている）。

> 原子が結合して環（かん）を形成するとき，その輪の中に含まれている原子の個数がnのときを，n員環という。炭素だけからなる3員環は，シクロプロパン環ともいう。

紙面から上への結合は，くさび形実線で，下へは，破線で示す。

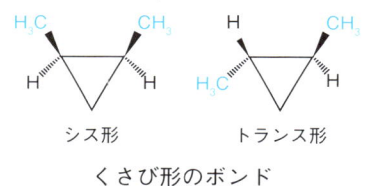

くさび形のボンド

> 異性体を区別するため，二重結合あるいは環の上下に関して，2つの置換基が同じ側に結合したものをシス，互いに反対側に結合したものをトランスという。

たいときには，環全体に結合が広がっているように，六角形の内側に実線あるいは破線で，円の形の結合の線を入れる。これは，実際の結合の様子を良く表現しているのであるが，描きにくい。そのため，便宜的に二重結合を交互に入れる方式の書き方が通常用いられる。トルエンはベンゼンにメチル基を導入したものであるが，このように置換基 CH_3 を強調したいときは，その部分だけ省略形にしない。ベンゼン環から結合の線だけ書いてあると，何かの記入もれのようにも見えるので，誤りを防止するという意味もある。なお，トルエンはペンキの溶剤（シンナー）として使われている。ナフタレンは，ベンゼン環が2つ並んだ形をしている。ベンゼン環を2つ書けばいいとだけ思っていると，間違った構造式を書いてしまうこともあるので，注意してほしい。あくまでも，炭素の原子価が4であることと矛盾してはならない。つまり，1つの炭素原子から結合の手が5本以上出ているような構造式は許されない。ちなみに，二重結合が連なる構造は実在しうる。事実，アレン $H_2C=C=CH_2$ という直線形の分子が存在する。

構造式は，分子を2次元の図として表す。しかし，分子は平坦とは限らず，立体的な場合が多い。例えば，有機化合物で炭素原子が環を作るとき，一番小さいのは3員環であるが，その炭素2カ所にメチル基を導入した場合，シス形とトランス形の2つの可能性が出てくる。これを区別して示すために，黒いくさび形（細長い二等辺三角形）を用いて，紙面の手前に飛び出している結合の線を表し，くさび形の破線で，紙面の奥に下がっている結合を表す。これにより，シクロプロパン環の面に対して，メチル基が両方とも同じ側にあるシス形と，一方が他方の反対にあるトランス形との違いを表現する。なお，分子式が同じなのに構造が違うものを異性体という。これについては，8章で詳しく述べる。

6.3 分子軌道

原子が結合すると分子ができる。これを，量子論を用いてこれから取り扱う。原子について，電子の存在状態を波動関数として表したものを原子軌道と呼んだ。今度は分子なので，その電子の波動関数を分子軌道と呼ぶ。一番単純な水素分子 H_2 の場合を考えよう。水素原子 a と b の原子軌道を ϕ_a と ϕ_b とすると，水素分子の軌道は次のように表される。

$$\psi(r) = N(c_a\phi_a(r) + c_b\phi_b(r)) \tag{6.1}$$

ここで，r は電子の位置ベクトルで，c_a と c_b は係数であり，N は規格化因子（電子の存在確率の和が1となるように調整するための係数）で

ある．式(6.1)のイメージは，図6.5のように表すことができる．水素原子aの原子核のまわりに1s軌道が存在し，水素原子bの方にも原子核のまわりに1sの球対称な軌道が分布している．この2つの原子核が接近して分子を形成すると，電子は2つの原子核のまわりを取り囲んで運動することになる．そして，原子核aの方に電子が接近したときは，分子軌道ψはaの原子軌道ϕ_aと似ているだろうし，原子核bに近い位置ではϕ_bと似ているはずである．したがって，式(6.1)のように原子軌道の重ね合わせとして，分子軌道を近似的に表すことができる．

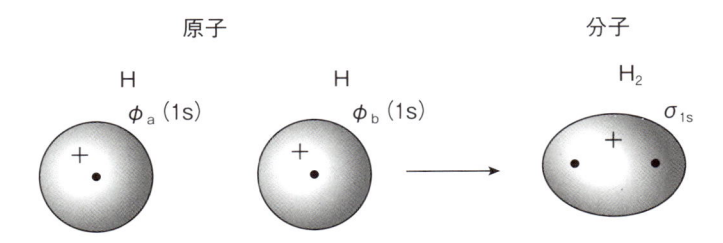

図6.5 水素原子から水素分子への変化
原子核(黒丸)のまわりの波動関数の様子を示している．

まず，分子中に電子が1個だけある場合を考えよう．このために，水素分子から電子を1個取り除いた状態，つまり水素分子イオンH_2^+を考える(図6.6)．電子の座標の原点は，2つの原子核を結ぶ線の中央とする．先ほど説明したように，電子が原子核aに近づいたときはaの1s軌道($1s_a$)に似てくるであろうし，原子核bに近づいたときはbの1s軌道($1s_b$)に似てくるはずである．したがって，分子軌道は2つの原子軌道の重ね合わせとして近似できるはずである．このとき，組合せ方は，次の2通りが可能である．

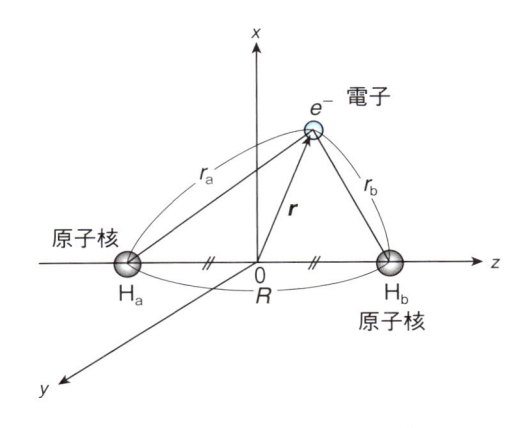

図6.6 水素分子イオン H_2^+

$$\psi_{\sigma_g 1s}(r) = N(\phi_{1s_a} + \phi_{1s_b}) \tag{6.2}$$

$$\psi_{\sigma_u{}^* 1s}(r) = N'(\phi_{1s_a} - \phi_{1s_b}) \tag{6.3}$$

つまり，波動関数を，同じ位相で重ねるか，あるいは他方の符号を反転して重ねるかの2通りである。なぜならば，1sの波動関数はどの位置でも＋であったが，波動関数に-1を掛けてどこでも－という状態も，単独原子のときは同じ状態を意味するからである。式(6.2)と(6.3)の組合せの違いを，図6.7に示す。これは，2つの原子核を結ぶ線上での，波動関数の値を表示したものである。同符号で1s軌道を重ね合わせた方は，原子核をはさむ領域で原子の波動関数が重なり強め合っている。それに対して一方が正，他方は負という組合わせで重ねると，結合軸の中央で正と負が打ち消し合い，0になっている。

> なお，波動関数の空間分布を描くとき，その符号を＋と－で表示するのはやりにくいので，図6.8のように正の部分は白抜きで，負の部分は黒で示す方式も用いられる。

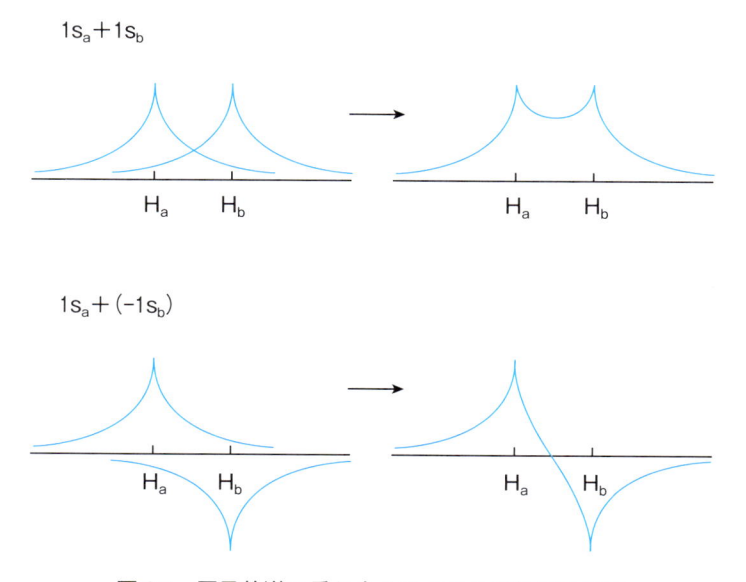

$1s_a + 1s_b$

$1s_a + (-1s_b)$

図6.7 原子軌道の重ね合せによる分子軌道の形成

波動関数の絶対値を2乗したものが，電子密度（電子の存在確率密度）である。コンピュータで電子雲の濃淡をドットで描かせると，図6.8の右側のようになる。上の軌道の方は電子雲が全体的にだ円のように横に伸びており，2つの原子核がその中にあり，1つの電子が両方を取り巻いて分布している。下の軌道では，電子雲が2つの原子核のまわりに分離しており，原子核をはさむ領域では電子の存在確率がかなり下がっている。(6.2)式で与えられる分子軌道を結合性軌道，(6.3)式の方を反結合性軌道という。なぜならば，共有結合におけるエネルギーの安定化は，電子の存在位置によって決まってくるからである。この状況は，マンガを使って次のように説明するとわかりやすい。図6.9で，親同士は

結合性軌道
($\sigma_g 1s$)

$1s_a + 1s_b$

反結合性軌道
($\sigma_u^* 1s$)

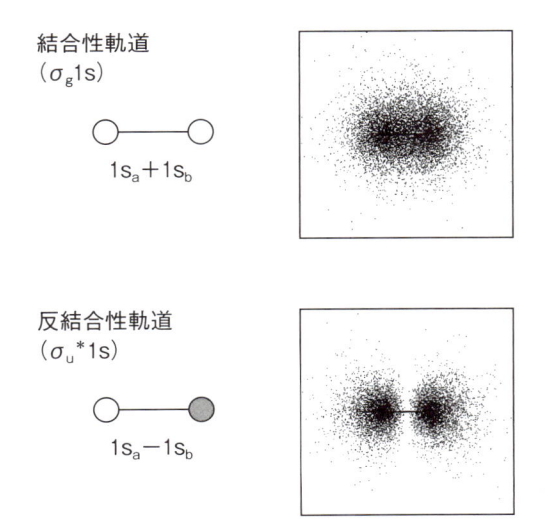

$1s_a - 1s_b$

図 6.8　分子軌道とその電子密度
出典：M.J.Winter, "Chemical Bonding", Oxford University Press(1994).

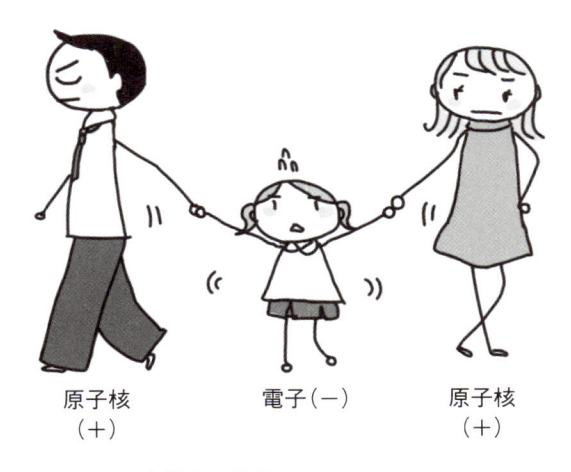

原子核　　　電子(−)　　原子核
(+)　　　　　　　　　　(+)

図 6.9　共有結合と電子
電子が 2 つの原子核の間にいると，分子として安定に存在する。

仲が悪く反発している(これは正電荷をもつ原子核間の反発を例えている)。ところが親は子がかわいい(子供は電子であり負電荷をもつので両方の原子核と引力が働く)。したがって，子供が父親と母親の真ん中にいれば，家族として安定化する。もし，一方の親の側に子供がついた場合は，親同士の反発が強くなり家族がバラバラになってしまう。共有結合における電子は，親の仲を取り持つ子供のような役割なのである。結合領域とは，2 つの原子核の間にはさまれた領域であり，そこに電子が存在すると分子が安定化する(図 6.10)。しかし，原子核の一方の側に

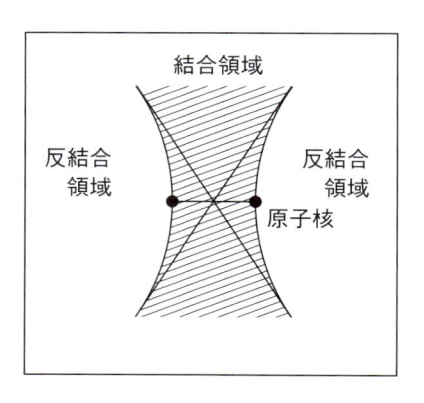

図 6.10　結合領域と反結合領域

偏った領域（反結合領域）に電子が存在すると，結合を切ろうとする力が働く。図 6.8 の電子密度分布を見ると，上の図では原子核 a，b の中間の領域（結合領域）で電子の存在確率がかなり高いが，下の図では結合領域に電子があまりみられない。分子を形成する 2 つの原子核の位置に，孤立状態の原子の電子密度を置いて足し合せたときと比べて，結合領域に電子密度が増えたことにより，エネルギーが低くなった軌道を結合性軌道という。その反対に，結合領域の電子密度が減少したために，エネルギーが高くなった軌道を反結合性軌道という。なお，図 6.8 では，分子軌道を表すのに，$\sigma_g 1s$ とか $\sigma_u^* 1s$ という記号を用いている。この 1s という部分は，原子軌道 1s の組合せから生じたことを示している。その他の記号の意味は，次の通りである。

　分子軌道は，対称性などにもとづいて分類される（図 6.11）。まず，(1) σ か π かである。σ とは，結合軸のまわりで，どのような角度で回転させても，波動関数の形は回転前とピッタリ重なる，つまり軸対称性をもつという意味である。s 軌道あるいは結合軸方向に沿った p 軌道からなる分子軌道は σ に分類される。一方，π とは結合軸の周りで 180°回転すると，形は回転前と同じであるが符号が逆転する場合をさす。結合軸に垂直方向の p 軌道からなる分子軌道が，π に分類される。次は，(2) g か u かである。g とはドイツ語の gerade（偶関数），u は ungerade（奇関数）からきている。分子軌道の座標の原点は，2 つの原子核を結ぶ線（結合軸）の中心であるが，電子の位置ベクトルを r とすると，その位置での分子軌道の値 $\psi(r)$ について，$\psi(-r) = \psi(r)$ が成り立つときが偶関数，$\psi(-r) = -\psi(r)$ が成り立つときが奇関数である。最後に，(3) 結合性か反結合性かである。2 つの原子軌道を重ね合せて分子軌道を作るとき，結合軸に沿って横方向で同符号の波が重なり強め合う

(1) σかπか

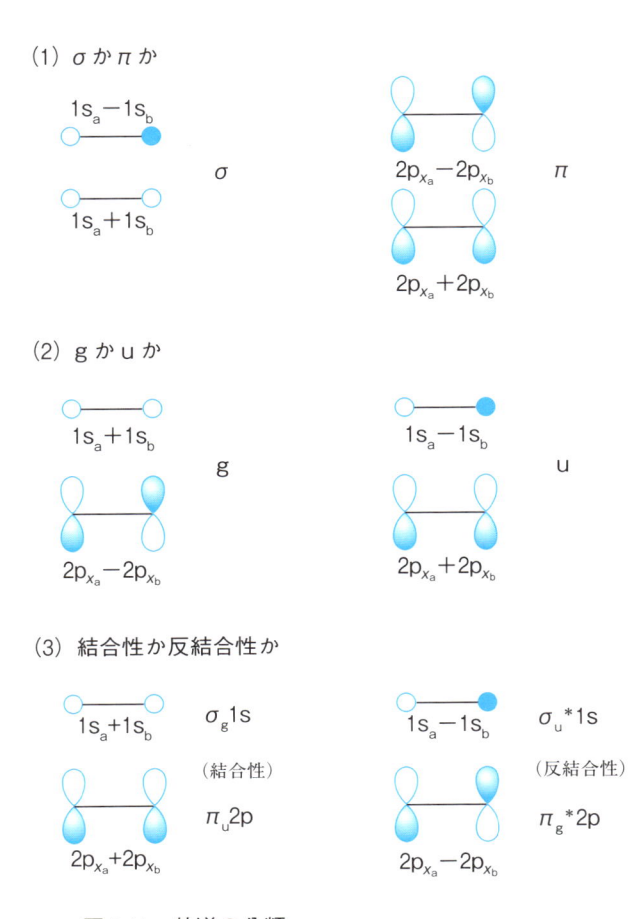

1s_a − 1s_b   σ
1s_a + 1s_b

2p_{x_a} − 2p_{x_b}   π
2p_{x_a} + 2p_{x_b}

(2) gかuか

1s_a + 1s_b   g
2p_{x_a} − 2p_{x_b}

1s_a − 1s_b   u
2p_{x_a} + 2p_{x_b}

(3) 結合性か反結合性か

1s_a + 1s_b $\sigma_g 1s$
（結合性）
2p_{x_a} + 2p_{x_b} $\pi_u 2p$

1s_a − 1s_b $\sigma_u^* 1s$
（反結合性）
2p_{x_a} − 2p_{x_b} $\pi_g^* 2p$

図 6.11 軌道の分類
波動関数の符号を＋は白，－は黒（青）で示している。

ものが結合性軌道であり，反対符号の波が重なって打ち消し合うものが反結合性軌道である。結合性軌道の方は記号を何も追加しないが，反結合性軌道の方は特に＊印をつけて，$\sigma_u^* 1s$ のように表す。

結合軸に垂直な 2p 原子軌道を組み合わせると，π 分子軌道ができる（図 6.12）。同じ方向に p 軌道を並べた場合は，横に近づけたときに同じ符号同士の波が重なり強め合う。このため，結合領域の電子密度が高くなる（結合性軌道）。その一方で，p 軌道を逆向きに並べて重ねると，横方向で正と負が重なって打ち消し合い，結合領域の電子密度が減ってしまう（反結合性軌道）。

6.4 等核二原子分子

水素分子イオンについて，前節で導いた 2 つの分子軌道のエネルギー

結合性π軌道

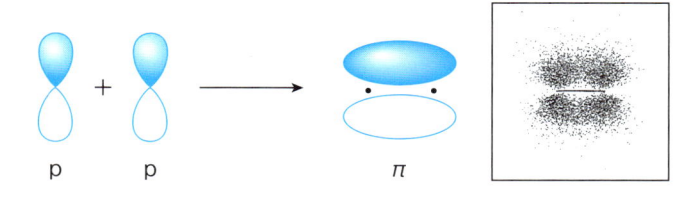

反結合性π軌道

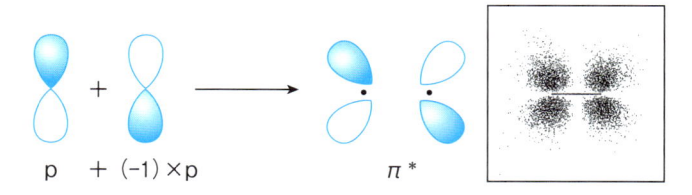

図6.12　結合軸に垂直なp軌道の重ね合せとその電子密度
出典：M.J.Winter, "Chemical Bonding", Oxford University Press(1994).

を，図6.13の上部のように表す。縦方向はエネルギーの高さを意味し，両脇の線は原子状態における2つの原子軌道のエネルギーを示している。結合性軌道に電子が入ると分子として安定になるので，$\sigma_g 1s$は原子状態よりもエネルギーが下がる。それに比べて反結合性の$\sigma_u^* 1s$軌道はエネルギーが上がる。つまり，そこに電子が入ると，分子が不安定になるのである。原子の電子配置を考えたときに，原子軌道は電子を収容する入れ物だとみなした。それと同様に，分子については分子軌道に電子を収容するとみなす。そして，エネルギーの低い軌道から順に電子が詰まっていくので，基底状態の水素分子イオンについては，$\sigma_g 1s$に電子が1個入ることになる。電子が複数存在する場合も，分子軌道の形やエネルギーの順番は基本的に同じとみなせる。また，ここでもパウリの原理が働き，1つの分子軌道に電子がスピンの向きを変えて2個まで入れる。したがって，基底状態の水素分子では，$\sigma_g 1s$に電子が2個入っている。この結合性軌道に電子が2つ入った状態は，共有結合電子対に相当する。ヘリウムからなる2原子分子が存在すると仮定すると，合計4個の電子をもつため，$\sigma_u^* 1s$軌道にも電子が2個入ることになる。二原子分子における原子間の結合次数nは，次のように定義される。

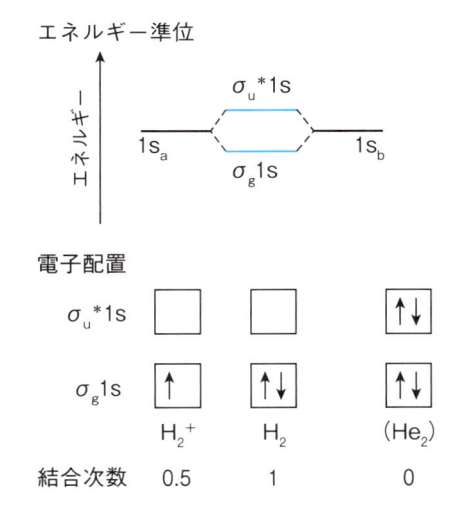

図6.13 水素分子イオン，水素分子，およびヘリウム分子の電子配置と結合次数

$$n = \frac{n_{\text{bond}} - n_{\text{anti}}}{2} \tag{6.4}$$

ここで，n_{bond} および n_{anti} はそれぞれ，結合性および反結合性分子軌道に入っている電子数である。水素分子については，$n_{\text{bond}} = 2$，$n_{\text{anti}} = 0$ であるから，結合次数は1となる。これは，結合の線1本に対応する（表6.4）。結合性分子軌道がσなので，σ結合が1本あると表現する。ヘリウム分子を仮定すると，$n_{\text{bond}} = n_{\text{anti}} = 2$ より，結合次数 $n = 0$ となる。原子間に結合がないということは不安定であり，分子としては存在し得ないことを意味する。水素分子に光があたって，$\sigma_g 1s$ から $\sigma_u^* 1s$ 軌道に電子が1個移動したとすると，結合次数が0となる。これは，光によって分子の結合が切れること（光解離反応）を意味する。

さらに原子番号が大きい原子については，2sや2p軌道によって組み立てられた分子軌道が関与してくる。図6.14に分子軌道のエネルギー準位と，対応する波動関数の形を示す。エネルギーの一番低い分子軌道は，1sから形成された分子軌道であり，これについては既に説明した通りである。2sについても1sと同様に，結合性の$\sigma_g 2s$と反結合性の$\sigma_u^* 2s$軌道が形成される。2p軌道については，3つの結合性軌道と3つの反結合性軌道ができる。エネルギー準位の図で上部の$\pi_u 2p$と$\pi_g^* 2p$のところの線が途中で切れているが，これは同じエネルギーの軌道が2つあることを意味する。結合軸方向をz軸とすると，その方向に沿って，2p軌道を逆向きに重ね合わせると，σの結合性軌道となる。

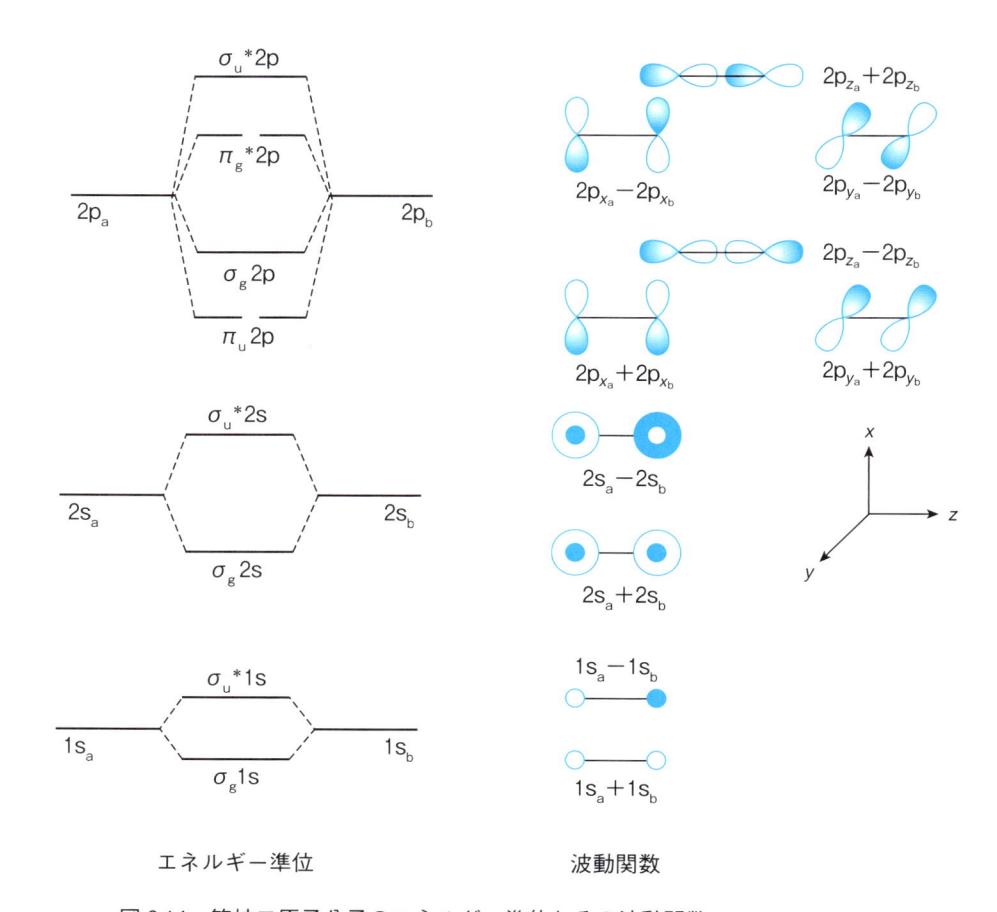

図 6.14　等核二原子分子のエネルギー準位とその波動関数
左側のエネルギー準位の横に，対応する波動関数（原子軌道の組合せ）を示している。

　また，結合軸に垂直な x あるいは y 方向に 2p 軌道を同じ向きで重ねると π の結合性軌道ができる。

　分子軌道に，エネルギーの低い方から順番に電子を入れていくと，図 6.15 に示すような電子配置が得られる。Li_2 においては，すでに 1s の結合性および反結合性軌道に電子が全て埋まっている。このため，この部分の結合次数は打ち消されて 0 となる。これは，1s 軌道は内殻電子であり，結合に関与しないということに対応する。Be_2 では，2s 軌道の結合次数も打ち消されているので，この分子は安定には存在し得ないことがわかる。さて，B_2，C_2，N_2 となるにつれ，2p の結合性分子軌道に電子が次第に入っていくため，結合次数が 1，2，3 と順に増える。しかし，O_2 では，今度は 2p の反結合性分子軌道にも電子が入り始めるので，O_2，F_2 となるにつれて，結合次数が 2，1 と減っていく（表 6.4）。結合次数が 3 の窒素分子について，3 本の結合の様子を図 6.16 にあらためて示した。軸方向に向いた 2p 軌道同士による重なりで σ 結合が 1

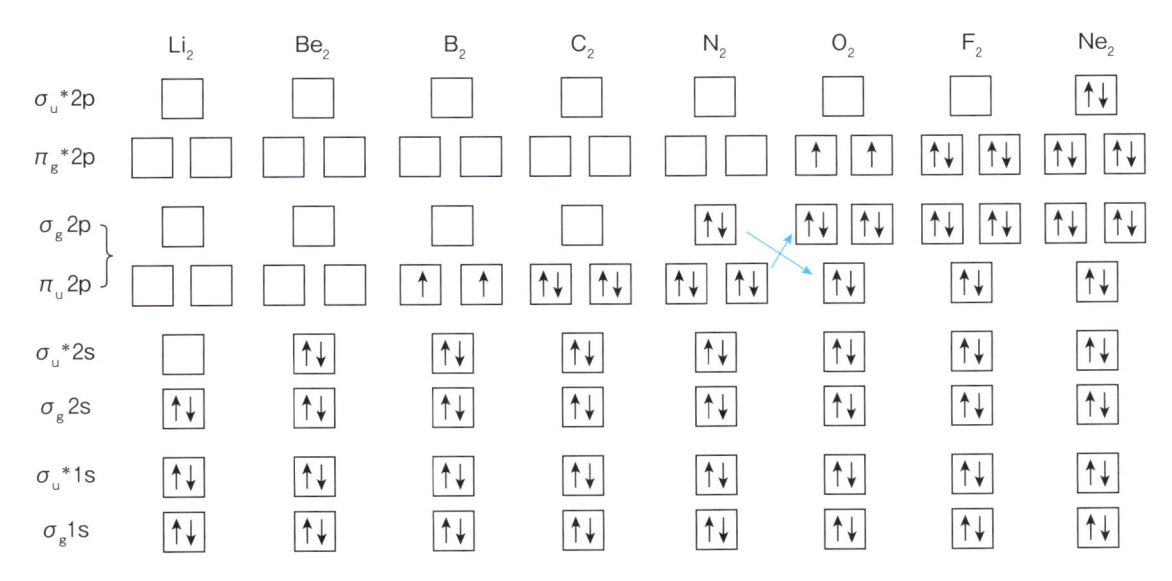

| | Li$_2$ | Be$_2$ | B$_2$ | C$_2$ | N$_2$ | O$_2$ | F$_2$ | Ne$_2$ |

図 6.15　等核二原子分子の電子配置

N$_2$ と O$_2$ の間で，2p の結合性分子軌道 π_u2p と σ_g2p の準位が逆転している。

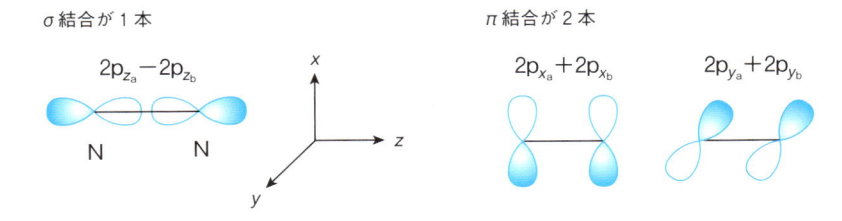

σ結合が 1 本　　　　　　　　　　π結合が 2 本

図 6.16　窒素 N$_2$ の化学結合

表 6.4　二原子分子の結合次数

分子[1]	結合次数	結合の性質	構造式
H$_2$	1	σ	H−H
(He$_2$)	0	−	
Li$_2$	1	σ	Li−Li
(Be$_2$)	0	−	
B$_2$	1	π	B−B
C$_2$	2	π^2	C=C
N$_2$	3	$\sigma\pi^2$	N≡N
O$_2$	2	σπ	O=O
F$_2$	1	σ	F−F
(Ne$_2$)	0	−	

[1] かっこで囲んである分子は，エネルギー的に不安定。

本，そして結合軸に垂直な方向の 2p 軌道による横の重なりで π 結合が 2 本形成される。

6.5 混成軌道

メタン CH_4 は正四面体形をしており(図6.17)，またベンゼン C_6H_6 は平面六角形である(図6.18)。このような分子における結合を考える際に，炭素原子の 2s や 2p 軌道をそのまま仮定するのでは説明しにくい。そこで，2s と 2p の原子軌道を混ぜ合せて，混成軌道が形成されると考える。混成軌道には sp^3，sp^2，sp という混成の型があり，その原子のまわりの結合の幾何構造はそれぞれ，正四面体，平面三角形，および直線形となる(図6.19)。

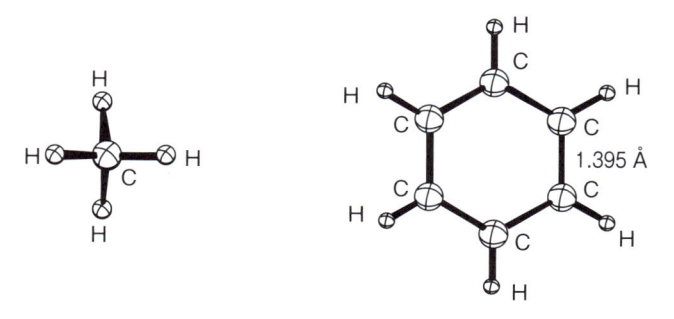

図6.17 メタンの分子構造　　図6.18 ベンゼンの分子構造

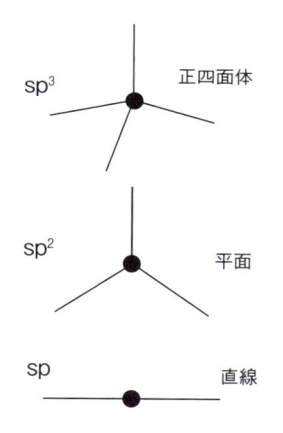

図6.19 混成の型と幾何構造

混ぜ合せる原料である原子軌道が sp^3 混成では 2s，$2p_x$，$2p_y$，$2p_z$ の4つなので，混ぜ合わせてできた混成軌道も4つとなる。それらを ϕ_1，ϕ_2，ϕ_3，ϕ_4 とすると，原子軌道の混合の仕方は，以下のように表すことができる。ここで等号を使っていないのは，規格化因子まで示すと，式が複雑になってしまうからである。

$$\phi_1 \sim s + p_x + p_y + p_z \tag{6.5a}$$

$$\phi_2 \sim s + p_x - p_y - p_z \tag{6.5b}$$

$$\phi_3 \sim s - p_x + p_y - p_z \tag{6.5c}$$
$$\phi_4 \sim s - p_x - p_y + p_z \tag{6.5d}$$

この4つの sp³ 混成軌道に，炭素の4つの価電子が1つずつ入ると考える。この混成軌道は，炭素原子を中心として正四面体の頂点方向にそれぞれふくらんでおり，それと水素原子の1s軌道が重なることで，結合電子対ができ，C-Hの結合が形成される（図 6.20）。1つの sp³ 混成軌道について，電子密度はかさが膨らんだきのこのような形をしている（図 6.21）。つまり，いわば非対称なダンベル形である。他の原子と結合を形成することができるのは，大きい膨らみの方だけなので，結合の様式を図示するときに他方は非常に小さく書くかあるいは無視する場合が多い。エタン C_2H_6 においても，炭素は sp³ 混成をとっていて，2つの原子の混成軌道が互いに重なることで，σ結合が形成される。このC-C間の結合距離は 1.54 Å である（図 6.22）。この結合軸のまわりで，2つのメチル基は回転し得る。なぜならば，C-C 結合軸のまわりで回

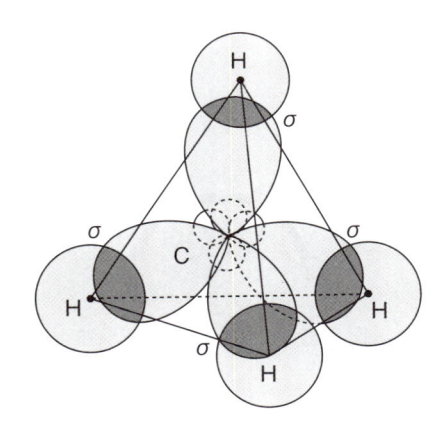

図 6.20 メタンにおける炭素原子の sp³ 混成軌道

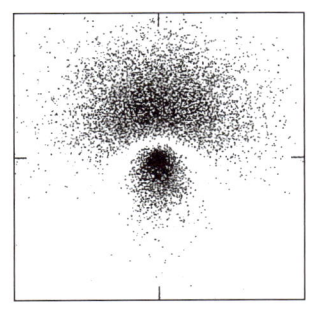

図 6.21 sp³ 混成軌道の電子密度
出典：M.J.Winter, "Chemical Bonding", Oxford University Press (1994).

図 6.22 エタンの分子構造

転しても，混成軌道間の重なりは保たれるからである．

次に二重結合をもつ分子を考える．その一番単純な分子はエチレンである（図6.23）．エチレン $H_2C=CH_2$ は平面分子であり，また C−C−H や H−C−H の結合角は約 120° である．このような場合，炭素原子は $(2s)^1(2p_x)^1(2p_y)^1(2p_z)^1$ という電子配置のうちの $(2p_z)^1$ （z は分子面に垂直な方向）を除いた部分が混成軌道 $\phi_1 \sim \phi_3$ を作り，価電子がそこに1個ずつ入ると考える．これを sp^2 混成という．混成軌道は分子平面内で 120° 毎に3つの方向に生じる．この sp^2 混成軌道間の重なりにより，炭素-炭素間の σ 結合が形成される．残りの混成軌道は水素との結合に使われる（図6.24）．混成にかかわらなかった，分子面に垂直な $2p_z$ 軌道は，互いに横方向の重なりによって，π 結合を形成する．これで σ と π で合計2本の結合ができる．これが二重結合の意味である．それだけ結合が強くなるので，結合距離は 1.34 Å と短くなる．エチレンの場合，結合軸のまわりで回転できない．なぜならば，分子面がねじれると，面に垂直な方向の p 軌道間の重なりが解消され，π 結合が切れてしまうからである．

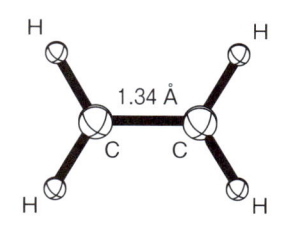

図 6.23　エチレンの分子構造

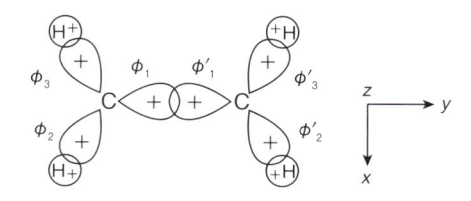

σ 結合

$(2p_z)^1$ で π 結合1本形成

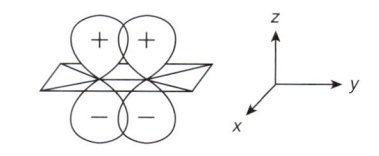

図 6.24　エチレンの化学結合
炭素原子は sp^2 混成である．

次は三重結合をもつ分子を考える。一番単純な分子はアセチレンである(図6.25)。アセチレン HC≡CH は直線形の分子である。この場合，炭素原子の価電子 $(2s)^1(2p_x)^1(2p_y)^1(2p_z)^1$ のうち，$(2s)^1(2p_z)^1$ (z は分子軸方向)が混成すると考える。これを sp 混成という。混成軌道は結合方向およびその反対側の2方向に生じる(図6.26)。2つの炭素の混成軌道間の重なりによって σ 結合が形成される。反対向きの混成軌道は水素との結合をつくるのに使われる。混成にかかわらなかった $(2p_x)^1$ と $(2p_y)^1$ は隣の炭素のそれぞれ対応する p 軌道と重なることによって π 結合が2本形成される。σ が1本と π が2本で，結合は合計3本，つまりこれが三重結合の内訳である。炭素原子間の結合距離は 1.20 Å と，非常に短くなる。

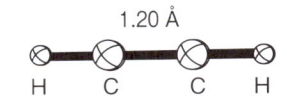

図 6.25 アセチレンの分子構造

(a) σ 結合

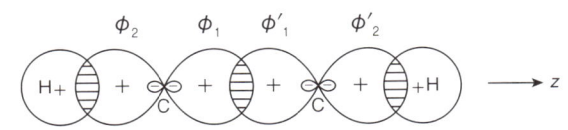

(b) $(2p_x)^1(2p_y)^1$ で π 結合2本形成

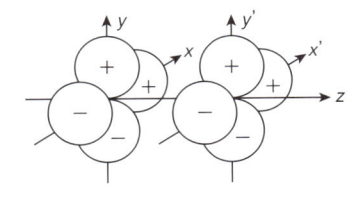

図 6.26 アセチレンの化学結合，(a) σ 結合，(b) π 結合
炭素原子は sp 混成である。

6.6 π 共役系分子

ブタジエン $H_2C=CH-CH=CH_2$ のように，炭素原子間の単結合と二重結合が交互にくり返された部分を π 共役系という。ブタジエンは平面分子であり，炭素原子は sp^2 混成をとっている(図6.27)。分子面に垂直な方向を z とすると，炭素の $2p_z$ 軌道に価電子が1つずつの割合で

存在する。そして隣同士で重なることで，π結合が形成される。しかし，

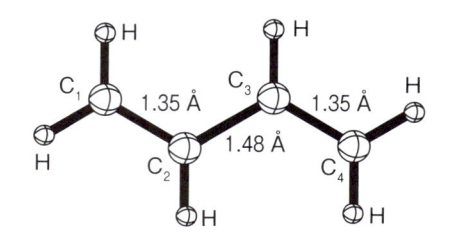

図 6.27　ブタジエンの分子構造

このπ結合の相手が特定されているわけではない。中央の炭素原子間でもπ結合を形成し得る。このことを反映して，中央の炭素原子間距離は1.48 Åであり，純粋な単結合の場合の1.54 Åよりもやや短くなっている。末端の炭素原子間距離は1.35 Åであり，エチレンの二重結合に比べてやや長い。つまり，単結合と二重結合とが少し混ざったような状態になっており，それを共鳴構造式を使って，次のように表すことができる（図 6.28）。共鳴構造式とは，分子の異なる結合状態が混ざっていると仮定して，それぞれ極限状態の結合様式を構造式で示したものである。これは分子の動的変化を示しているのではなく，結合の性質を理解しやすいように，仮想的に成分に分解しているだけにすぎない。ブタジエンでは，分子面に垂直な$2p_z$軌道により，分子全体に広がったπ結合性分子軌道が形成される（図 6.29）。このため，分子内において，すべての炭素原子の$2p_z$軌道を1個の電子が比較的自由にかけ回ることができる。

図 6.28　ブタジエンの共鳴構造式

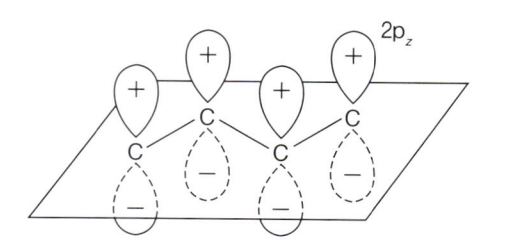

図 6.29　ブタジエンのπ結合

環状のπ共役分子がベンゼンである。ベンゼン C_6H_6 は炭素原子が正六角形に並んだ環状の分子である。ベンゼンの結合状態は、次のような共鳴構造式で表すことができる（図6.30）。

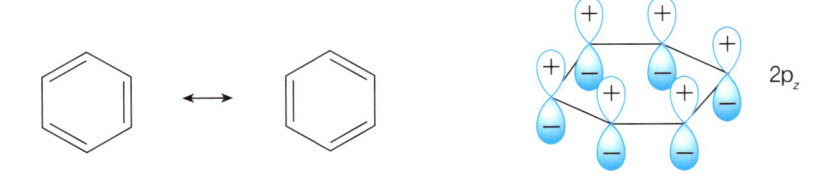

図6.30　ベンゼンの共鳴構造式

図6.31　ベンゼンのπ結合

前にも説明した通り、ある瞬間が左の構造で、次の瞬間に右の構造となるわけではない。もしそうならば、温度を極低温まで下げた場合、そのような振動が止まり、二重結合部分が短く単結合部分が長くなるはずだから、ベンゼンの幾何構造が正六角形から歪んでくるはずである。しかし、いくら温度を下げても、ベンゼンの正六角形の対称は保たれる。炭素は sp^2 混成をとっていて、分子面に垂直な $2p_z$ 軌道で、π分子軌道が形成される（図6.31）。ベンゼンの炭素間結合は単結合と二重結合が混ざった、いわば1.5重結合のような状態である。グラファイトとは黒鉛とも呼ばれ、炭素の同素体の1つである。ベンゼン環が無限につながった六角網目状構造をしていて、それが平行に層状に積み重なった物質である（図6.32）。平面に垂直なp軌道により、面全体に広がったπ軌道が形成されている。その軌道に入った電子は、平面全体にわたって比較的自由に動ける。このため、グラファイトは金属並みの電気伝導性をもつ。炭など、炭素棒を電極として使えるのも、成分としてこの良い導体であるグラファイトを多く含むからである。

> 単純ヒュッケル法という理論計算にもとづくと、ベンゼンとグラファイトの結合次数はそれぞれ1.67と1.53と見積もられる。

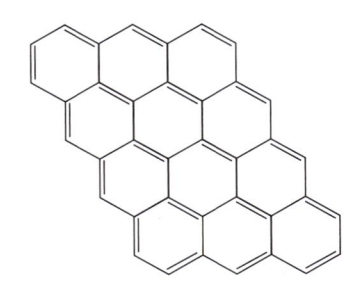

図6.32　グラファイトの平面
（ただし、その一部分のみが書かれている）

これまで出てきた炭素原子間の結合距離と結合次数との関係を、図6.33に示す。エタンは単結合なので結合次数が1で1.54Åであり、ア

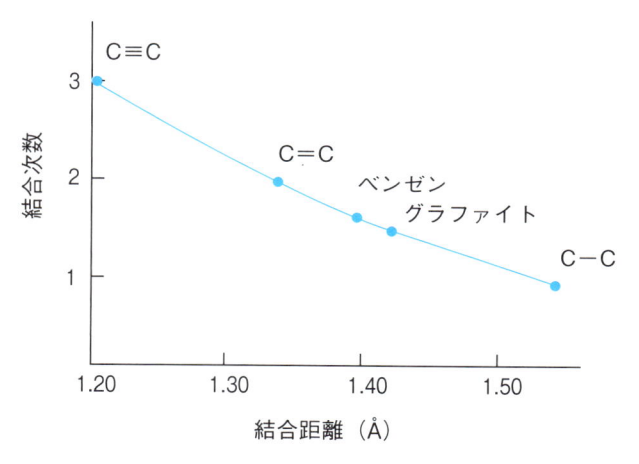

図 6.33　炭素原子間の結合距離と結合次数

セチレンは三重結合なので結合次数が 3 で 1.20 Å という具合である。結合次数が大きくなると，それだけ結合が強くなるため，結合距離が短くなる。このスムーズな曲線上に，ベンゼンやグラファイトのプロットも乗っており，単結合と二重結合の間に入っていることがわかる。

6.7　電子対反発

　無機化合物の分子構造についても，混成軌道の考え方が適用できる。例えば，水 H_2O は折れ線形であり，アンモニア NH_3 は三角錐の形をしている(表 6.5)。なぜ，直線形や平面形でないのであろうか。分子の構造は，種々の分析機器を用いて実測することができる。それによると，水 H_2O とアンモニア NH_3 の H−O−H および H−N−H 結合角はそれぞれ 104.5° と 106.6° であり，メタンのときの H−C−H 角(つまり正四面体角) 109.5° に近い(図 6.34)。したがって，まず水の酸素が sp^3 混成をとっていると仮定してみよう。基底状態における酸素の電子配置は，O：$(1s)^2(2s)^2(2p)^4$ であり，価電子は 2s と 2p の部分で合計 6 個ある。これが，4 つの混成軌道に入ると，その電子配置は次のように書ける。$(\phi_1)^1(\phi_2)^1(\phi_3)^2(\phi_4)^2$。したがって，混成軌道のうちの 2 つは，それ自身で電子対(非結合電子対)を作ることになる。この非結合電子対を，図 6.34 では黒く塗って示している。価電子が 1 つだけ入っている 2 つの混成軌道は，それぞれ水素原子と結合電子対を形成する。分子の形は，電子対間の反発で保たれていると考えることができる。この場合，結合電子対だけでなく，非結合電子対も考慮に入れる必要がある。
　アンモニアの窒素原子についても，sp^3 混成をとっていると考える。

表6.5 分子の幾何構造

幾何構造	分子やイオンの例
折れ線形	H_2O, O_3, NO_2^-, NO_2, $NOCl$, SO_2
直線形	CO_2, HCN, N_3^-, NO_2^+
三角錐	NH_3, $SOCl_2$, SO_3^{2-}
平面三角形	NO_3^-, CO_3^{2-}, BF_3, SO_3
正四面体	CH_4, NH_4^+, SO_4^{2-}, CrO_4^{2-}

水 H_2O
折れ線形

0.96 Å
104.5°

アンモニア NH_3
三角錐

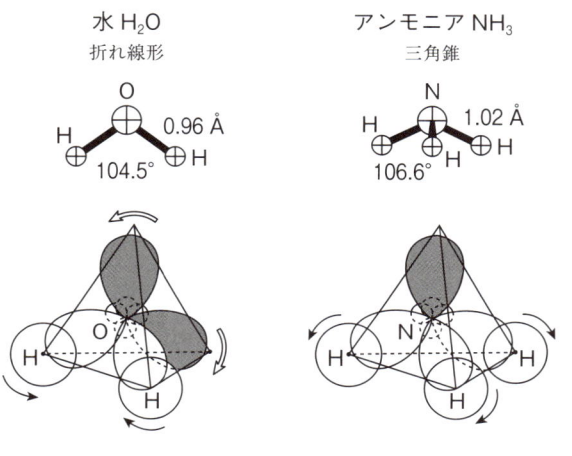

1.02 Å
106.6°

図6.34 水とアンモニアの分子構造
酸素と窒素が sp^3 混成をとっていると仮定したときの，電子対間反発の様子を示している．黒く塗った部分が，非結合電子対を表す．

基底状態の窒素原子の電子配置は N：$(1s)^2(2s)^2(2p)^3$ であり，価電子を5個もっている．これが，4つの混成軌道に入ることになり，その電子配置は次のようになる．$(\phi_1)^1(\phi_2)^1(\phi_3)^1(\phi_4)^2$．分子の図をみると，三角錐の頂点（窒素）の上に何もないように見えるが，実は非結合電子対が存在する．これが結合電子対を下へ押すため，三角錐形が保たれているわけである．結局，水の酸素やアンモニアの窒素原子の周りには，共有電子対と非共有電子対の合計4個の電子対が，正四面体的に配置されている．そして分子中では互いの電子対が反発し，その反発力がつりあうような幾何構造になっている．

二酸化炭素 CO_2 は直線形だが，オゾン O_3 は折れ線形である（図6.35）．さて，どこが違うのだろうか．二酸化炭素 CO_2 の構造は $O=C=O$ のように書ける．つまり，要点は分子の中央の原子が，非結合電子をもつか否かで，分子の幾何構造が決まっているのである．炭素原子は価電子を全て結合に使っている．オゾンにおける原子間の結合は，図6.36のように共鳴構造式で示すことができる．中央の酸素 O^+ の

硫酸イオン SO_4^{2-} などにおける硫黄の原子価は，どう考えればよいのだろうか．S は価電子として，$(3s)^2(3p)^4$ の6個をもっている．S は O と同族元素であり，結合の手は基本的に2本である．ところが，この3sと3p軌道の他に3d軌道も加わって混成軌道を作ると考えれば，ルイスの電子式では孤立電子対になってしまう価電子も，結合に使うことが可能となる．つまり，結合の相手によっては，硫黄原子が結合の手を6本も出すのである．SO_3 が平面形で，SO_3^{2-} が三角錐であるのは，硫黄の孤立電子対の有無で説明できる．

原子	可能な原子価
Si	4
P	3, 5
S	2, 4, 6
Cl	1, 3, 5, 7

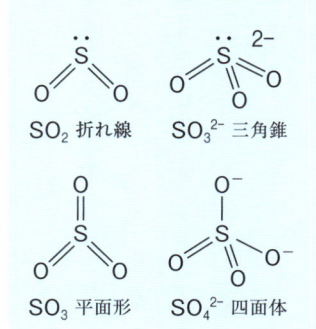

SO_2 折れ線

SO_3^{2-} 三角錐

SO_3 平面形

SO_4^{2-} 四面体

価電子数は 6 − 1 = 5 であり，そのうち結合に 3 個使っているので，孤立電子対を 1 つもつ。これと結合電子対との反発によって折れ曲がっていると解釈することができる。

二酸化炭素 CO_2
1.16 Å
O C O
直線形

オゾン O_3
1.27 Å
117°
O O
折れ線形

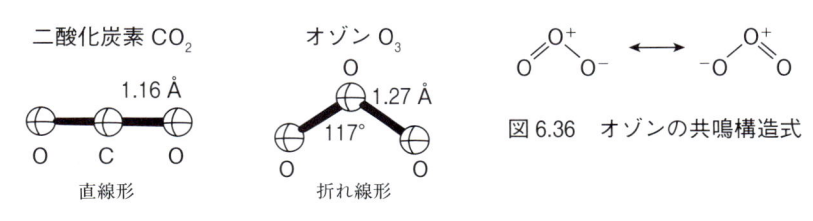

図 6.36　オゾンの共鳴構造式

図 6.35　CO_2 とオゾンの分子構造

なお，非結合電子対は結合に関与できないと述べたが，これは共有結合を形成する場合に限っての話である。$[Cu(NH_3)_4]^{2+}$ や $[Fe(H_2O)_6]^{2+}$ のように，金属イオンの周りに陰イオンや中性の分子が結合したものを金属錯体という。この金属イオンに結合した個々のイオンや分子を，配位子という。水やアンモニアのように，非結合電子対をもつ分子は，2 個の価電子を金属イオンの空軌道に提供することで，結合が形成される。これを，配位結合という。

色　素

酸塩基指示薬などに有機色素が使われている。有機化合物は無色のものが多いが，二重結合と単結合が交互に並んだ構造（π 共役系）に，N や O など（非結合電子対をもつ原子）が加わると，発色団になる。例えば，フェノールフタレインは，アルカリ性側で赤色を呈するが，これは 1 つのベンゼン環がキノイド型構造をとるためである。有機化合物の色の原因は，主に $n \rightarrow \pi^*$ 遷移による光の吸収である。電子が非結合性分子軌道（記号 n）から反結合性 π 軌道（π^*）へ移動する際に可視光を吸収する。$\pi \rightarrow \pi^*$ による光の吸収は紫外部である。つまり，ベンゼンなどは紫外線を吸収するが，可視部に吸収帯がないため無色なのである。

フェノールフタレインの構造

キノイド形構造

光の吸収に伴う n や π から π^* 軌道への電子遷移

ツユクサの花の色

夏に,なにげなく草原に咲いている青い色の花が,ツユクサである。花の色素は一般にアントシアニン類であり,それに補助色素(アントシアニンの色を濃くする働きをする共存物)としてフラボン類が含まれている。アントシアニン類は,シソの葉,ナスやブドウの皮にも含まれている。花の色として,橙や赤は多いが,青い色の花は比較的珍しい。ツユクサの花弁に含まれている色素はマロニルアオバニンである(これを記号 M で表す)。これに補助色素としてフラボコンメリン(F)と,Mg^{2+}イオンが加わり,集合体 $[Mg_2M_6F_6]^{2-}$ を形成している。この集合体は,全体としてやや扁平なおにぎり形をしており,その中心2か所に Mg^{2+} イオンが位置し,それに3個の M^- 陰イオンがそれぞれ2個の酸素原子(キノイド型構造をとっている発色団の部分)で配位結合している。Fは2分子1組で対となり,スペーサーとして間を埋めることで,集合体の構造を安定化させている。このように,金属イオンにアントシアニンが配位しているものを,メタロアントシアニンと呼ぶ。アジサイの花の青い色も,Al^{3+}にアントシアニンの陰イオンが配位結合し,そのキノイド型構造が安定化されるため生じている(参考:Kondo ら, *Nature*, **358**, 515 (1992))。

ツユクサの花の(a)スケッチ,(b)色素の集合構造,(c)各成分の分子構造

演習問題

問1 エチレン $H_2C=CH_2$ における炭素原子間の化学結合について考えよう。

(a) エチレン分子の幾何構造を図で示しなさい（結合角を歪ませて描いてはいけない）。

(b) 炭素原子間を結ぶ2本の線は何を意味するのか。

(c) 炭素原子が sp^2 混成をとっていると仮定して，エチレンにおける炭素原子間の結合を説明しなさい（その結合を形成する原子軌道も述べること）。

問2 酸素の原子価は2である。この理由を考えよう。

(a) 原子価が2ということは，どういうことを意味するのか。

(b) 基底状態の酸素原子の電子配置を示し，価電子数を答えなさい。

(c) 酸素原子が sp^3 混成をとると仮定すると，非結合電子対が何組できるか，また，共有結合に使える電子は何個になるか答えなさい。

7 物質の構造と物性

7.1 物質の三態

5章と6章では，原子や分子の構造について学んだ。本章では，分子の集合体である物質の状態や物性を取り扱うことにする。図7.1は，氷を加熱していったときの，時間に対する温度の変化を示している。氷を加熱すると温度が上がっていくが，氷が融け始めてから融け切るまでは，温度が0℃のままで変化しない。このように固体が融ける温度は物質固有であり，これを融点という。また，固体を融かすのに必要なエネルギーを融解熱という。氷の融解熱は1モルあたり6.0 kJである。水の分子量が18なので，1モルは18 gである。ここで，k（キロ）は1000倍を意味する。J（ジュール）はエネルギーの単位であり，cal（カロリー）との関係は，次式で与えられる。

$$1 \text{ cal} = 4.184 \text{ J} \tag{7.1}$$

さて，さらに加熱を続けると，0℃の水が100℃まで上昇するが，それに必要なエネルギーは7.5 kJ mol^{-1}である。つまり氷を融かすときの熱量とほぼ等しい。さて，水が100℃に達すると沸騰が始まる。液体が

> 単位の換算については，付表を参照。

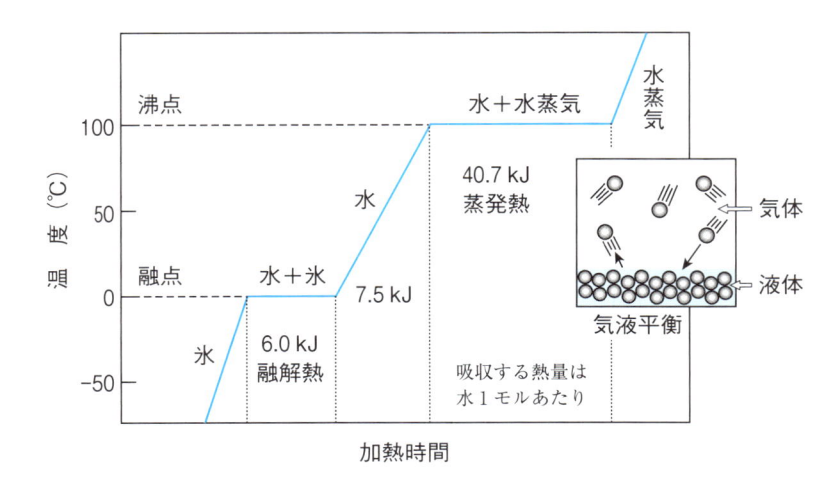

図7.1　1モルの水を加熱していったときの状態変化

沸騰する温度を沸点といい，液体を気体にするのに必要なエネルギーを蒸発熱という。100℃の水を水蒸気にするのに 40.7 kJ mol^{-1} かかる。融解熱の 6.0 kJ mol^{-1} に比べ，蒸発熱がかなり大きいことがわかる。気体とは分子が高速で運動している状態であり，液体から気体にするには，分子を高速で飛ばさなければならず，そのため大きなエネルギーを必要とするのである。この状況はどんな物質でも変わらない。常温で気体である水素や，固体である銅についても，融解熱に比べて蒸発熱の方がほぼ 1 桁大きい（表 7.1）。

表 7.1 融解熱と蒸発熱の例

物質	融点 (℃)	融解熱 (kJ mol^{-1})	沸点 (℃)	蒸発熱 (kJ mol^{-1})
水素	−259	0.1	−253	0.9
水	0	6.0	100	40.7
銅	1083	13.3	2570	305

固体，液体，気体を物質の三態という。そのエネルギーの大小関係を示すと，図 7.2 のようになる。固体はエネルギーが一番低く，気体はエネルギーが一番高い。その中間に液体が位置するが，融解熱に比べて蒸発熱が 1 桁大きいことから，液体は固体の方にかなり近い状態といえる。図 7.2 に示すように，固体から液体に変わることを融解といい，液体から固体になることを凝固という。そして，液体から気体になることを蒸発といい，気体から液体になることを凝縮という。このようにそれぞれの状態変化に応じて名前がついている。ただし，液体を介さずに固体から気体，あるいは気体から固体になる場合もあり，この変化を両方

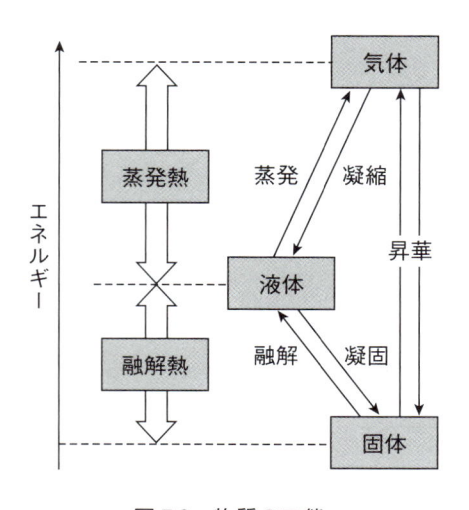

図 7.2 物質の三態

(a)　　　　　　　(b)

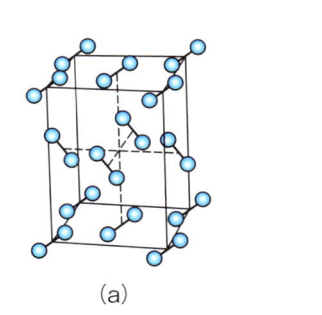

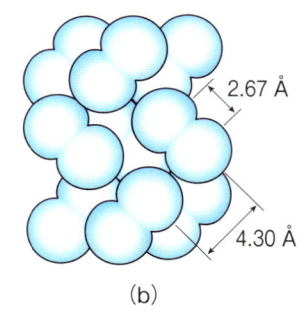

図7.3　ヨウ素の結晶の(a)単位格子，(b)分子内と分子間の原子間距離

とも昇華という。タンスに使う防虫剤などは，固体から直接気体になるので，昇華する例である。

昇華する物質として，ヨウ素 I_2 の結晶が知られている(図7.3)。結晶とは固体がとりうる1つの形態であり，原子や分子が3次元的に規則正しく配列したものをさす。そのくりかえしの最小単位を単位格子という。ヨウ素の分子間には弱い引力しか働かない。このため，温度が上がると分子がバラバラになり，液体にはならずに直接気体となってしまう。昇華するもう1つの例は，ドライアイスである。日常生活でも，アイスクリームなどの保冷剤として使われている白っぽい塊である。これは，二酸化炭素の固体である。二酸化炭素の結晶では，直線形の分子が配列している(図7.4)。1気圧のもとでドライアイスは，-79℃で昇華する。この他に，研究実験で使用される冷媒としては，液体窒素や液体ヘリウムがある。温度はそれぞれ 77 K と 4 K である。K(ケルビン)とは，絶対温度の単位であり，摂氏温度とは次のような関係にある。

$$T(K) = t(℃) + 273.15 \qquad (7.2)$$

例えば，(7.2)式に $t = 0$ を代入すると，$T = 273.15$ K となる。ドライアイスの温度 -79℃は絶対温度に直すと，(端数を省略して)273-79 = 194 (K) となる。液体窒素はタンクローリーで運ぶことができ，デュ

ドライアイスの製造法は，二酸化炭素を圧縮冷却して液状にし，それを細いノズルから噴霧する。これで放射冷却がおこり，雪状の固体となるので，それを押し固めて塊にする。

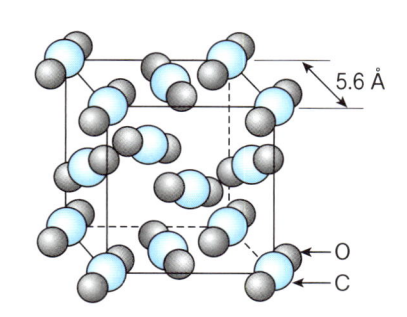

図7.4　二酸化炭素の結晶の単位格子

アー瓶（ガラス製の魔法瓶）に入れて，比較的簡単に実験で使用できる。それに比べて，液体ヘリウムの方は極低温であるため，これを室温の実験室で保つには，まわりを液体窒素で囲んで冷却するなどの必要があり，手軽には実験できない。

　物質の状態は，温度だけでなく圧力にも依存する。水の場合は，図7.5のように表すことができる。このように，温度と圧力に対して物質の状態を示した図を，状態図という。圧力の単位として Pa（パスカル）を用いるが，これで標準大気圧を表すと次のようになる。

$$1\text{気圧}(1\text{atm}) \fallingdotseq 1013\,\text{hPa}(\text{ヘクトパスカル}) = 0.1013\,\text{MPa}(\text{メガパスカル}) \tag{7.3}$$

　図7.5で圧力が1気圧のところを左から右にたどると，固体（つまり氷）から0℃で液体に変わり，100℃で気体（つまり水蒸気）に変わることがわかる。山の上でお湯を沸かすと，気圧が低いので100℃よりも低い温度で沸騰する。また，調理に圧力鍋が使用されるが，これは圧力をかけると水の沸騰温度を100℃よりも高くすることができ，これで食材に熱が通りやすくなるのである。図7.5に示すように，固体，液体，気体の領域の境目の線にそれぞれ名前がついている。固体と液体の境界（固相と液相が共存する条件）が融解曲線，液体と気体の間が蒸気圧曲線，固体と気体の間が昇華曲線である。また，この3つの線が交わる点を三重点といい，これは固体，液体，気体が全て共存する温度と圧力の条件である。水の場合は，0.01℃と低温で，圧力が 6.1×10^{-4} Pa とかなり

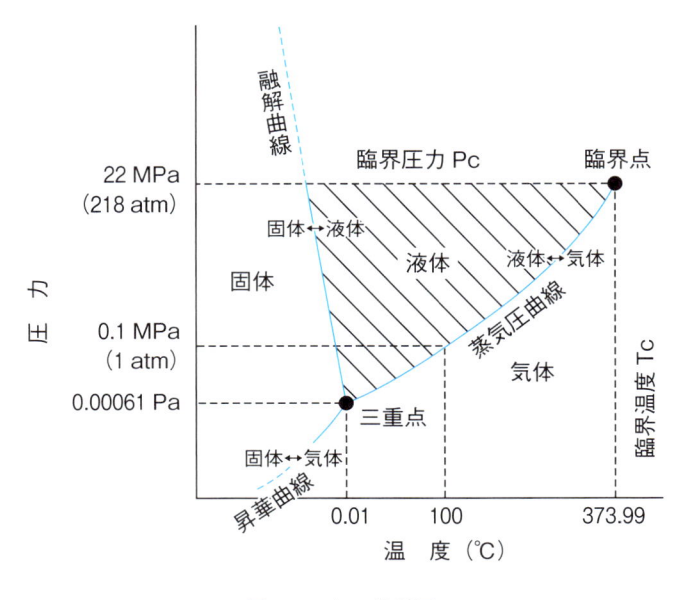

図7.5　水の状態図

希薄な条件である。蒸気圧曲線が右上の隅で止まっているが，これは単に図のスペースの関係で切れているのではない。実際に線が途切れているのである。その端の点を臨界点という。臨界点を越えると，気体と液体の区別がつかなくなる。それは，分子の運動エネルギーが非常に大きい状態だからである。臨界点の温度よりも低いときには，圧力をかければ気体から液体にすることができる。しかし，この温度以上では，圧力をいくら加えても液化できない。臨界点における温度と圧力，それに1モルあたりの体積をそれぞれ臨界温度，臨界圧力，臨界体積と呼び，これらをまとめて臨界定数と呼ぶ（表7.2）。

CO_2の臨界温度は，304.2 K，臨界圧力は72.9気圧である。つまりドライアイスを作るときに，二酸化炭素は常温では液化させにくいので，冷却しながら圧縮するわけである。

表7.2 気体の臨界定数

物質	臨界温度(K)	臨界圧力(atm)	臨界体積(L mol^{-1})
He	5.2	2.3	0.0575
N_2	126.2	33.6	0.0892
CH_4	190.6	45.4	0.0989
CO_2	304.2	72.9	0.0944
NH_3	405.6	111.4	0.0725
H_2O	647.2	218.4	0.0571

図7.6は，水，エタノール，ジエチルエーテルの蒸気圧曲線を比較したものである。縦軸が蒸気圧であるが，これは各温度での平衡蒸気圧の

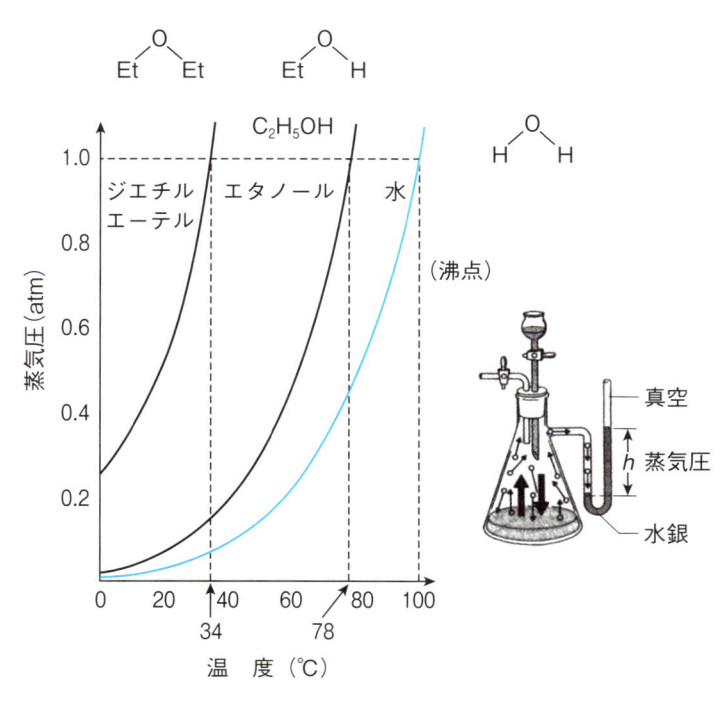

図7.6 水，エタノール，ジエチルエーテルの蒸気圧曲線

ことである。つまり，フラスコなどの容器に液体を入れ，温度を上げて盛んに蒸発させて中の空気を追い出す。次にコックを閉めて外から空気が入らないようにして温度を下げていくと，容器の中の気体が次第に液体に戻り，圧力が下がっていく。このとき，その温度で十分に長い間放置すると，気体と液体間の平衡（気液平衡）に達する。このときの圧力が，その温度における平衡蒸気圧である。この蒸気圧が1気圧，つまり大気圧と同じときに，蒸発が盛んに起こる。これが沸騰である。つまり，沸点とは蒸気圧が1気圧になる温度である。水（H-O-H）は100℃で沸騰する。これに対して，エタノール（Et-O-H）は78℃，ジエチルエーテル（Et-O-Et）は34℃と低い。ここで，Etとはエチル（C_2H_5）基を表している。液体から気体にするには，高速で分子を飛ばさねばならず，分子が軽いほどエネルギーが少なくて済むはずである。しかし，この3つの化合物の中で一番質量が小さい（つまり分子量が小さい）水が，沸点が一番高いのはどうしてであろうか。それは，次に述べる水素結合のせいである。

　水素結合とは，水素原子を介した弱い結合のことである。水分子の酸素と水素原子とを比べると，電気陰性度のより大きい酸素がわずかながら負に（δ^-），水素がわずかながら正に（δ^+）帯電している（図7.7）。

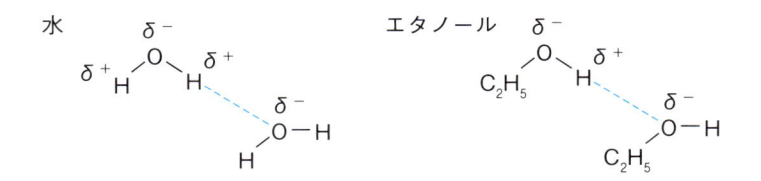

図7.7　水素結合

この水素が隣の分子の酸素と接近し，直線的な O-H…O の配置をとり，安定化する。水は水酸基を2つもっているので，周りの水分子と水素結合でつながりやすい。水を蒸発させるには，この分子間の水素結合を断ち切ってばらばらにしなければならない。つまりそれだけエネルギーを要するため，分子が軽い割には沸点が高くなる。エタノールも水酸基をもつため，分子間水素結合を形成することができ，このため沸点がジエチルエーテルよりも高くなる。なお，水素結合の形成において，水素を提供する側は分子中の O-H のように，電気陰性度の大きい元素に水素が結合したものであればよく，例えば分子中の N-H の部分も水素結合を形成する。水素を受け取る側は，負電荷をもつイオン（例えば Cl^- や $RCOO^-$）が優先的にその役割を担う。陰イオンがまわりにいないとき

は，分子中のより電気陰性度の大きい原子が，水酸基などの水素に接近する．

水の沸点が異常に高いことは，他の水素化物と比べると，もっとはっきりする．図 7.8 は同族元素の水素化物の沸点を比較したものである．例えば，炭素の同族元素は C，Si，Ge，Sn であるが，その水素化物 CH_4，SiH_4，GeH_4，SnH_4 の沸点はこの順番に上がっている．これは，重い分子ほど高速で飛ばすのにエネルギーを必要とするため，沸点が高くなっているのである．それに対して，○で囲んだ H_2O，HF，NH_3 は，この傾向から反し，分子が軽いのに沸点が異常に高くなっている．これは水素結合のせいである．6 章で学んだように，フッ素は電気陰性度が一番高い元素である．このため，分子は分極して F–H⋯F という分子間の水素結合を形成する．アンモニアも，N–H⋯N という水素結合を形成する．

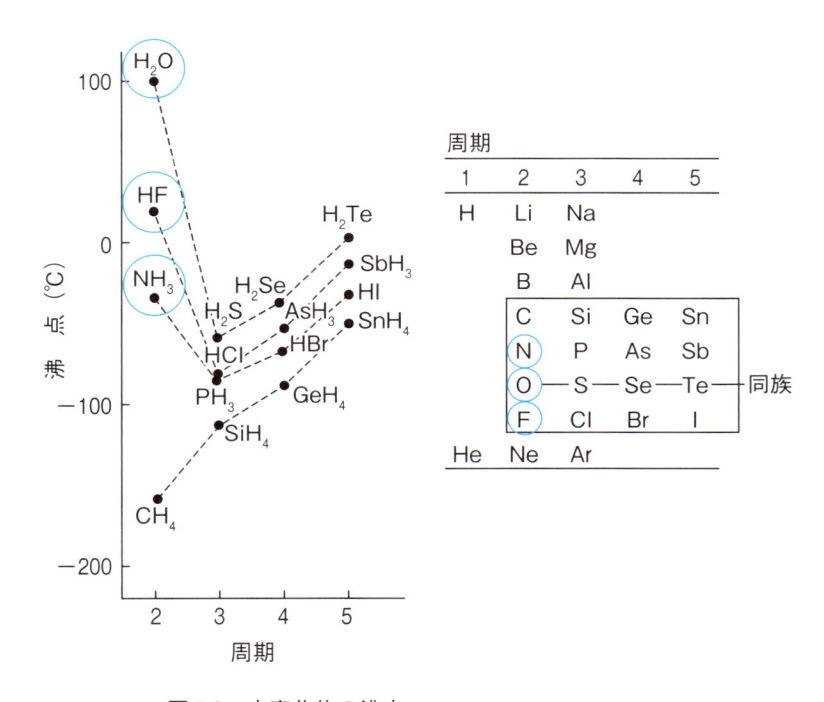

図 7.8 水素化物の沸点
H_2O，HF，NH_3 の沸点は，他の化合物に比べて異常に高い．

分子量と沸点の関係を示すデータを，表 7.3 にまとめた．水素結合がない場合には，分子量が大きくなるほど沸点が高くなっている．冷媒としての液体ヘリウムと液体窒素の温度（つまり沸点）を前に紹介したが，液体ヘリウムの方が温度が低いのは分子が軽いからであった．4 K という極低温にもかかわらず，ヘリウムは沸騰して気体となる．アンモニア

表 7.3 分子量と沸点の関係

相互作用	物質	分子量	沸点(℃)
分子間力[1]	He	4.0	-269
	N_2	14.0	-196
	CH_4	16.0	-162
	H_2S	34.1	-60
	$(C_2H_5)_2O$	74.1	35
	C_6H_6	78.1	80
水素結合	NH_3	17.0	-33
	H_2O	18.0	100

[1] 水素結合の影響がない場合，分子量が大きい程，沸点が高い。

と水の分子量は 17 と 18 であり，これはメタンの 16 と近い。メタンの沸点は -162℃なのに比べて，アンモニアと水は -33℃および 100℃と非常に高い。このことから，分子間の水素結合を断ち切るのに相当エネルギーが必要であることがわかる。なお，水素結合を形成しない物質でも，分子が接近すると分子間に弱いながら引力が働く(しかし，近づきすぎると電子雲が重なるため，強力に反発する)。これを分子間力という。この分子間力が働くため，液体の状態が保たれ，また結晶化することで集合体として安定化するのである。

水は凍ると体積が膨張する。それはなぜだろうか。図 7.9 は，水 1 g の体積の温度依存性を示したものである。液体は温度が高いほど熱膨張により体積が増す。したがって，お湯をさまして温度を下げていくと，体積が少しずつ縮まる。水の密度が一番高いのは，4℃である。これを

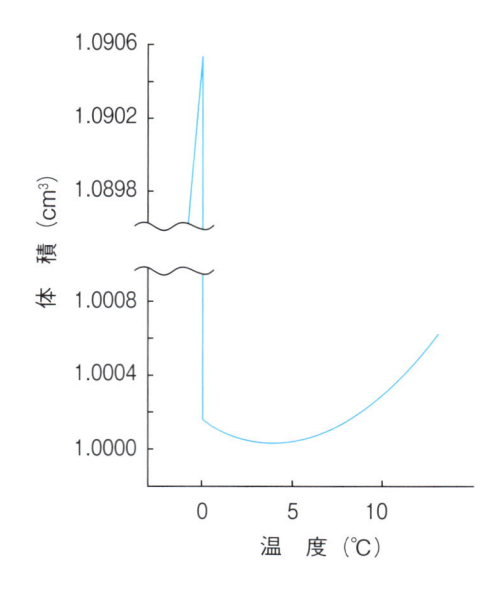

図 7.9 水 1 g の体積の温度依存性

過ぎてもっと温度を下げると，体積がわずかに増える。そして，0℃で氷ると，急激に体積が膨張する。一般的に結晶中では，分子ができるだけ密に詰ろうとする。このため，液体から固体に変わると，通常は体積が減少する。しかし，氷はその例外である。なぜならば，O−H⋯O 水素結合の形成が優先され，そして O−H⋯O は，直線的な配置であるため，すきまの多い構造になるからである（図 7.10）。水が 4℃から 0℃に下がるときに，体積が少しだけ増えるのは，氷にみられる水素結合のネットワークが部分的に形成され始めるためと推定される。

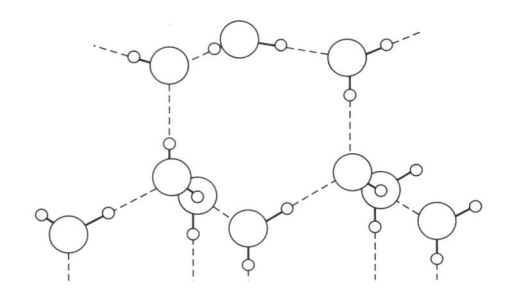

図 7.10　氷中の水素結合（点線で示している）
大きい球が酸素で小さい球は水素原子を表す。

7.2　気体の分子運動

気体の中で分子はどのような運動をしているのであろうか。3 章のアボガドロの仮説で出てきたように，気体の圧力は気体を構成する粒子が壁に衝突することで生じている。このことを，もっと詳しく考えてみよう。今，体積 V の立方体（1 辺 L）の中に，気体分子が N 個入っているとする（図 7.11）。分子の質量を m とし，それが速度 $u = (u_x, u_y, u_z)$ で運動しているとする。ここで u_x, u_y, u_z は x, y, z 方向の速度成分を表している。分子は壁に当たって跳ね返りながら，箱の中を飛び回っている。立方体の 1 つの壁に，単位時間あたり分子 1 個が衝突して壁を押す力を f とする。これは単位時間あたり何回壁に衝突するか，また 1 回の衝突でどれ位壁を押すかを考えれば導出できるが，それはやや複雑な計算を要するので，ここでは結果だけを示すことにする。

$$f = \frac{m \langle u^2 \rangle}{3L} \tag{7.4}$$

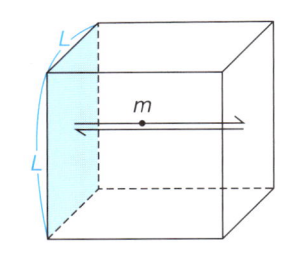

図 7.11　立方体容器中の気体分子
立方体の一辺が L で，分子の質量が m

ここで，$\langle u^2 \rangle$ は速度の 2 乗の平均値を表す。分子が壁に垂直に運動している場合を考えると，分子の運動量（mu）が大きいほど衝突 1 回あた

りに壁を押す力が大きく、また単位時間あたりの壁への衝突回数は往復に要する時間 $2L/u$ に反比例することから、(7.4)式が成り立つことは定性的に理解できるであろう。さて、立方体の1つの壁に注目すると、その面積は L^2 で、そこに N 個の分子が衝突する。したがって、壁が単位面積あたりに受ける力、つまり圧力 P は、次のように書ける。

$$P = \frac{Nf}{L^2} = \frac{Nm\langle u^2 \rangle}{3L^3} = \frac{nM\langle u^2 \rangle}{3V} \tag{7.5}$$

この最後の式変形は、箱の体積が $V = L^3$ であること、および分子の全質量が $Nm = nM$ であることを用いている。ここで、n は気体の物質量、M は分子量を表す。さて、1章で述べたように、理想気体の状態方程式は、圧力 P について次のように書くことができる。

$$P = \frac{nRT}{V} \tag{7.6}$$

(7.5)と(7.6)式とは形が似ていることがわかる。それぞれの右辺の対応するところを取り出すと、次式が得られる。

$$\frac{M\langle u^2 \rangle}{3} = RT \tag{7.7}$$

よって、分子の平均の速さは、次式のように表せる。

$$\sqrt{\langle u^2 \rangle} = \sqrt{3RT/M} \tag{7.8}$$

これは、あくまでも平均の速度である。図7.12に示すように、気体中では速いものも遅いものも混在する。そして、温度が高くなると、スピードの大きい分子の割合が増えてくる。代表的な気体分子の、室温における平均速度を表7.4に示した。窒素と酸素の平均速度はそれぞれ 454 と 425 m s^{-1} であり、これは25℃における音速 347 m s^{-1} よりもやや速い。これに比べて CO_2 は遅く、H_2 は速くなる。それは、(7.8)式からわかるように、分子量 M が大きい程、平均速度が小さくなるからである。

ここで、1モルあたりの運動エネルギーを考える。分子1個の運動エネルギーは $mu^2/2$ である。これと同様に、1モルの分子の運動エネルギーの和は、$M\langle u^2 \rangle/2$ となる。これはさらに(7.8)式より、次のように表せる。

$$M\langle u^2 \rangle/2 = 3RT/2 \tag{7.9}$$

ここで、R は気体定数である。

> 分子量 M とは、その分子1モルの質量が M (g) であることを意味する。それが n モルなので、質量は nM (g) となる。

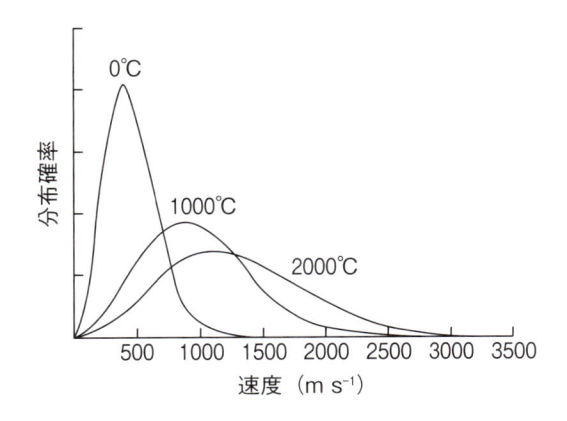

図7.12　気体分子の速度分布

表7.4　気体分子の平均速度（25℃）

分　子	H_2	NH_3	N_2	O_2	CO_2	Cl_2
平均速度($m\ s^{-1}$)	1692	583	454	425	363	286

$$R = 8.315\ \mathrm{J\ K^{-1}\ mol^{-1}} \tag{7.10}$$

すなわち，(7.9)式の右辺は温度 T だけに依存する。これは，気体の種類によらず，ある温度での平均の運動エネルギーは一定であることを意味する。つまり温度とは，気体分子の運動エネルギーの大きさを規定するパラメータである。ある温度における平均の運動エネルギーは，気体の種類によらず同じなのである。

さて，理想気体の状態方程式は(7.6)のように書ける。理想気体とは，気体粒子が大きさをもたず，また粒子間に相互作用が働かないものと仮定している。しかし，実際の気体（これを理想気体に対して実在気体という）は，この式には従わない。$n = 1$ のときの PV/RT を圧縮係数というが，温度一定で圧力を変えると図7.13に示したように変化する。理想気体であれば，圧縮係数は常に1になるはずであるが，実在気体はそうならない。そこで，改良方法が考えられた。その1つが，ファンデルワールスの状態方程式である。

$$(P + an^2/V^2)(V - bn) = nRT \tag{7.11}$$

これと理想気体の状態方程式とを比べると，圧力と体積に補正項が加えられているのがわかる。ここで a と b は，物質毎に違う係数である。まず，圧力についての補正項は，分子間に働く相互作用（分子間力）の効果を取り込んでいる。体積についての補正項は，気体分子が有限の大きさをもつことを考慮している。仮に気体分子を容器の底に押し込めたとすると，気体分子が占める体積の総和は物質量に比例するので，bn と

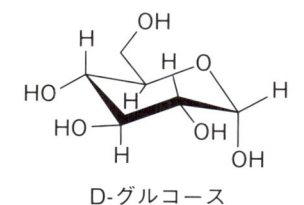

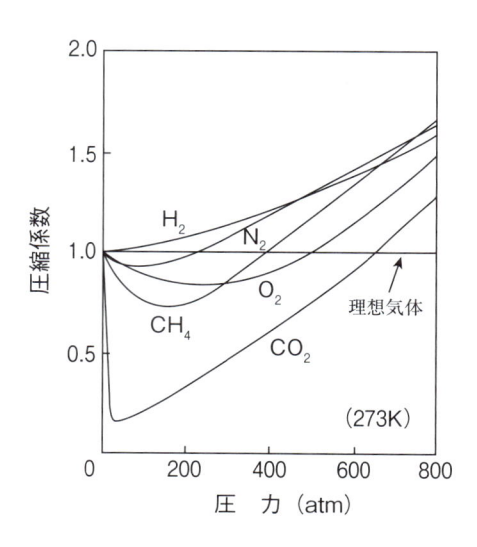

図7.13 理想気体と実在気体の圧縮係数

表せる（図7.14）。したがって，気体が自由に運動できる空間はその分だけ少なくなる。このファンデルワールスの状態方程式によって，実在気体の状態を比較的よく再現することができる。

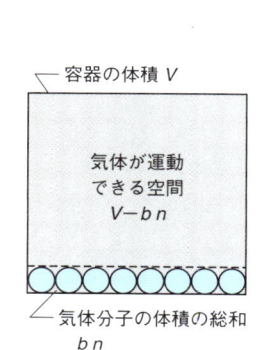

図7.14 気体分子が自由に動ける空間

7.3 結　　晶

前節では，物質の三態のうち，気体を取り扱った。この節では固体，特に結晶について述べることにする。結晶はその構成要素の結合状態をもとに，分子結晶，イオン結晶，共有結合結晶，および金属結晶に分類することができる（図7.15）。このうち，結晶中の原子がすべて共有結合で結ばれているものとして，ダイヤモンドやケイ素などがあるが，これは比較的特殊なケースである。

大抵の有機化合物の結晶は，分子結晶である。電荷をもたない中性の分子間にも弱いながら引力が働く。ただし，近づきすぎると，分子間の電子雲が重なるため，引力よりも斥力の方が強くなる。この分子間力により分子が接近し，規則正しく配列して，結晶となる。

イオン結晶の代表例は，塩化ナトリウムである。NaClの結晶では，Na^+とCl^-がジャングルジムのように交互に配列している（図7.16）。1個のNaに注目すると，そのまわりには6個のClが取り囲んでいる。これを配位数が6という。配位数とは，1つの原子やイオンの周りを取り囲んでいる，最近接原子の個数のことである。塩化セシウムの結晶構造も，図7.16に示した。塩化物イオンCl^-が立方体の単位格子の頂点

例えば，グルコース（ブドウ糖）を水に溶かして，50℃以下で結晶化すると1水和物となるが，高温では無水物が得られる。このように，溶媒分子が結晶に取り込まれることはよくあることである。

D-グルコース

分子結晶

(例) ベンゼン

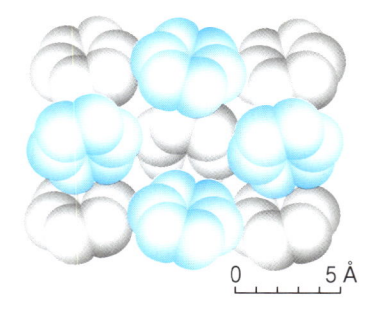

イオン結晶

(例) 塩化ナトリウム

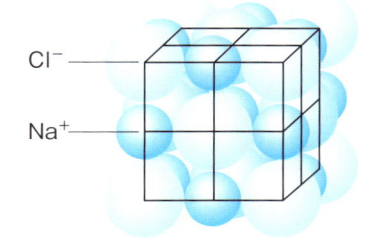

共有結合による結晶

(例) ダイヤモンド

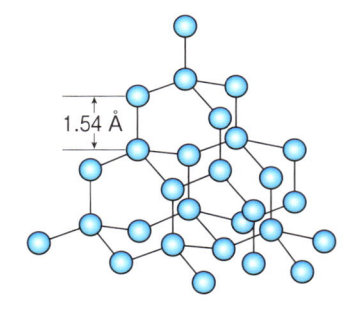

図 7.15　結晶の分類

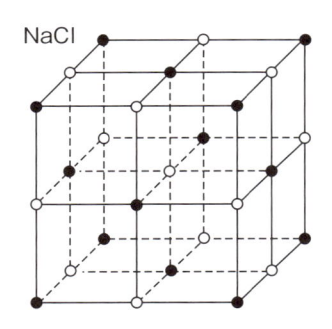

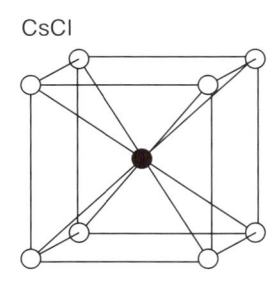

図 7.16　NaCl と CsCl の結晶の単位格子

に位置し，その中心に Cs^+ イオンが入っている。この構造の配位数は 8 である。Na も Cs も同じアルカリ金属であるのに，なぜ結晶構造が違うのであろうか。それは，イオン半径が異なるからである。イオン半径

とは，各イオンを剛体球と考え，種々の化合物中のイオン間の距離から個々のイオンの半径を割り出したものである。表7.5に示すように，Cl^- に比べて Na^+ の半径は小さく，Cs^+ は同程度である。NaCl形の構造（これを岩塩型構造という）では，6個の Cl^- の球に囲まれた隙間に，Na^+ がおさまっている。しかし，Cs^+ はその隙間にはおさまり切らない。そこで，周りを取り囲む Cl^- の数が8つに増えた構造となっている。配位数が大きくなるほど，その隙間が大きくなるからである。

表7.5 イオン半径（Å）

アルカリ金属イオン	Li^+ 0.60, Na^+ 0.95, K^+ 1.33, Rb^+ 1.48, Cs^+ 1.69
ハロゲンイオン	F^- 1.36, Cl^- 1.81, Br^- 1.95, I^- 2.16

> 剛体球とは，金属のように剛直で，半径が一定の球をさす。

> パッキング（packing）とは，荷造りなどのときに隙間なく詰め込むことをいう。充填ともいう。

金属の結晶は，剛体球のパッキングとみなせる。パチンコの玉，あるいはピンポン玉を隙間なく箱に詰めていく場合を考えよう。まず，同じ平面内で球を詰めると，図7.17に示すように1個のまわりに6個が取り囲むように配列する。この平面状の構造を最密面と呼ぶことにする。この面を1層目とすると，次はこの上に原子を乗せることになる。1層目の原子位置をAで表すと，Aが3個接しているところに窪みができるので，2層目の原子はそこにのせることになる。その窪みの位置をBとする。Bに原子を1つのせると，すぐ隣の窪み（これをCで表す）には狭すぎて球をのせることはできない。したがって，窪みに1つおきに球をのせることになる。さらに3層目以降に球をのせていくことになる

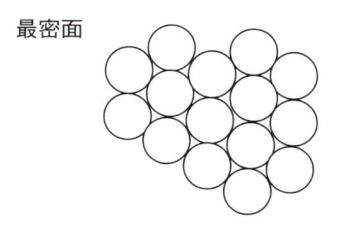

最密面

次に玉をのせる位置は B か C

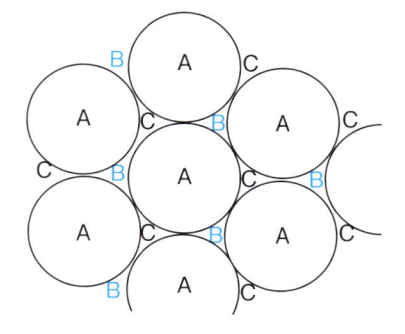

図7.17 球のパッキング

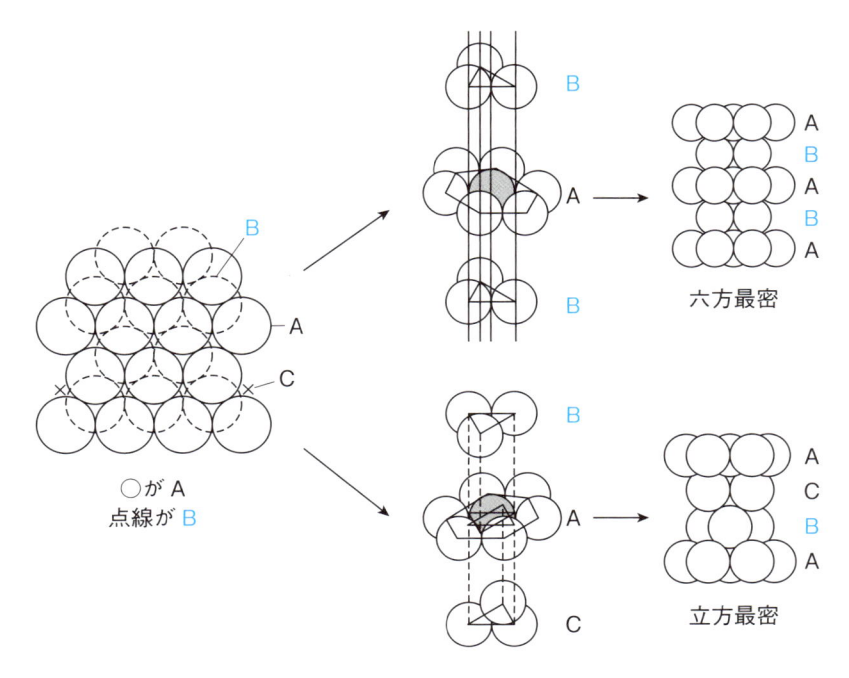

図7.18 球の最密充填

が，これには2通りの可能性がでてくる．図7.18に示すように，ABABABという重ね方と，ABCABCという方法とである．どちらも最密充填であるが，1つの原子のまわりに12個の原子が互いに接しながら取り囲んでいる．ABABAB型の積み重ねを六方最密といい，ABCABC型は立方最密という．六方最密構造の単位格子は，底面が正三角形を2つ組み合わせたような菱形の角柱であり，これを3つ組み合わせると六角柱の形となる（図7.19）．ABABABの重なり方向は，その角柱の伸長方向である．六方最密をとる金属としては，亜鉛が知られている．立方最密の方は，単位格子が面心立方である（図7.20）．わかりやすいように描き直すと，図7.21のようになる．この単位格子は立方体であり，8つの頂点に原子が位置し，各面の中心にも原子が存在する．単位格子の体対角線方向が，最密面のスタッキング方向に相当する（図7.20）．金，銅，白金，アルミニウム，ニッケルなど，面心立方構造をとる金属が多い．

ナトリウムやクロム，および常温における鉄などは，体心立方構造をとる（図7.22）．この単位格子も立方体であり，8つの頂点に原子が位置し，単位格子の中心にも原子が存在する．なお，配位数が8であることからも，これは最密充填ではないことがわかる．これは，金属中の原子間の結合に，異方性があるためである．

> 結晶は，その中の原子配列の対称性にもとづいて，7種類の晶系に分類される．対称性の低い方から順に並べると，三斜，単斜，斜方，正方，三方，六方，立方である．立方晶系の場合，単位格子は立方体である．

> ちなみにAの位置に対してBとCは同等なので，ACACACという積み重ねは，ABABABと同じである．また，ACBACBという重ね方は，ABCABCの構造を裏返したものにすぎない．

> スタッキング（stacking）とは，積み重ねることをいう．

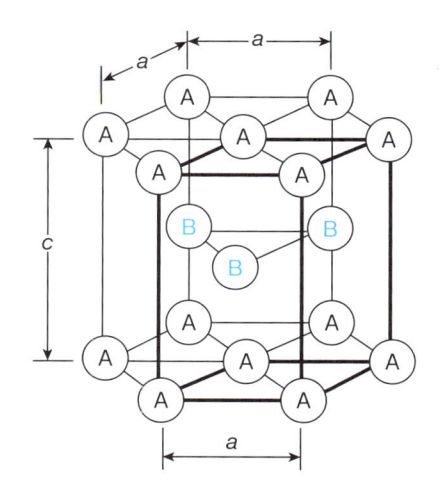

図 7.19　六方最密構造の単位格子（太線部分）

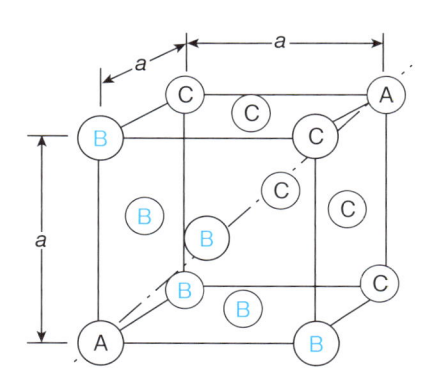

図 7.20　立方最密構造の単位格子

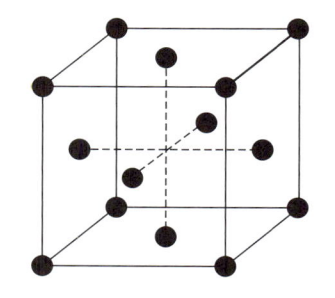

図 7.21　面心立方構造の単位格子

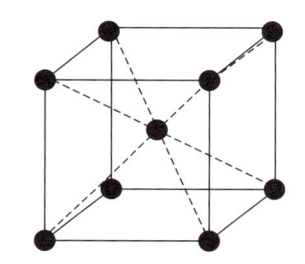

図 7.22　体心立方構造の単位格子

7.4　金属と半導体

　金属は導体であり，電気をよく通す。この理由を理解するためには，金属結晶の電子状態を考える必要がある。図 7.23 に示すように，原子が次第に集まってクラスターを作っていくと仮定しよう。金属原子は最外殻の s 軌道に価電子をもつ。例えばナトリウム原子の場合は，3s 軌道に電子が 1 個入っている。金属原子が 2 個接近すると，水素分子のときと同じように結合性軌道と反結合性軌道とができ，よりエネルギーの低い結合性軌道に電子が 2 個入ることになる。原子がさらに 3 個 4 個と増えていくと，結合性軌道も反結合性軌道も数が増えていくが，電子が占有するのは必ず結合性軌道の方である。これで原子が結合で結ばれ，分子として安定化する。原子数がモルの桁まで集まると，飛び飛びだったエネルギー準位は，もはや連続したものとなる。この帯状になったエネルギー準位をバンドとよぶ。金属の場合，バンドの下半分は電子で埋

> クラスターとは，原子や分子が数個から数百個集まって形作った，ひとかたまりの集合体をいう。

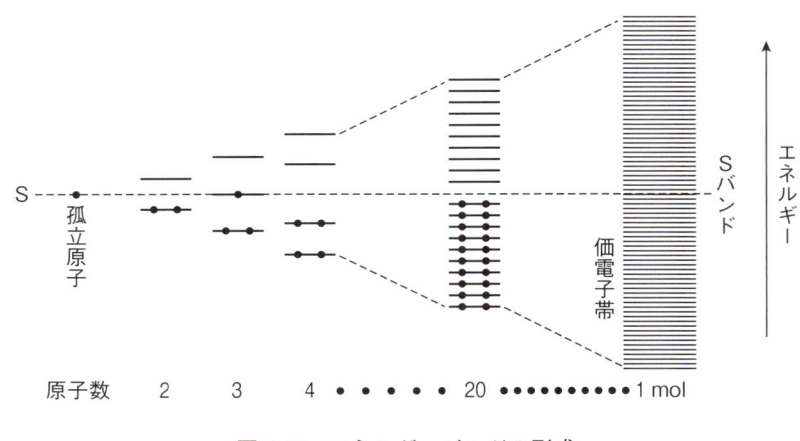

図 7.23　エネルギーバンドの形成

まっているが，そのすぐ上には電子の入っていない空いた軌道があるので，そこに電子が飛び移ると，金属結晶全体を自由にかけめぐることができる。そのイメージを描くと，図 7.24 のようになる。金属の正の電荷をもつイオンが一定間隔で並んでいて，その間を電子が自由にかけ回っている。このように物質中で自由に運動できる電子を，自由電子という。電気を通しやすい金属ほど，熱もよく伝える。なぜならば，金属において熱も電気も，自由電子の運動により伝播するからである。ダイヤモンドは絶縁体だが，金属よりも熱伝導率が高い。ダイヤモンドは炭素原子からなる共有結合結晶であり，いわば原子が強力なバネで結ばれているような構造である。熱とは原子の振動を意味し，結晶のどこか1カ所の原子を揺り動かすと，つながっているバネによって結晶全体に振動が伝わっていく。これを格子振動という（図 7.25）。物体が熱を伝える機構は，一般にはこの格子振動なのであるが，金属だけは例外であり，格子振動の寄与よりも自由電子の移動により熱が伝わる方の割合が大きい。

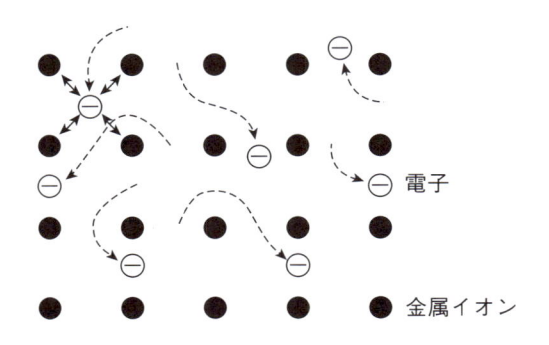

図 7.24　金属の自由電子

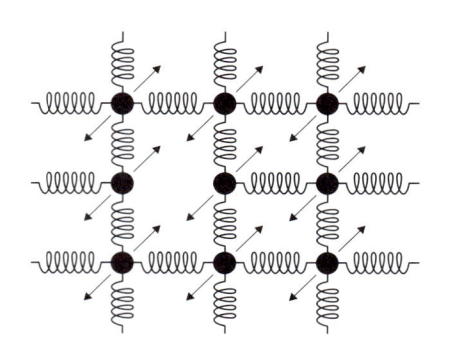

図 7.25　格子振動

さて，棒状の物体(長さ L，断面積 S)の電気抵抗 R は，次式で表される．

$$R = \rho L/S \qquad (7.12)$$

この係数 ρ を抵抗率といい，その逆数 $1/\rho$ を電気伝導率という．図 7.26 に示すように，紙やガラスなどは抵抗率が大きく，それに比べて銅などの金属は桁違いに小さい．グラファイトも，炭素だけからなる結晶にもかかわらず，金属並みの電気伝導性をもつ．さて，導体と絶縁体との間に，半導体が位置する．これは，シリコンやゲルマニウムなどの結晶である．金属はバンド中で電子が埋まっている所のすぐ上に空きがあるので，そこを利用して電子が自由に動ける．絶縁体は，価電子帯が電子で全部埋まっているために，自由に動けない．価電子帯よりもさらにエネルギーが高いところには，電子が入っていないバンドがあり，それを伝導帯とよぶ．半導体の電子構造も，基本的には絶縁体と同様である．真性半導体のバンド構造を，図 7.27(a)に示す．真性半導体とは，不純物を混ぜていない純粋な物質(例えばケイ素)からなる半導体のことをいう．エネルギーの低い所に，電子が詰まったバンド(価電子帯)があり，その上に伝導帯がある．ケイ素やゲルマニウムが半導体であるの

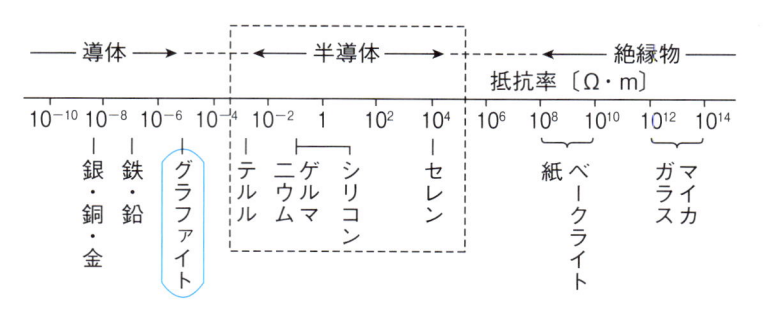

図 7.26　抵抗率

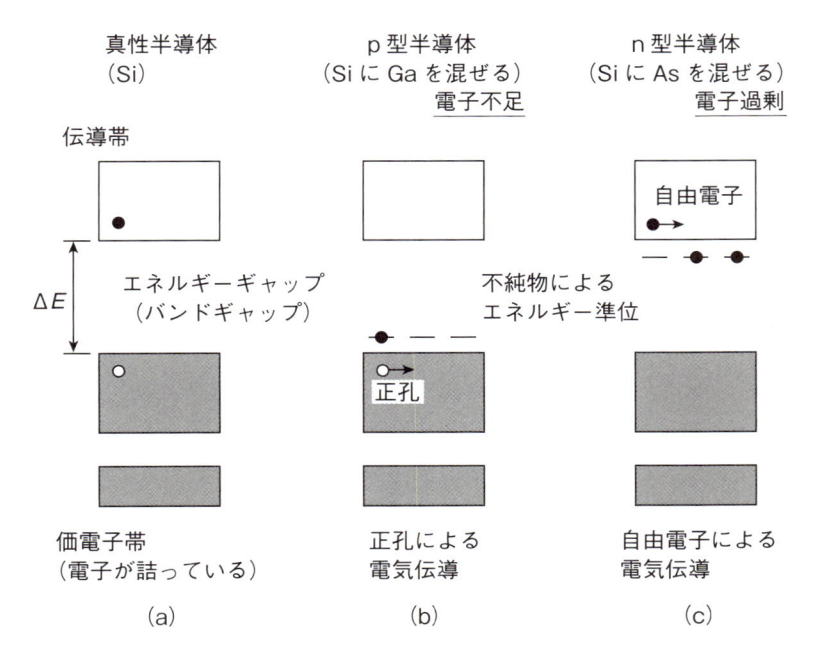

図 7.27 (a)真性および，(b)p 型と，(c)n 型半導体のバンド構造

は，エネルギーギャップΔE（価電子帯と伝導帯との間のエネルギー幅）が小さいためである。エネルギーギャップはバンドギャップともいうが，これが小さい程，価電子帯から伝導帯へ電子が飛び移りやすい。飛び移った電子は自由電子となるため，電気が流れる。金属は一般に温度が高いほど抵抗が増す。これは，格子振動が自由電子の運動を妨げるからである。しかし，逆に半導体は温度が高いほど抵抗が下がる。これは，より多くの電子がバンドギャップを乗り越えられるようになるからである。

しかし，純粋な物質の半導体だけでは材料として変化に乏しい。そこで，不純物を混ぜて，種々の電気素子を作っていくことになる。周期表でケイ素の下に位置するのが，同族元素のゲルマニウム Ge である。その Ge の左横がガリウム Ga，右横がヒ素 As である。よって価電子だけを考えると，Si に対して Ga は電子不足であり，As は電子過剰の元素である。ケイ素 Si にガリウム Ga を混ぜると，価電子帯のすぐ上に不純物による空軌道が生じ，そこに電子が価電子帯から飛び移りやすくなる。価電子帯において，電子が抜けた穴を正孔（positive hole）という。これは，満員電車が駅に着いて 1 人が降りたような状態であり，空いた空間を利用して他の人が動けるようになる。この正孔をあたかも自由に動く粒子とみなすことができ，これによって電気伝導性が生じる。

このような半導体をp型半導体(positive型)という。ケイ素に電子過剰のヒ素を混ぜると，今度は不純物による電子の入った軌道が伝導帯のすぐ下に生じる。そして，その電子が伝導帯に飛び移りやすく，その結果自由電子が生じる。このタイプの半導体を，n型半導体(negative型)と呼ぶ。

p型とn型半導体をくっつけることを，pn接合という。こうしてつくられた素子がダイオードである。ダイオードは整流作用を示す。pn接合の間の壁は通常のとき，自由電子も正孔もとび越えられない(図7.28(a))。しかし，p型の方が正極でn型の方が負極のときは，正孔と自由電子が相手の極へ壁を乗り越えて移動するため，電気が流れる。正極と負極が入れ替わると，正孔と自由電子が両端に偏るだけであり，中央の壁を越えないので電気は流れない。これにより，交流を直流に変えること(整流)ができる。pn接合に光をあてると，光電効果により電気が発生する(図7.29(a))。これが太陽光発電の原理である。太陽光パネ

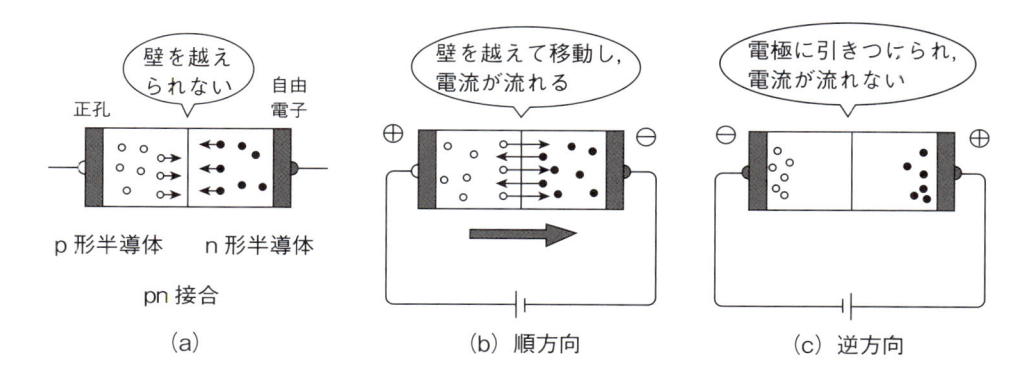

図7.28 ダイオードの整流作用
(a)pn接合の状態，(b)順方向，および(c)逆方向に電圧をかけたときの，電子と正孔の動き。

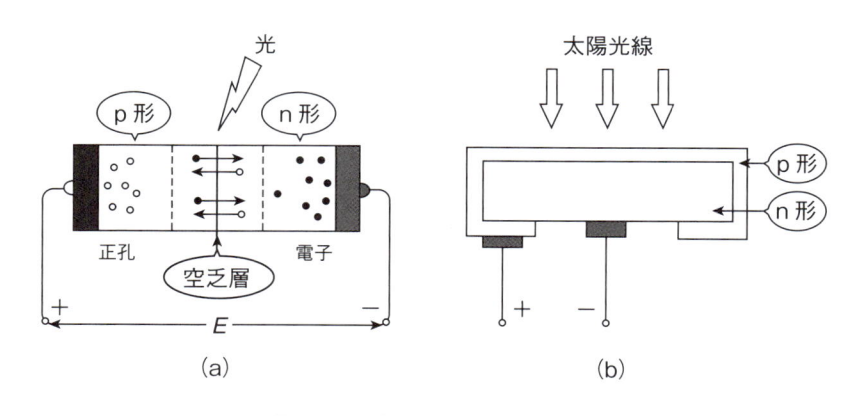

図7.29 ダイオードの光電作用
(a)pn接合の境目に光があたったときの電子と正孔の動き，(b)太陽光パネルの構造。

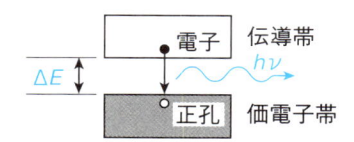

図 7.30 LED の原理

ルは pn 接合面の面積を大きくして，光のエネルギーを効率よく受け取るように工夫されている。

今や白熱灯は，省エネルギーの観点から，蛍光灯や LED（発光ダイオード）に急速に置き換わりつつある。LED の原理は，ダイオードの整流作用のときと基本的に同じである。順方向に電圧をかけたとき，電子と正孔が中央の壁を越えて流れ，伝導帯にいる自由電子が価電子帯に落ち（正孔が消滅す）る際に，光を放出する（図 7.30）。

1989 年頃は，色の 3 原色（赤，緑，青）のうち青の LED だけがなかったので，世界中で開発競争がくり広げられた。青色を得るためには，理論的にエネルギーギャップ ΔE が 290 kJ mol^{-1} 程度は必要であり，その材料の候補としてセレン化亜鉛 ZnSe と窒化ガリウム GaN が考えられた。当時は ZnSe の方が有望視され，GaN の方は無理と思われていた。しかし，中村修二がサファイアの基板上に，n 型と p 型など薄膜層の堆積に成功し，1993 年に青色 LED が製品化されたのであった。

水素結合と遺伝情報

1953 年 Watson（ワトソン）と Crick（クリック）が，DNA（デオキシリボ核酸）の二重らせん構造を発表した。この業績により，1962 年に彼らはノーベル医学生理学賞を受賞した。どんな生物でも，その遺伝情報は DNA 中の 4 種類の塩基，アデニン（A），チミン（T），グアニン（G），シトシン（C）の配列によって記録されている。このうち，A と T，G と C は水素結合 N-H⋯O および N-H⋯N によって対を作る。細胞分裂の際に，DNA の二重らせんがほどけ，それぞれの 1 本の鎖からもう一方の鎖が再生する。このとき，水素結合によって，A と T，G と C が必ず対になるように再製されるので，情報が複製される。

DNA における塩基間の水素結合（点線部分）

犬にチョコレートは禁物

　愛犬家にとって，犬にチョコレートを食べさせてはいけないことは常識となっている。なぜならば，血圧の上昇や昏睡などを引き起こし，場合によっては死んでしまうからである。体重 10 kg の犬が約 100 g 以上チョコレートを食べると，中毒症状が出る可能性がある。猫も大量にチョコレートを食べると中毒になるはずであるが，実際にはそのような例はあまりない。犬と違って猫はチョコレートを好まないからと推定される。チョコレート中毒の原因物質は，カカオ豆に含まれているテオブロミンというプリン誘導体である。プリン体というと，人も無関心ではいられない。プリン体を多く含む食品や飲み物（ビールなど）を取り過ぎると，体の中にその代謝産物である尿酸がたまり，それが血管の中で結晶化して痛風を引き起こすからである。

　ちなみに，このプリン環は，DNA の遺伝情報を担っている 4 種類の塩基のうちの，アデニン（A）とグアニン（G）の骨格となっている。つまり，魚卵や白子など DNA を多く含む食品は，プリン体が多いことがわかる。糖類およびプリン類（カフェイン，テオブロミン，プリンなど）の合成研究を行ったエミール・フィッシャーは，1902 年にノーベル化学賞を受賞した。カフェインは，コーヒーや紅茶に多く含まれている。

犬とチョコレート

プリンおよびその誘導体の分子構造

演習問題

問1 水はこおると体積が膨張する。その理由を説明しなさい。

問2 (1)バンドギャップとは何か，図を書いて説明しなさい。

(2)ダイヤモンドは絶縁体であるのに，シリコン Si やゲルマニウム Ge は半導体である(導体と絶縁体の中間で，温度が高いほど電気伝導性が増す)。この理由をバンドギャップの大きさの違いをもとに説明しなさい。なお，Si のバンドギャップは 107 kJ mol^{-1}，Ge は 66 kJ mol^{-1}，ダイヤモンドは 540 kJ mol^{-1} である。

問3 (1)面心立方および(2)体心立方構造の金属結晶について，それぞれ単位格子の図を書き，最近接原子間距離 R を格子定数 a で表わしなさい。また，配位数を答えなさい。

8 有機化合物の構造と性質
—分子の左と右—

8.1 有機物の一般的性質

有機物か無機物かという分類は，かつては生命や動植物に関するものを有機物といい，岩石や鉱物などを無機物としていた。現在，有機物とは炭素化合物をさす。ただし，炭素を含むとはいえ，ダイヤモンドや黒鉛などは無機物に分類される(表8.1)。炭素を1個だけ含む分子をどちらに分類するか，ややあいまいなところがあるが，炭素に水素が結合しているかあるいはそれが塩素などと置き換わっていれば有機化合物であり，COやCO$_2$などは無機物とみなす。有機分子中の原子は，共有結合で結ばれている。これに対して，NaClなどのイオン結晶では，イオン結合で構造が保たれている。ダイヤモンドは共有結合結晶であるし，各種の金属は金属結合からなる。また，金属錯体における金属イオンと配位子との結合は，配位結合である。このように，無機化合物中の結合は多彩である。

有機化合物は，分子内の結合は強いが，分子間の結合(分子間力)は非常に弱い。これを反映して，無機物に比べると融点や沸点がかなり低い傾向にある。また，溶媒に対する溶けやすさも違ってくる。似たものは，似たものを溶かす。しかし，水と油は混ざらない。水によく溶ける性質を水溶性といい，有機溶媒に溶けることを脂溶性という。また，水

表 8.1 有機化合物と無機化合物の違い

	有機化合物	無機化合物
Cを含む物の分類	CH$_4$，CCl$_4$などCを含むほとんどの化合物	ダイヤモンド，黒鉛，CO，CO$_2$，CaCO$_3$など
主な結合	分子内は共有結合	共有結合，イオン結合
融点，沸点	低い*	高い*
溶解性	有機溶媒に溶ける* (脂溶性) (疎水性)	水に溶ける* (水溶性) (親水性)
燃焼	可燃*	不燃*
化合物の種類	1000万以上	数万

* そのような性質をもつものが多い，という意味である。

になじむ性質を親水性といい，逆に水をはじくときは疎水性という。水酸基 OH は親水性であるが，アルキル基（炭化水素鎖からなる置換基）は疎水性である。アルキル基に水酸基 OH が結合したものを総称してアルコールという（なお単にアルコールというと，エチルアルコールを指す場合が多い）。メチルアルコール CH_3OH とエチルアルコール C_2H_5OH は，水と任意の割合で混ざる。これは，水酸基の親水性が強いからである。1-プロピルアルコール C_3H_7OH も水に溶けるが，非極性の有機溶媒にも溶けるという両親媒性を示す。さらに炭素数が多い 1-ブチルアルコール C_4H_9OH になると，水と一部混ざるが分離する。つまり，炭化水素の鎖が長くなると，疎水性が強くなり水と混ざらなくなる。芳香族環なども疎水性である。

イオン化合物は水に溶けやすい。そのため，水に溶けにくい有機化合物に対して，スルホ基 SO_3H やカルボキシル基 COOH などを導入して，ナトリウム塩にすると水に溶けやすくなる。アルキル基 R にカルボキシル基が結合したものを，脂肪酸という。これを NaOH で中和すると，RCOONa というナトリウム塩ができる。これがセッケンである。長鎖アルキル基の部分は疎水性であるため，分子が多数集まって小さい油滴を取り囲み，カルボキシルの陰イオンの部分 COO^- が外側に向いて水となじむので，水中に油滴が分散し乳化する。このように，親水性と疎水性の両方の置換基をもち，水と油などが混ざるように媒介する働きをするものを，界面活性剤という。合成洗剤なども，界面活性剤である。

有機化合物は，C，H，N，O，S，Cl など，比較的少数の元素からなる。それに比べて，無機物に含まれる元素は，周期表の大半を占める。しかしながら，化合物として登録されている種類は，有機物の方が圧倒的に多い。これは，次の節で説明するが，有機化合物には異性体が数多く存在するためである。また，有機物は一般的に可燃性である。これは，分子中の炭素と水素原子が空気中の酸素と反応して，それぞれ CO_2 と H_2O になるからである。このとき発熱するので，燃料として利用される。

有機化合物を命名する場合に，分子中の炭素原子に順番に番号をふる。1-プロピルアルコールとは，プロピル基の1位（末端にある1番目の炭素）に水酸基が結合したものをさす。この他に，2-プロピルアルコールもあるが，これは2位（2番目の炭素）に水酸基が結合したものであり，イソプロピルアルコールとも呼ぶ。

1-プロピルアルコール

2-プロピルアルコール

8.2 有機化合物の分類

有機化合物の中で，まず基本的な構造は飽和炭化水素（アルカンともいう）である。飽和という意味は，これ以上水素原子を付加できない，つまり二重結合や三重結合をもたない，という意味である。アルカンの

分子式は，一般に C_nH_{2n+2} と書ける。これは，直鎖状の炭化水素の構造式を思い浮かべると，すぐわかる(図8.1)。炭素原子を n 個とすると，炭素の上下に2個ずつ水素が結合しているので，$2n$ 個である。水素のもう2個は，鎖の先頭と最後，つまり鎖のストッパー2カ所である。これで合計 $2n+2$ となる。直鎖状アルカンについて沸点を示すと，図8.2のようになる。分子量が大きいほど，沸点が高くなること

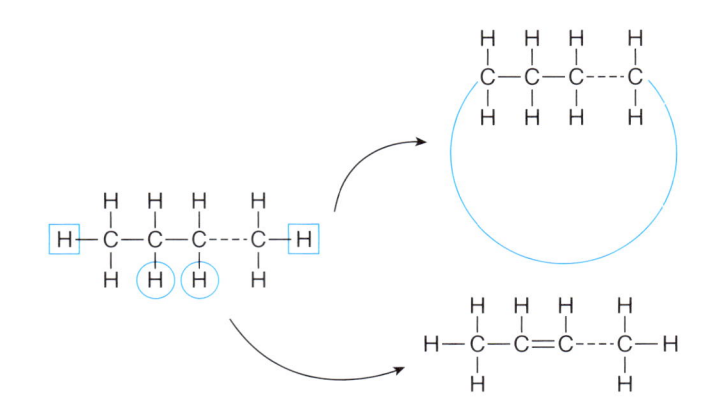

図8.1 アルカンの構造式，およびそれから二重結合あるいは環を形成したときの構造式の変化

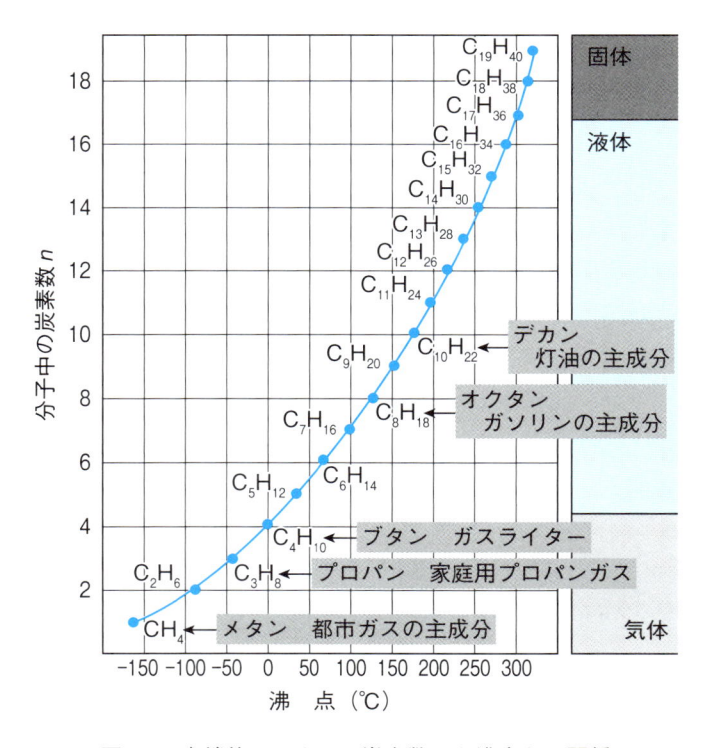

図8.2 直鎖状アルカンの炭素数 n と沸点との関係

は，7章で学んだ通りである。炭素が1個のメタン CH_4 は都市ガスの主成分である。炭素が2個のエタン C_2H_6 は，通常はあまりみかけない。炭素が3個のプロパン C_3H_8 は，家庭用プロパンガスとして使われている。次のブタン C_4H_{10} は，ガスライターの燃料に使われている。ここまでが，常温常圧で気体である。ガソリンの主成分は炭素数が8のオクタンであり，灯油の主成分は炭素数が10のデカンである。オクタンとデカンの融点は，それぞれ -57℃と -30℃である。このため，冬でもガソリンや灯油は凍らずに済んでいる。炭素数20のイコサンになると，融点が37℃まで上がるので，常温で固体となる。

　鎖状アルカンについて，どのような構造が可能かを考えてみよう。炭素原子が3個の場合は，それらがつながった形は1つしかない（図8.3）。これにもう1個炭素をたすとき，鎖を伸ばすか，あるいは枝分かれさせるかの2通りの可能性が出てくる。このように，分子式が同じで，構造が異なるものを異性体という。炭素数5の鎖状アルカンの異性体は3種類であるが，炭素数が10になると種々の枝分かれの可能性が出てくるため，異性体の数は75種類にも達する。前節で述べた通り，このように異性体の数の多さが有機化合物の種類の数を押し上げている。

> 炭素数のより少ないガソリンは，灯油にくらべて気化しやすく，引火しやすい。ガソリンスタンドで，ガソリンと灯油の両方が売られているが，間違って石油ストーブにガソリンを入れて使うと引火して，火事になってしまう。

> 鎖状アルカンとは，環をもたない炭化水素という意味である。

化学式	C_3H_8	C_4H_{10}	C_5H_{12}	$C_{10}H_{22}$
種類	1	2	3	75
構造	 ∧	 ∧∧, ⋏	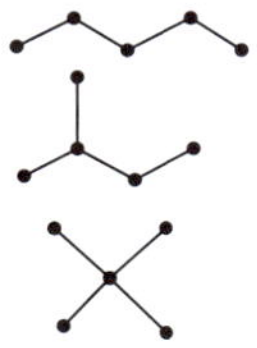 ∧∧∧, ⋏∧, ✕	

図8.3　鎖状アルカンの構造異性体
構造の図で黒い丸は，炭素原子を表す。

　鎖状飽和炭化水素に二重結合を1つ入れるか，あるいは環を1つ導入すると，いずれの場合でも水素が2個減るので，分子式は C_nH_{2n} となる（図8.1）。逆に，炭素数のちょうど2倍の数だけ水素があれば，その分子は二重結合を1つもつか，あるいは環が1つあることがわかる。炭素に対して可能な限り水素を結合させた構造が，鎖状飽和炭化水素である。これに対して，二重結合や環の構造は，まだ水素を添加できるという意味において，不飽和である。そこで，炭化水素の分子式を C_nH_m

とするとき，この分子の不飽和度 U を，次のように定義しよう。

$$U = (2n + 2 - m)/2 \tag{8.1}$$

鎖状飽和炭化水素では，$m = 2n + 2$ であるから，$U = 0$ となる（表 8.2）。$m = 2n$ のときは，$U = 1$ なので，二重結合あるいは環が 1 つあることになる。なお，$U = 2$ のときは，二重結合と環の組合せの他に，三重結合を 1 つもつという可能性も出てくる。

表 8.2 炭化水素の一般式

C_nH_{2n+2} ($U = 0$)	鎖状飽和炭化水素である。
C_nH_{2n} ($U = 1$)	二重結合あるいは環を 1 つもつ。
C_nH_{2n-2} ($U = 2$)	三重結合を 1 つ，あるいは二重結合が 2 つ。または二重結合と環を 1 つずつ，あるいは環を 2 つもつ。

有機化合物で環が一番小さい構造は，3 員環のシクロプロパン C_3H_6 である（接頭語の *cyclo* は，環を意味する）。炭素が sp^3 混成をとっていると考えると，C-C-C 結合角が 60° で狭すぎるように思えるが，三角形の辺の外側を囲むように混成軌道同士が斜めに重なることで炭素原子間の結合が形成されている。わん曲した結合の形から，バナナボンドと呼ばれる。有機化合物の中でよく見られる環構造は，5 員環と 6 員環である。シクロヘキサンの構造式を，図 8.4 のように正六角形で表すと，あたかも平坦な構造に見える。しかし，実際は折れ曲がっていて，2 つの安定な配座をとりうる。1 つはイス形（あるいは chair 形）といわれるもので，座席に背もたれと足かけが付いているような形である。他方は舟形（あるいは boat 形）といわれ，両側のヘ先が同じ側に向いている。イス形の足かけの部分を上に跳ね上げると，舟形になる。

原子をプラスチックなどの玉で表し，それに適当に穴をあけて棒を差

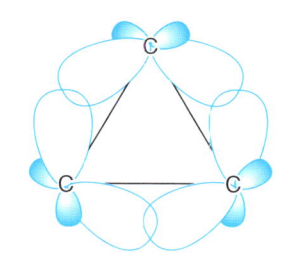

シクロプロパンのバナナボンド
炭素原子がもつ 4 つの sp^3 混成軌道のうち，炭素原子間の結合に関与している 2 つのみを示している。

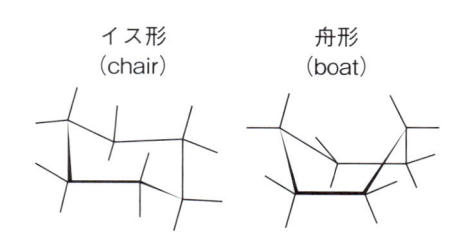

図 8.4 シクロヘキサンの構造

し込み，つなぎ合わせて分子の立体構造を表示させることができる。これを分子模型という。有機化合物の分子模型を組み立てると，あたかも分子が静止しているかのように見えるが，実際の分子は形をたえず変化させて動いている。エタンは $H_3C\text{-}CH_3$ の結合軸の周りで，気相中（室温）において毎秒 10^{15} 回も回転している。エタンの構造を C-C 軸の方向から投影したとき，2つのメチル基の水素が互い違いの位置にあるときをねじれ形，同じ位置にあるときを重なり形という（図 8.5）。分子内の水素原子間の反発によって，重なり形の方がねじれ形よりもエネルギーがやや高いが，そのエネルギー障壁は小さいので，ほぼ自由に回転している。ブタン $H_3C\text{-}CH_2\text{-}CH_2\text{-}CH_3$ については，中央の炭素間結合軸の周りのねじれ角によって，エネルギーが相当違ってくる（図 8.6）。それは，かさ高いメチル基による立体反発が強くなるからであり，通常

> エネルギー障壁とは，ある状態から別の安定な状態へ移行する場合に，途中のエネルギーの高いところを乗り越えるのに必要なエネルギーをいう。

ねじれ形　　重なり形

図 8.5　エタンの配座

$E_{a_1} = 3.8$ kcal mol^{-1}　$E_{a_2} = 3.6$ kcal mol^{-1}　$E_{a_3} = 2.9$ kcal mol^{-1}

0.9 kcal mol^{-1}

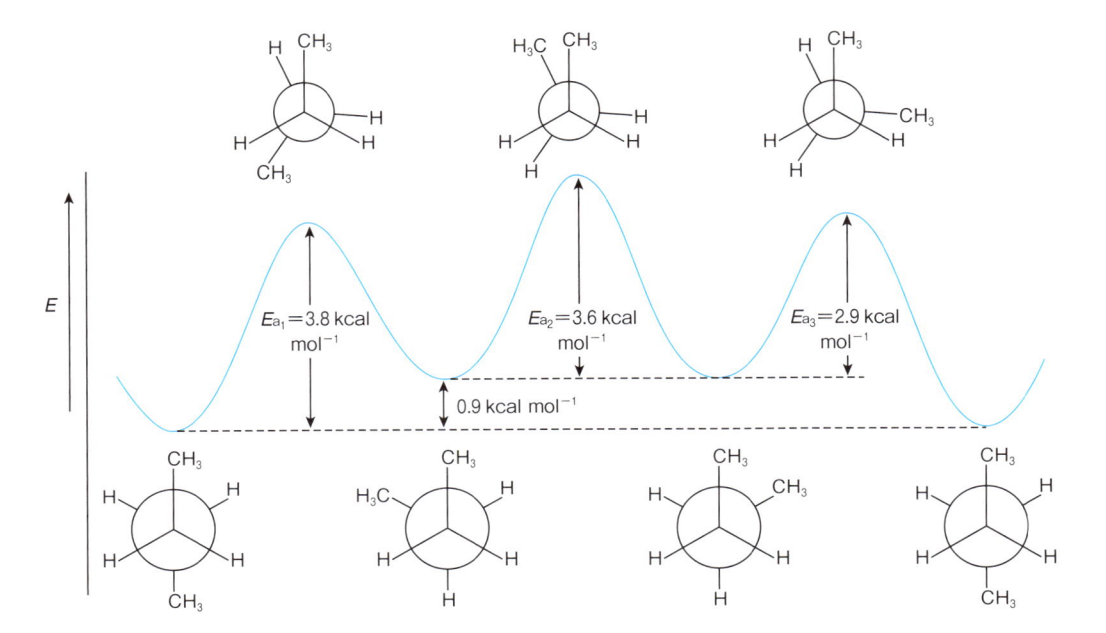

図 8.6　ブタンの配座

イス形　　　　　　　　　舟形　　　　　　　　　イス形

図 8.7　シクロヘキサンの反転

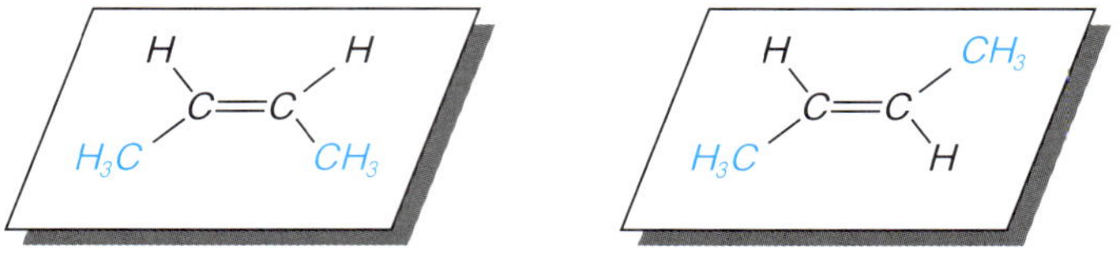

シス-2-ブテン
(融点 -139℃, 沸点 3.7℃)

トランス-2-ブテン
(融点 -106℃, 沸点 0.88℃)

図 8.8　シス，トランス異性

はそのような重なり形を避けて，ねじれ形となる。配座変化のエネルギー障壁は，4 kcal mol^{-1} 程度と比較的に低いので，分子は気相中においてほぼ自由に配座を変えることが可能である。先程出てきたシクロヘキサンは，-67℃の溶液中において，イス形から舟形そしてイス形へ，毎秒 53 回も反転することがわかっている(図 8.7)。

C＝C 二重結合を 1 つもつ炭化水素をアルケン，あるいはエチレン系炭化水素という。一番簡単な分子はエチレン $H_2C＝CH_2$ である。この平面形の分子の炭素に 1 つずつメチル基を導入した場合，2 つの異性体が考えられる。二重結合に対して 2 つの置換基が同じ側に入る場合をシスといい，互いに反対側に入る場合をトランスという(図 8.8)。このように，二重結合に関連して生じる構造の違いを，シス-トランス異性という。このシス体とトランス体は別の化合物として区別できる。なぜならば，π 結合があるために C＝C 結合軸の周りの回転は，許されないからである。しかし，分子に光があたってπ結合が切れると，C-C 軸周りの回転ができるようになり，シスからトランス，あるいはトランスからシスへの異性化を起こす場合がある。実はこれが，目で光を感知する仕組みに関わっている(図 8.9)。11-シス-レチナールという分子は，11 番の炭素位置の二重結合に関してシスであり，全体的に折れ曲がった構造をしている。このため，オプシンというタンパク質の穴に，うまくはまりこんでいる。これに光があたると，シスからトランスへの異性化が起こり，分子は直線形となるため，タンパク質の穴から飛び出した

図 8.9　目において光を感知する仕組み
シスからトランスへの光異性化反応が，利用されている。

ような格好となる。そして，この分子がはずれたときに，視神経に信号が流れる。この光を感知する分子は，使い捨てではなく，リサイクルされる。11-トランス-レチナールの末端はホルミル基 CHO であるが，それがアルコールへ還元され，ビタミン A となる。そして，それが 11-シス-レチナールへと変換される。このような小さな分子をセンサーとして，我々の目は光を感知しているのである。

　エチレンなど二重結合をもつ分子は，付加反応を起こす。例えば，エチレンに臭素 Br_2 を反応させると，1, 2-ジブロモエタンが生じる（図 8.10）。このとき，2 個の臭素は分子面の上と下から結合することがわかっている。これをトランス付加という。反応後に C-C 結合軸の周りで回転が可能なときは，トランスに付加したことがわからなくなるが，環を巻いていて分子面の上下が反応後も区別できるような場合には，トランスに付加した配置が保たれる。この反応機構を，図 8.10 の下の方に示す。まず，臭素の陽イオンが 1 個，二重結合の両方の炭素原子に橋架けした形で結合する。この反応中間体を，環状ブロモニウムイオンという。もう 1 個の臭素原子が，橋架けした原子の反対側から近づき，一方の炭素原子に結合する。そうすると，橋架けの位置にいた臭素原子は他方の炭素原子とだけ結合を保つ。この結果，付加した 2 つの臭素はトランスの配置となる。ベンゼンもいわば二重結合をもつ化合物とみなせるが，これを触媒を使って臭素と反応させても付加せず，そのかわり置

ビタミン A の構造を解明したのは，スイスの P. Karrer（カラー）であり，1937 年にノーベル化学賞を受賞した。業績は，「カロテノイド類，フラビン類およびビタミン A, B_2 の構造に関する研究」であった。

カラー
（1997 年，スイス）
（注）ビタミン A の構造式を途中で切って，2 行に渡って示している。

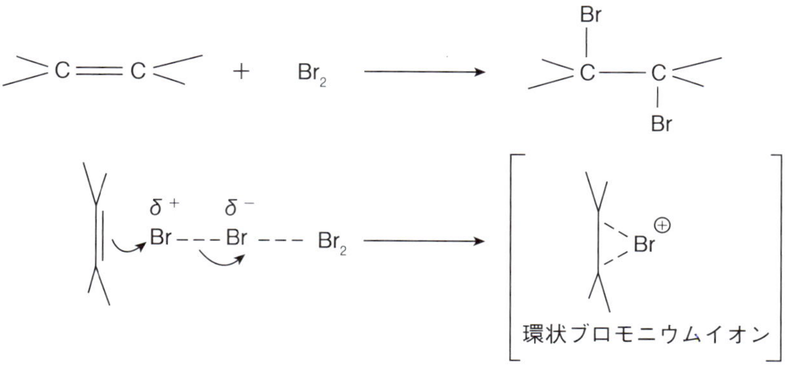

図8.10 エチレンへのトランス付加
下段は反応機構を示しており，反応中間体として，環状ブロモニウムイオンが形成される。

換反応がおこる。その反応機構を，図8.11の下の方に示す。まず，臭素の陽イオンがベンゼン環の1つの炭素原子に結合する。このとき，ベンゼン環のπ共役の炭素間結合は保たれている。その電子構造が安定なため，もう1個の臭素は，ベンゼン環に結合するのではなく，元から炭素に結合していた水素原子と結合して，臭化水素HBrを形成する。これで，ベンゼン環も再生する。このように，不飽和とはいえ，芳香環は電子的に安定なため，付加反応はおこらず，ベンゼン環に結合している水素原子と置き換わる反応（置換反応）がおこる。

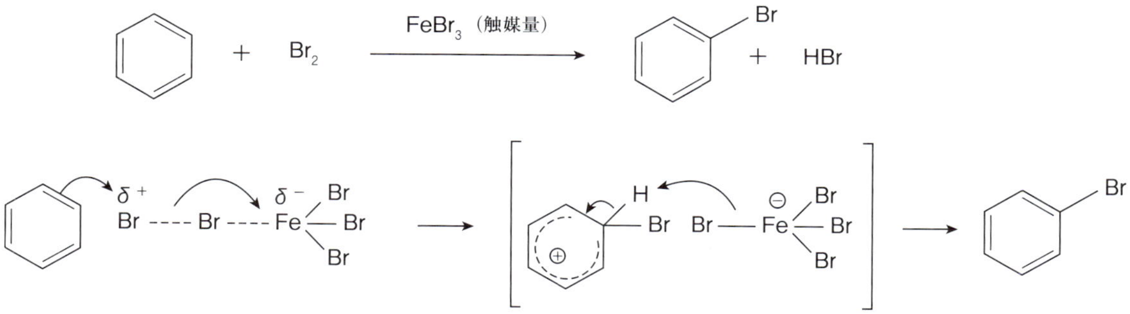

図8.11 ベンゼンの置換反応
下段は，反応機構を示している。

官能基をもつ有機化合物には，多数の種類がある。その代表例が，アルコールである。水酸基が結合している炭素原子に，アルキル基が1個あるいは2個結合している場合，それぞれ1級，および2級アルコールという。1級アルコールは2段階の酸化反応を起こし，アルデヒド，さらにカルボン酸へと変わる（図8.12）。炭素原子が2個のアルコールは

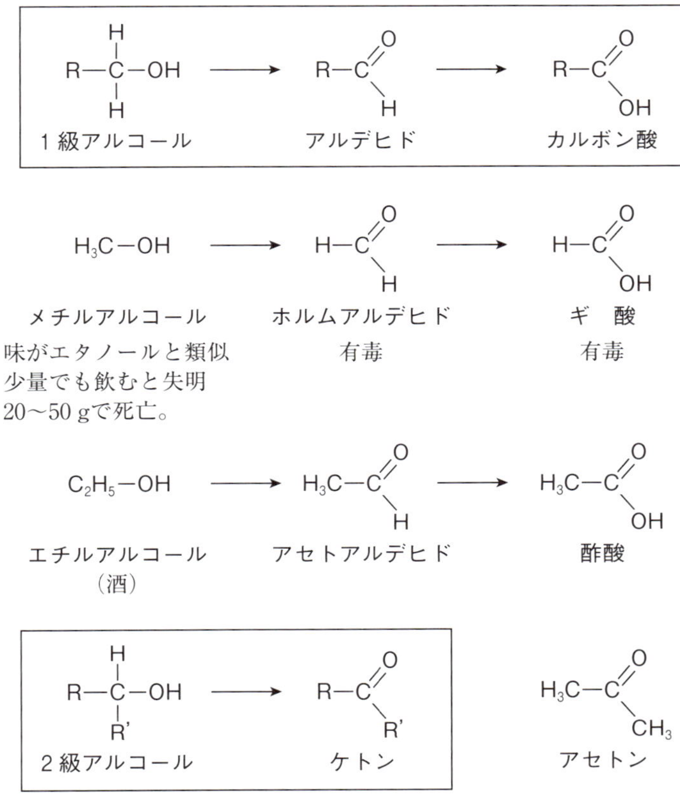

図 8.12　アルコールの酸化反応
1級のアルコールは2段階の酸化反応を行うが，2級の
アルコールの酸化反応は1段階のみである。

> メチルアルコールはメタノールともいう。これを少量でも飲むと失明してしまうのは，網膜細胞中に存在するアルコール脱水素酵素によってメタノールが酸化され，有毒なホルムアルデヒドが生じるせいである。なお，この網膜細胞中のアルコール脱水素酵素は通常，ビタミンAを酸化して11－シス－レチナールを生成する役割を担っている（図 8.4）。

エチルアルコールで，つまりこれはお酒であり，これを飲むと体内で酸化されてアセトアルデヒドになる。これが，悪酔いの原因物質である。それがさらに酸化されると酢酸になる。これは，つまり，調味料としても使われる酢である。その一方，炭素が1個だけの場合は，メチルアルコールであり，これは間違ってコップ1杯飲んでしまうと死に至る。さて，メチルアルコールを酸化すると，ホルムアルデヒドになる。これは，シックハウス症候群でやり玉にあがっている有毒物質である。かつて接着材の溶剤として使われた。このため，建築工事が終了しても長い間じわじわと床や壁から蒸発し，換気の悪い状況下では特に健康被害を引き起こす結果となってしまった。ホルムアルデヒドがさらに酸化したものが，ギ酸である。この名前は，アリ（蟻）からとれたことに由来するが，これも有毒である。さて，2級アルコールの方は，酸化反応が1段階しか起こらない。これで生成するものをケトンという。ケトンの中で一番単純なものが，アセトンである。アセトンは有機物をよく溶かすの

> 日本人の冒険家が北極圏を犬ぞりで横断しようとしたとき，燃料としてもっていったメチルアルコールをベースキャンプに置いてきた。それを見つけたイヌイットの人が，エタノールだと思って飲んで死亡したという事件があった。メチルアルコールは，匂いも味もエタノールと似ているらしいので，要注意である。

で，溶剤として使用される。

　アルコールやカルボン酸については，水がとれて分子がつながる反応（脱水縮合反応）が起きる（図8.13）。アルコールとカルボン酸が脱水縮合してできるものが，エステルである。これは，カルボキシル基の水素が，アルコールのアルキル基と置き換わったと考えるとわかりやすい。アルコール同士が脱水縮合すると，エーテルとなる。また，カルボン酸とアミン RNH_2 が脱水縮合すると，アミドができる。カルボキシル基とアミノ基を両方もつものをアミノ酸といい，アミノ酸が縮合して無数に連結したものが，タンパク質である。

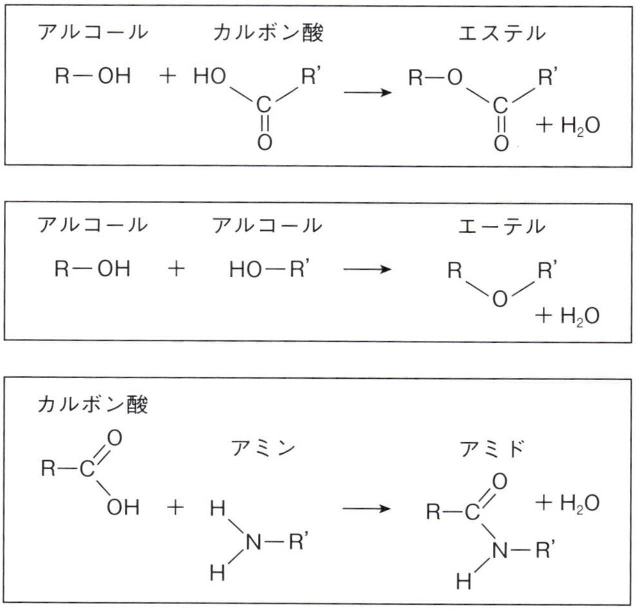

図8.13　脱水縮合反応

8.3　光学異性体

　構造式が同じでも，絶対立体配置が異なるため，重ね合せることができないものを光学異性体という。そのうち，右手と左手のように鏡に写した関係にあるものを，対掌体あるいは鏡像異性体という。分子にも右手と左手のように区別がつくものが存在する。アミノ酸や糖がその例であり，炭素原子のまわりの正四面体形の構造を示すと，図8.14のようになる。α-アミノ酸は，1つの炭素原子にアミノ基とカルボキシル基，そして水素原子と側鎖Rが結合している。天然形はL-アミノ酸であり，D-アミノ酸はその鏡像体になっている。ここで，DとLという記

> 立体配置とは，3次元空間における原子の配置をさす。そして，その配置について鏡像体が存在しうるとき，どちらの対掌体かという区別までする場合は，絶対配置という。それに対して，対掌体の区別まではしない場合，相対配置という。

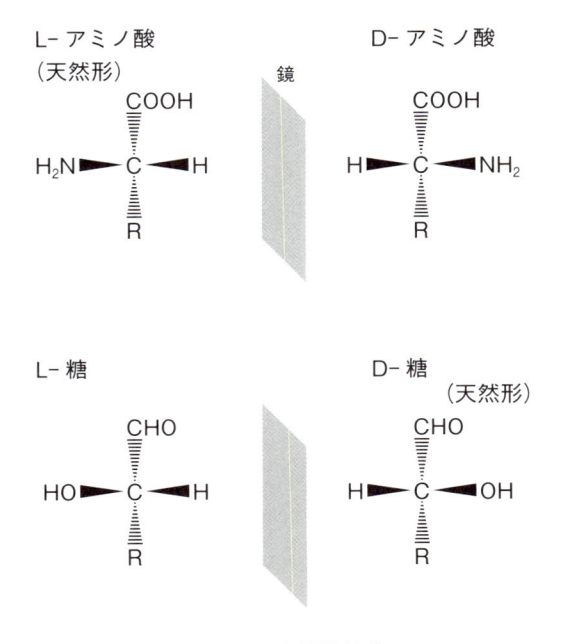

図8.14 光学異性体

歴史的に(+)-グリセルアルデヒドから誘導される系列をDと呼び,その鏡像体(L系列)と区別した。

号は，かつて便宜上，鏡像異性体を区別するために考案された記号である。(+)-グリセルアルデヒド $CHO\text{-}CH(OH)\text{-}CH_2OH$ から誘導される系列をDとよび，その鏡像体Lと区別したのである。グリセルアルデヒドとは，グリセリンを酸化することで得られる，一番単純な糖である。なお，Dとは dextro (右), Lは levo (左) に由来する。ここで，注意してほしいのは，小文字のd, lと大文字のD, Lとでは，意味が違うことである。dとlはそれぞれ，その物質が右旋性および左旋性であることを示す。つまり，(+)と(−)の記号と，dとlの記号とは同じことである。旋光性については，後に説明する。

さて，天然の糖はすべてD体であり，天然のアミノ酸はL体だけであり，他方はみられない。これは，地球における生命誕生の過程と関連していると思われるが，その理由はわかっていない。もし，反応が偶然に起こるとすると，右手の分子も左手の分子も，同程度生成するはずである。あるいは，水晶のように結晶構造の右手と左手の区別がつくものがあり，いったん種結晶ができるとそこから同じ構造のものができていく，不斉増殖という機構が働く可能性もある。しかし，種結晶は右水晶にも左水晶にもなり得るので，もし不斉増殖が起こったとしても，この地区ではD-アミノ酸が多く，他の地区ではL-アミノ酸が多いというよ

うな状況になったはずである。しかし、地球上でそのような形跡は一切ない。

なお、アミノ酸などの有機化合物がキラルである(左と右の区別がつく)のは、不斉炭素をもつからである。不斉炭素とは、炭素原子のうち、それに4種類の原子あるいは原子団が結合したものをさす(図8.15)。酒石酸を例にとって、不斉炭素がどれか考えてみよう(図8.16)。まず、末端のカルボキシル基の炭素は、そのまわりに3つの結合しかなく、また平面的な構造なので、不斉炭素ではあり得ない。その隣の炭素に注目すると、それに結合しているのは、H、COOH、OH、そして残りの大きな部分の計4つで全部種類が違うので、不斉炭素であることがわかる。構造式においてどれが不斉炭素であるか示したいときには、元素記号の横に星印(＊)をつけて表す。L-酒石酸の鏡像異性体が、D-酒石酸である。このように酒石酸は不斉炭素を2つもつが、その組合せ方によっては、分子内に鏡面対称をもつような構造もとり得る。これをメソ体といい、それと区別するために前出の鏡像異性体の可能性のある方の等量混合物はラセミ体と呼ぶ。メソ体は鏡像をつくっても、それ自身と重ね合わせることができるので、キラルではない。

味の素®は、元々は昆布からとれたうま味成分であり、アミノ酸の一

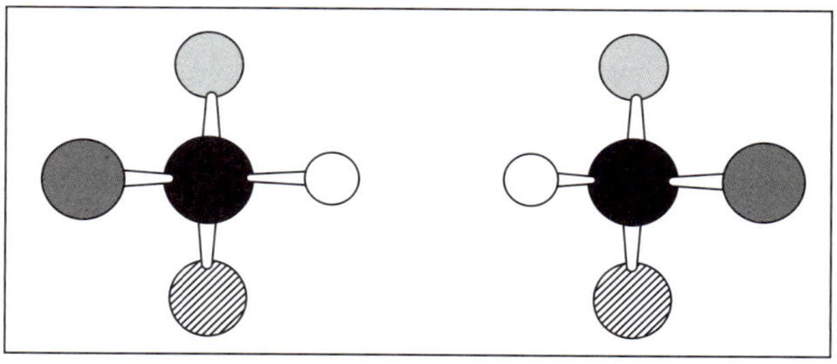

> キラル(chiral)とは、左手と右手のように、鏡像体との区別がつく、という意味である。鏡像体とそれ自身とが重ね合わせることができる場合は、アキラル(achiral)という。

図 8.15 不斉炭素
炭素原子のまわりに4種類の原子あるいは原子団が結合したものをさす。

> 光学活性とは、その物質が旋光性をもつことをいう。ラセミ体(1:1混合物)は、光学不活性である。ただし、鏡像異性体の混合比が1:1以外では、光学活性となる。

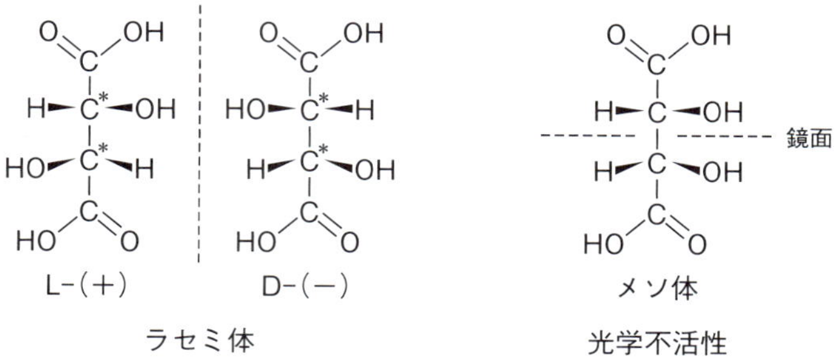

L-(+)　　D-(−)　　メソ体
ラセミ体　　　　　光学不活性

図 8.16 酒石酸のラセミ体とメソ体

種であるグルタミン酸のナトリウム塩である（図8.17）。天然形の化合物はうま味があるが，その鏡像体は味がない。さて，味覚は大きく5つに分類される。甘み，酸味，塩辛，苦味，そしてうま味である（表8.3）。このうま味の代表的な物質が，味の素である。

> 『鏡の国のアリス』（1871年）という童話の中で，鏡の国のミルクはおいしくないかもしれないとアリスが考えるくだりがある。この童話の作者ルイス・キャロルは，このような背景を知っていたと推定される。

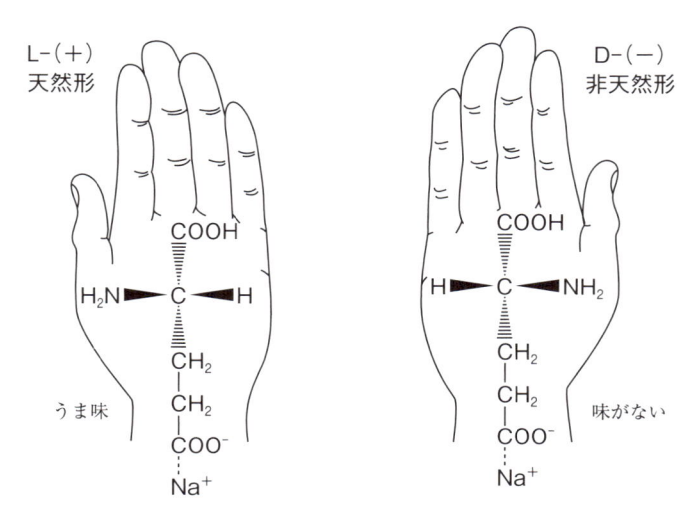

図8.17 味の素（グルタミン酸ナトリウム）の対掌体

表8.3 味覚の分類

味覚	甘味	酸味	塩辛	苦味	うま味
代表例	砂糖	酢	塩	キニーネ	味の素

　味は，我々の舌で感じる。舌には味細胞が埋まっており，舌の表面に味受容膜が露出している（図8.18（a））。この味受容膜を拡大したのが，図8.18（b）である。二分子膜の中にタンパク質が埋め込まれていて，そこにポケットがあいている。その穴に味物質であるアミノ酸や糖がはまると，味細胞から味神経へ信号が伝わる仕組みになっている。野球のグローブには，右手用と左手用とがあり，右手用のグローブに左手を入れようとしてもうまく入らない。これと同じように，味の素の鏡像体は，味受容タンパク質の穴にはまらないため，味がしないものと推定される。我々の体もキラルな物質で出来ているので，右手と左手の分子が区別できるわけである。

　さて，図8.17にも出てきたが，（＋）と（－）の記号は旋光性の違いを示している（図8.19）。第4章で学んだように，偏光板を使うと，その軸と平行に電場が振動する光の成分だけを取り出すことができる。このような光を直線偏光といい，電場の振動する平面を偏光面という。有機

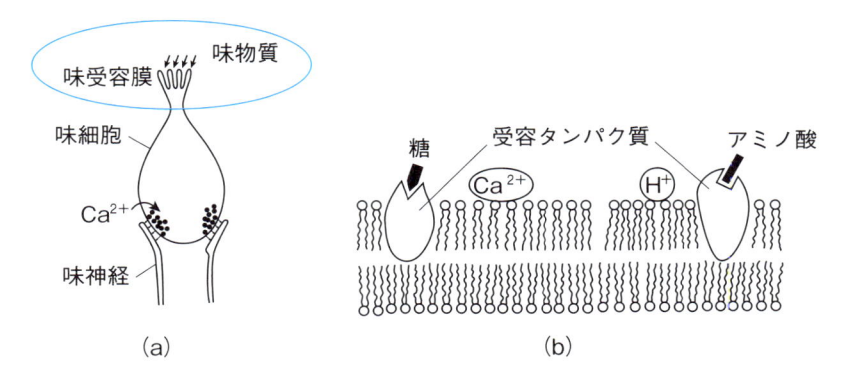

図 8.18 (a)味細胞, (b)味受容膜の拡大図
2分子膜にうまっているタンパク質が, 味覚の受容体である。

化合物の旋光性を調べる場合, 通常はその溶液を細長いガラス管(試料管)に入れ, そこに直線偏光を通す。そのためには, 光源の手前に1枚目の偏光板(これを偏光子という)を置き, それを通過してきた光を試料管の中に入れる。試料がキラルな物質であれば, 光の偏光面が回転する。このように, 光の偏光面を回転させる性質を旋光性という。偏光面がどの位回転したかは, 試料管と観測者の間に2枚目の偏光板(これを検光子という)を置くことで調べることができる。まず, 2枚の偏光板の軸を直交させる(これをクロスニコルという)。試料がないときは, 光は通過できない。しかし, キラルな試料を間に入れると偏光面が回転するので, その回転角と同じだけ検光子を回すと光を遮断できる。この回転角を旋光度という。そして, その回転方向の定義が重要であるが, 観測者が光源に向かって物質を見たとき, 光の偏光面が右に回るときを右

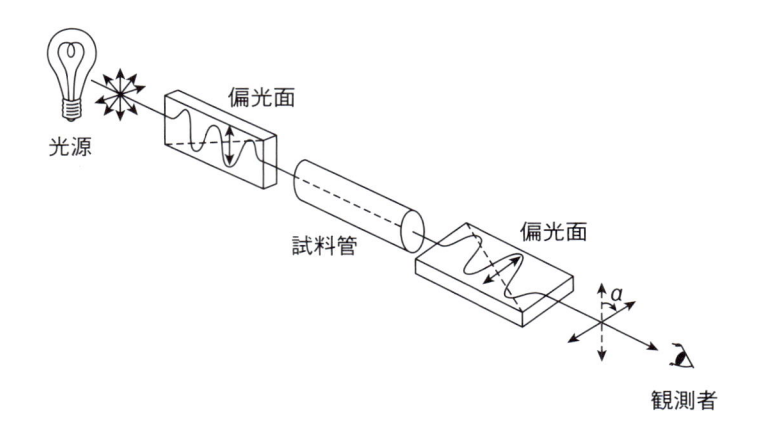

図 8.19 旋光性
観測者が光源に向かって, 光の偏光面が試料通過により右に回れば右旋性, 左に回れば左旋性である。

旋性といい（＋）で表し，偏光面が左に回るときを左旋性といい（－）で表す。

分子の立体構造の概念が確立する過程で，1848年のPasteur（パスツール）による世界初の光学分割が重要なきっかけになった。このことを，ここで詳しく紹介する。フランスはワイン作りが盛んな国である。かの有名なラボアジェをはじめとして，パスツールもアルコール発酵の研究に関わっている。アルコール発酵とは，ブドウ糖などが酵母によって分解され，エチルアルコールを生じる反応である。ワインを貯蔵しておくと，下の方に沈殿物が生じる。これには酒石酸水素カリウム$KHC_4H_4O_6$が含まれている。それから得られる酒石酸HOOC-CH(OH)-CH(OH)-COOHは，光学活性で右旋性である。これに水を加えて溶かし，長時間加熱するとブドウ酸になり，旋光性がなくなる。しかし，酒石酸もブドウ酸も化学式は同じであり，酸を中和して塩として結晶化させると，組成も融点も同じであった。酒石酸とブドウ酸は同一物質か否か，ということが当時解決すべき問題となっていた。パスツールは発明されたばかりの顕微鏡が，この問題を解く手掛かりになるのではないかと考え，酒石酸ナトリウムアンモニウム塩の結晶を調べることにした。結晶外形は柱状であったが，その先端に微小な面が見られ，よく発達した柱面に対して，その微小面の配置が非対称であることに気付いた（図8.20）。そして，酒石酸では右タイプの結晶のみが見られ，ブドウ酸の方は右タイプと左タイプの結晶が混在していることがわかった。そこで，ピンセットとルーペを使い，右結晶と左結晶に分けた。これが，世界初の光学分割であった。

これは，どういうことかというと，次のような次第である。右手と左手の分子が等量混ざっているものをラセミ体という。このような溶液から結晶を析出させると，大抵は1粒の結晶の中に右と左の分子を1：1で含む，ラセミ結晶が得られる（図8.21）。しかし，希に（約5％程度の確率で），右の分子だけが集まって1粒の結晶を形成し，左手の分子は左手の分子だけ集まって別の結晶粒となることがある。つまり，結晶化する過程で，右分子と左分子が分かれる。これを自然分晶という。幸運なことに，パスツールが行った酒石酸塩の結晶化において，自然分晶が起こったのであった。結晶の構成分子が鏡像体のとき，結晶構造全体も鏡像体となる。したがって，結晶外形も鏡像の関係になる。それで，非対称な結晶面があれば，区別がつくわけである。

このパスツールの実験結果により，懸案だった酒石酸とブドウ酸の問題が解決した。この成果は，当時のフランスの学会で大変な評判となっ

この右旋性と左旋性の定義を定めたのは，フランスのBiot（ビオー）であった（1838年）。またビオーは，水晶に2種類（右旋性と左旋性）の結晶が存在することを見出した人でもあった（1812年）。

パスツール
（没後100年記念，1995年フランス）
右下にある一対の図形は，酒石酸ナトリウムアンモニウムの結晶。

光学活性とは，その物質が旋光性をもつことをさす。旋光性をもたない場合は，光学不活性という。

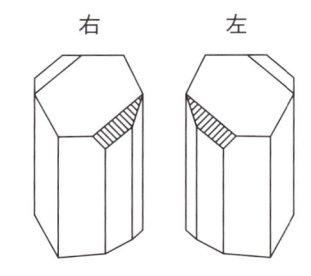

図8.20　酒石酸塩の微小面

光学分割とは，同じ分子の鏡像異性体が混在しているとき，その混合物から鏡像異性体を分けることをいう。

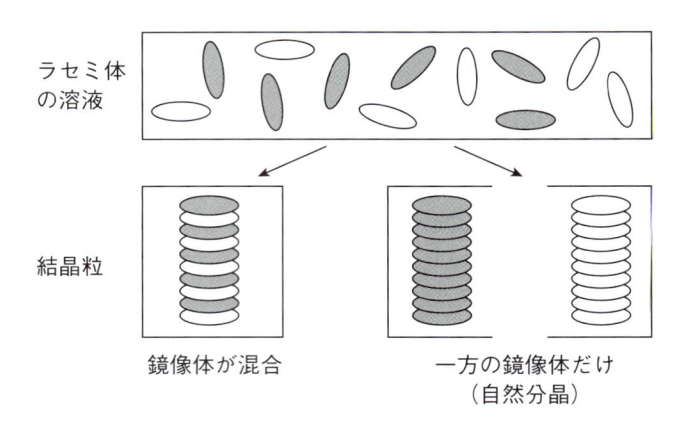

図 8.21　自然分晶

た。この話を聞きつけたビオー（当時 74 歳）は，若いパスツールを自分の研究室に呼んで，自らその結果を検証することにした。ビオーはパスツールにいった「ブドウ酸は偏光に対して，完全に不活性である。」これに対してパスツールは「ソーダとアンモニアを下さい」といった。ソーダとは水酸化ナトリウム NaOH のことで，ブドウ酸にこれとアンモニア水とを加えて，$NaNH_4$ 塩として結晶化させるためであった。すぐには結晶ができないので，溶液をそのまま一晩放置し，翌日，パスツールは結晶をルーペとピンセットで，右と左に寄り分けた。そして，左結晶だけを溶かした溶液を作った。その旋光性の測定は，ビオー自ら行ったという。そして，それが左旋性を示すことを確かめた。このとき，ビオーは感激して次のようにいった「ねえ君。ぼくは生涯を通して，どれだけ科学を愛しただろうか。それだけに，この新しい発見は私の胸を高鳴らせる。」*

結局，酒石酸とブドウ酸の違いは次のように説明できる（図 8.22）。酒石酸は光学活性で，右旋性である。この水溶液を長時間加熱すると，不斉炭素のまわりの配置が反転して鏡像体の 1：1 混合物となった（これをラセミ化という）。これがブドウ酸である。右旋性と左旋性の分子が 1：1 で混ざっているので，偏光面の回転が打ち消し合い，溶液全体として光学不活性となった。これをナトリウムアンモニウムの塩として結晶化すれば，右分子は右結晶を形成し，左分子は左結晶を形成する。だから，左結晶だけ集めた溶液は左旋性を示したのであった。このパスツールによる研究成果は，酒石酸という有機分子の構造がキラルであり，その鏡像異性体が存在することを明示した点で，画期的であった。

分子の右と左で，味が違い得ることを既に述べた。しかし，味が違うだけの問題にはとどまらない。薬としての効き方も違ってくる可能性が

パスツールは翌年，ビオーの推薦で化学の助教授（今の准教授）に任命された。そして，乳酸菌の発見の他，生命自然発生説を打破するなど，生化学の分野で多大な成果をあげた。

* 安田徳太郎 訳，『ダンネマン大自然科学史』，11 巻，三省堂．

酒石酸などのように，不斉炭素がカルボキシル基に隣接していて，しかも水素が結合している場合は，溶液中で加熱によりラセミ化しやすいことがわかっている。その反応機構を以下に示す。不斉炭素に結合していた水素原子が，カルボキシル基に移動して C=C 結合が生じ，平面形の分子骨格となる。そして，その逆反応が起こるとき，水素が面の上からも下からも戻り得るため，絶対配置が反転したものも生じるのである。なお，酒石酸のラセミ化反応では，メソ体も副生する。

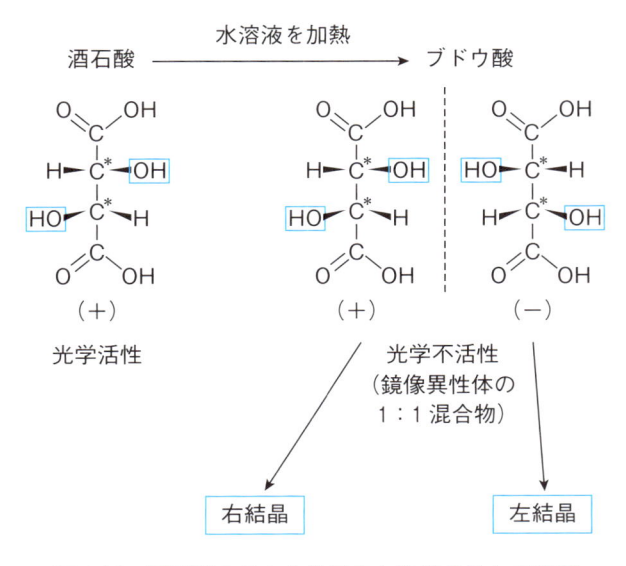

図 8.22　酒石酸のラセミ化反応と自然分晶との関係

ある。その例としてよく引き合いに出されるのが，サリドマイドである（図 8.23）。サリドマイドは，1956 年に旧西ドイツで開発された睡眠薬である。妊婦にも適用可能とされていた。しかし，生まれてきた子供に，アザラシ肢症の奇形が多発した（表 8.4）。極端な話，一方の分子は薬で，その鏡像体は毒だった可能性がある（実際は体の中でラセミ化するので，どちらが毒とははっきりいえない）。医薬品の開発は，その副作用を調べるために動物実験を重ねて，やっと臨床試験が行われ，有効性が確認されてから使用が認可される。サリドマイドの催奇性は，不幸にも動物実験（マウスやラット）では起こりにくく，ヒトで強く発現した

臨床試験とは，薬などによる治療の有効性を調べるために，ヒトに対して行う試験のことである。

R と S は，不斉炭素のまわりの絶対配置を示す記号である。不斉炭素に結合している 4 つの原子のうち，原子番号が一番小さいものを紙面奥に向けたとき，残り 3 つの原子について原子番号の大きい方から（同じ原子の場合はさらにそれに結合している原子も順位則に従って考慮して）順にたどると，右回り（時計回り）のときを R，左回りのときを S で表す。

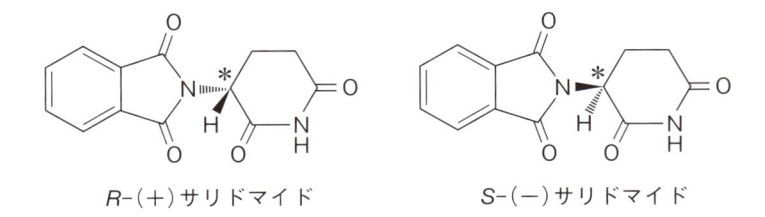

R-(+)サリドマイド　　S-(−)サリドマイド

図 8.23　サリドマイドの鏡像異性体

表 8.4　サリドマイド薬禍*

1956 年	西独で開発
1957 年	西独で販売開始
1961 年	西独の小児科医の警告，回収処置
1962 年	日本では 9 月まで販売された

* アザラシ肢症の奇形が西独で 6000 名，世界で 8000 名生じた。

事例であった。酵素はタンパク質であり，生体反応の触媒の役割を果たす。種々の薬は，標的の酵素に作用し，働きを強めたり弱めたりして，生体反応をコントロールするのに使われる。このとき，薬の分子（酵素に対してこれを基質という）と酵素は，カギと鍵穴の関係にある（図8.24）。基質が酵素の穴にうまく入ると複合体が形成され，薬が効くことになる。しかし，鏡像体では酵素の穴にうまく入らない。薬を開発するときは，鏡像異性体を作り分けることが，今や常識となっている。なお，催奇性とは，妊娠動物に投与あるいは作用させた際に，胎児に奇形を誘発する性質のことである。その主なものとして，放射線，ウイルス（風疹など），それに化学物質（ダイオキシンなど）があげられる。放射線とはいっても，地球誕生以来，身のまわりは自然放射線であふれている。ここでいう放射線とは，それよりも数段強いものを指している。若い人は，かぜをひいたら躊躇なくかぜ薬を飲むかもしれない。しかし，市販されているかぜ薬の処方箋をよく読むと，「妊婦は飲まないでください」と書かれている。結婚直後の女性は，特に気をつけてほしい。妊娠に気付かずに薬を飲んでしまった，ということが起こり得る。妊娠4週から7週目が，胎児の中枢神経や心臓，消化器が急激に形成される時期であり，このときが高リスクといわれている。

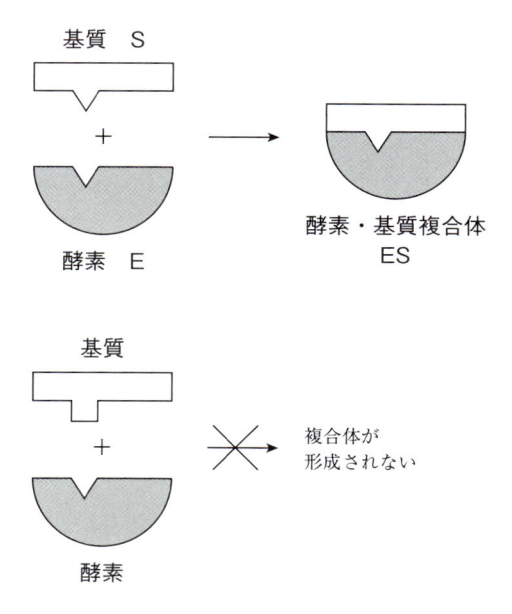

図 8.24 酵素についての鍵と鍵穴の関係

8.4 分離と同定

天然の薬草も毒も，その主成分はやや複雑な有機化合物であり，それらの分子構造は薬を開発する上で重要なヒントとなる。なぜならば，毒も薬もそれだけ酵素などに結合し，作用する力が強いからであり，構造の似たものを合成すると，新しい薬となる可能性がある。天然物でも，人工的に合成したものでも，最初は種々の混合物として得られる。したがって，まず分離し精製する必要がある。混合物を分離する方法の1つとして，溶媒抽出法がある。例えば，コーヒーや紅茶からカフェインを取り出したい，というときにこの方法が使える。水に溶ける有機物でも，有機溶媒に対してはもっと親和性が高い。このことを利用して，水に溶けている有機化合物を有機層へ移動させて取り出すのである。具体的には，分液ロートという器具を使う(図8.25)。これは，膨らんだガラス容器の下にコックがついている。上のフタを開けて，分液ロートの中に混合物の水溶液を入れる。これに，水とは混ざらない適当な有機溶媒(例えばジエチルエーテル)を適量加える。そして，フタを閉じて，ロートの中の液を激しく振り混ぜてから，静置する。しばらくすると，水層と有機層とに分離する。大抵は有機溶媒の方が水よりも軽いので，上層にくる(ただし，クロロホルム $CHCl_3$ などは比重が1よりも大きいので，下層になる)。これで，コックを開けて，下層を流す。水層にまだ有機化合物が残っている可能性があるときは，再び有機溶媒を加えて上記の操作を繰り返す。そして，残った上層をロートの上の口から取り出す。後は有機層から有機溶媒を蒸発させれば，目的の有機物が得られる。ただし，まだ種々の成分が混ざっている可能性があるので，純品を得るには，さらに別の分離精製操作が必要となる。

混合物を分ける方法として，クロマトグラフィーがある。これは，固定相と溶媒とに対する物質の親和性の違いを利用して，混合物を分離する方法である。固定相として紙を使う場合を，ペーパークロマトグラフィーという。細長いガラス容器の底に，展開溶媒(例えば水とメタノールの混合液)を入れ，そこに短冊形のろ紙を上から吊り下げる(図8.26)。ただし，ろ紙の下から約2 cmのところに線を鉛筆で引き，そこに混合試料の溶液をスポットしておく。ろ紙の下端を溶媒の中に浸すと，溶媒がじわじわとろ紙にしみこんで上の方にあがっていく。そして，混合試料にも溶媒が達するので，溶媒に溶けながら試料中の各成分も上に移動していくことになる。このとき，紙よりも溶媒との親和性が強い成分ほど，移動速度が大きい。各成分の移動速度の大きさ，R_f

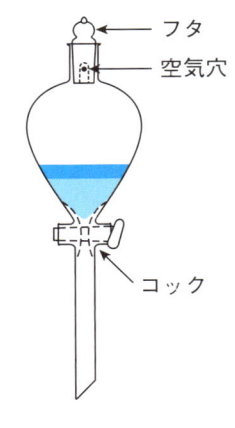

図8.25 分液ロート
本体上部には，空気穴が開いている。そこにフタの溝を合わせることで，空気の出入りが可能となる。

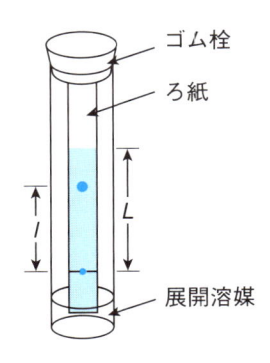

図8.26 ペーパークロマトグラフィー

スポットとは，小さな点のことである。ガラスの毛細管を使って，試料溶液をろ紙に少量だけ付着させる。

(rate of flow)値を，次のように表す。

$$R_f = \frac{l}{L} \quad (0 \leq R_f \leq 1) \tag{8.2}$$

ここで，lは原点からその成分が移動した距離，Lは原点から溶媒が浸みた先端までの距離である。展開溶媒の種類をうまく選ぶと，成分によって移動速度に差が出るので，それを利用して分離することができる。クロマトグラフィーは，素朴な方法だが，混合物を分離するのに，非常に強力な手段である。

固定相が，アルミナの粉末などを詰めたカラムの場合を，カラムクロマトグラフィーという(図8.27)。コック付きのガラス管に，展開溶媒でぬらしたアルミナの粉末を詰めて，その上に混合物(仮にA, Bとする)を加えてしみ込ませる。その上からさらに溶媒を十分加え，下のコックを開ける。これで，溶媒がアルミナの間を通って流れ落ち，また混合物の成分も溶けながら，下へ流れていく。アルミナに対する吸着性よりも，溶媒に対する親和性の方が大きい成分(これをBとする)が他方(A)よりも先に流れ落ちる。これで，AとBが分離できるわけである。有機物は通常，無色なので目で見るだけでは，うまく分離できているかわからない。したがって，流れ出る溶液を一定の間隔で次々と容器に分取し，それを分光器などを使って成分の比率の変化を調べる。

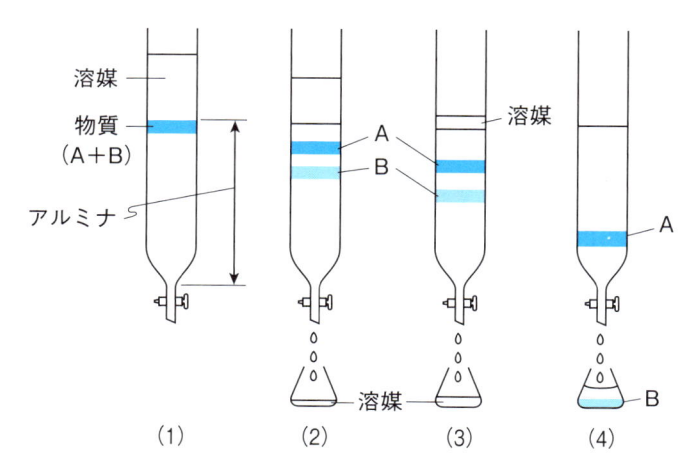

図8.27　カラムクロマトグラフィー
(1)〜(4)は，時間経過を示している。

分離した物質の分子構造を調べるには，種々の分析装置を用いる。ここでは，代表的な3つの機器分析を紹介する。まず，質量分析である。これで分子量を測定する。その原理は，次の通りである(図8.28)。ま

8 有機化合物の構造と性質—分子の左と右— 155

ず試料を蒸発させ，それに光を照射するなどして分子をイオン化する。そしてスリット(小さい隙間)にかけられた電圧 V によって加速する。これにより，イオンは次式で表される運動エネルギーをもつ(図 8.29)。

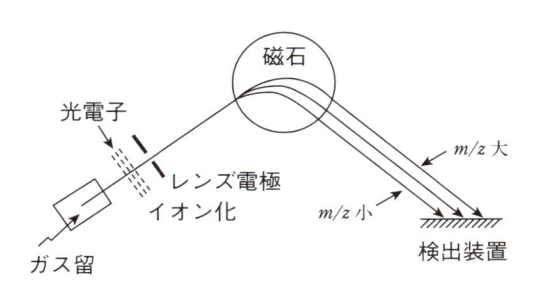

図 8.28 質量分析の原理
m と z は，それぞれイオンの質量と電荷である。

図 8.29 質量分析におけるイオンの軌跡

$$mv^2/2 = zV \qquad (8.3)$$

ここで，m はイオンの質量，v は速度，z はイオンの電荷である。次にそれを，磁場中で飛行させる。磁場中(磁束密度 B)を運動している荷電粒子は，速度と垂直な方向にローレンツ力を受けて軌道が曲がり，半径 r_m の円弧を描く。このとき，イオンの遠心力とローレンツ力とがつりあう。

$$mv^2/r_m = Bzv \qquad (8.4)$$

これを変形すると，次式となる。

$$r_m = mv/(Bz) \qquad (8.5)$$

(8.3)と(8.5)式を使って v を消去すると，次のような関係が導かれる。

$$m/z = B^2 r_m^2/(2V) \qquad (8.6)$$

> 荷電粒子が磁場中を運動すると，力を受ける。それをローレンツ力という。

m/z が大きいほど，円弧の半径 r_m が大きくなる。つまり，電荷 z が同じならば質量 m が大きいほど，より遠くへ到達する。その理由は，重いイオンほど電圧 V による力を受けてもスピードが遅く，そのため磁場から受けるローレンツ力が小さくなるためである。

例として，安息香酸エチルエステルの質量スペクトルを，図 8.30 に示す。レーザー光の照射の衝撃などによって，分子がいくつかの部分に分解するため，そのかけらのピークも多くみられる。分子が丸ごと全部イオン化したものも，一番右側に小さいピークとして検出されている。分子が分解してできたかけらの情報も，その分子がどのような置換基からなりたっているかを推定するのに役立つ。

2002 年に，田中耕一が「質量分析のためのソフトレーザー脱離法の開発」で，ノーベル化学賞を受賞した。従来の方法でタンパク質の質量

安息香酸エチルエステル $C_6H_5COOC_2H_5$

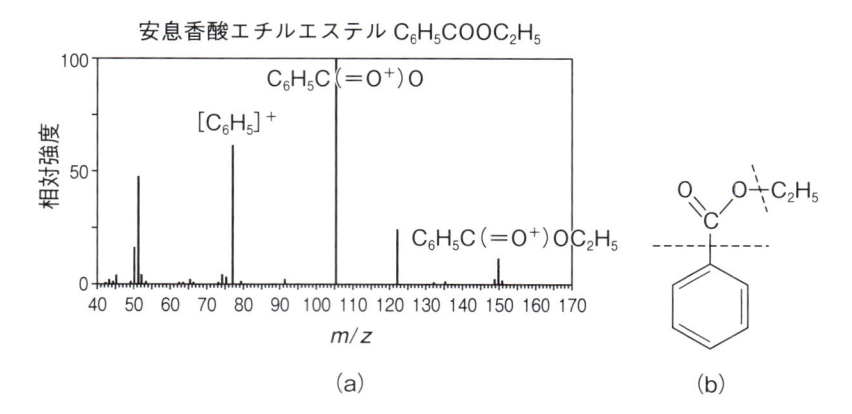

$C_6H_5C(=O^+)O$

$[C_6H_5]^+$

$C_6H_5C(=O^+)OC_2H_5$

(a) (b)

図8.30 (a)質量スペクトルの測定例，(b)安息香酸エチルエステルの開裂

を測定しようとすると，タンパク質がレーザー光でばらばらに分解され，質量が測定できなかった(図8.31)。そこで，試料に何かを混ぜておき，レーザー光の衝撃を和らげるというアイデアに至ったが，しかしなかなかよいものが見つからなかった。1種類では無理なので，2種類混ぜることにした。ある日，田中は実験の準備をしているときに，うっかりして到底あり得ないような2つの物質を組み合わせて混ぜてしまっ

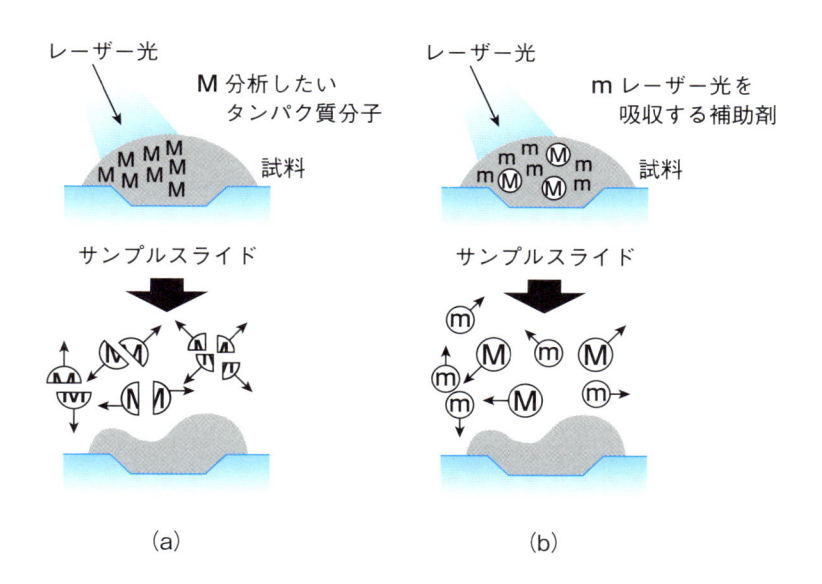

図8.31 タンパク質の光イオン化，(a)従来の方法，(b)補助剤を加えた場合
（田中耕一による発見）
(a)従来の方法では，タンパク質にレーザー光があたって分解してしまうが，(b)光を吸収する補助材を加えておくことで，レーザー光による衝撃が緩和され，タンパク質が分解されずにイオン化することができる。

た。せっかくサンプルを用意したのだから，だめで元々と考えて実験をしてみたところ，待望のタンパク質のシグナルとおぼしきピークが検出されたのであった。この発見により，タンパク質の質量も分析できるようになった。

次は，赤外線吸収スペクトルである。これは，IR（Infra Red）スペクトルとも呼ばれる。特別な例外を除くと，どんな分子でもその分子内振動に応じて，赤外線を吸収する。分子中の特定の構造部分が，それぞれ特有の吸収帯を示すので，その化合物がどのような官能基をもつかの情報が得られる。例えば，C=O 伸縮振動は，1720 cm^{-1} 付近に強い吸収帯となって現れる（図 8.32）。したがって，IR スペクトルにおいて 1720 cm^{-1} 付近に強い吸収があれば，このことから分子中に C=O が存

> 等核二原子分子のように，結合距離（あるいは結合角）が変わっても点対称性を保つような振動は，赤外線の吸収を起こさない。これを赤外不活性という。空気中の酸素 O_2 や窒素 N_2 だけでなく，二酸化炭素の対称伸縮振動も赤外不活性である（図 2.13 の ν_1 の振動）。

> 官能基とは，有機化合物について，それを特徴付ける構造の部分や置換基をいう。例えば，アルケンの C=C 結合や，アルコールのヒドロキシ基 OH などである。

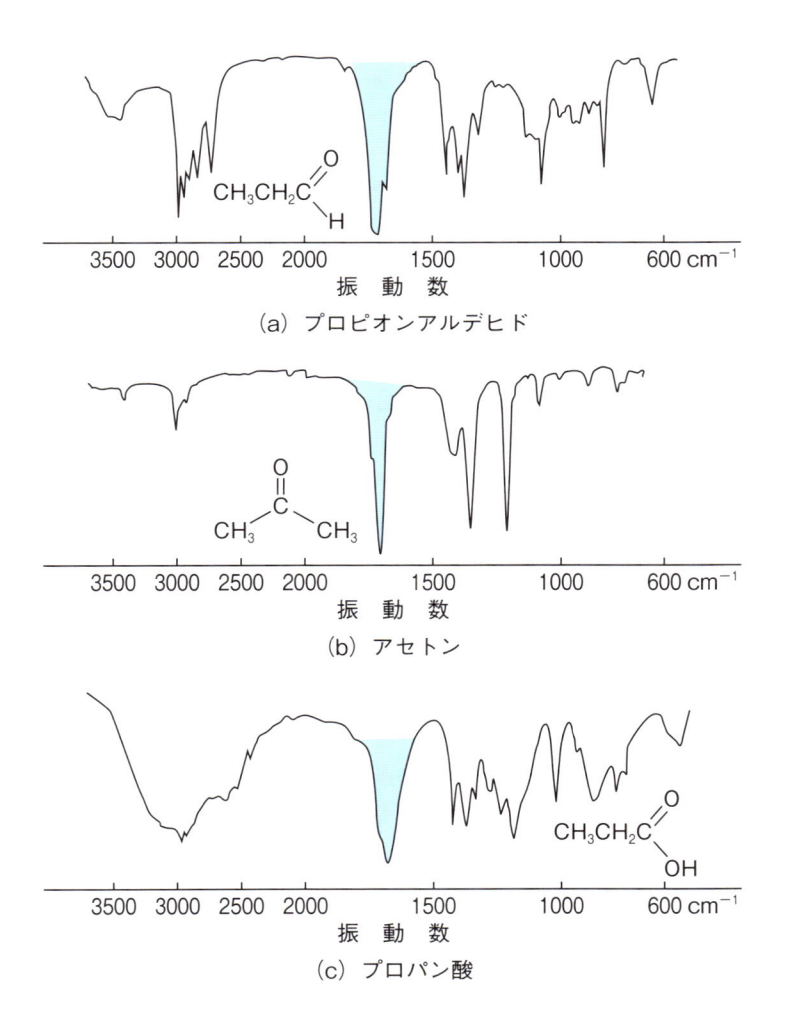

(a) プロピオンアルデヒド

(b) アセトン

(c) プロパン酸

図 8.32　IR スペクトルの測定例
影をつけている部分は，C=O 伸縮振動による 1720 cm^{-1} 付近の吸収帯である。

> 例えば，空港で白い粉が見つかったとき，そのIRスペクトルを測定して検索すれば，どのような麻薬かすぐわかる仕組みになっている。

在することがわかる。それぞれの化合物は，その構造に対応して固有のIRスペクトルのパターンを示す。既知化合物について，IRスペクトルがデータベース化されており，測定したIRスペクトルをもとにどのような化合物か検索できるようになっている。

最後に，核磁気共鳴について述べる。これは，Nuclear Magnetic Resonance の頭文字をとって，NMRと略記される。原子核中の中性子も陽子も，電子と同じようにスピンをもつ。水素の原子核 ^1H（つまりプロトン）のスピンは，αとβの2通りが可能である。^{12}Cや^{16}Oなど，原子番号が偶数でしかも質量数も偶数の場合には，原子核内でスピンによる効果が打ち消し合うため，これらの原子核は磁性をもたない。測定に際して，有機化合物の希薄溶液を磁場中に入れる（図8.33(a)）。そうすると，^1Hのαスピンとβスピンとで，エネルギーに差が生じる。そのエネルギー差に相当する電磁波（マイクロ波）をあてると，それが吸収される。しかし，分子中で ^1H の原子核のまわりの環境（電子密度）の違いによって，αとβスピンとのエネルギー差が異なってくる。よって，照射するマイクロ波の波長を一定にして，磁場の大きさを変化させることで，次々と吸収ピークを検出することができる。図8.33(c)に，測定

> ^1Hの核スピンについて，ここでは外部磁場の方向と平行な場合をαスピン，逆向きをβスピンと呼んでいる。

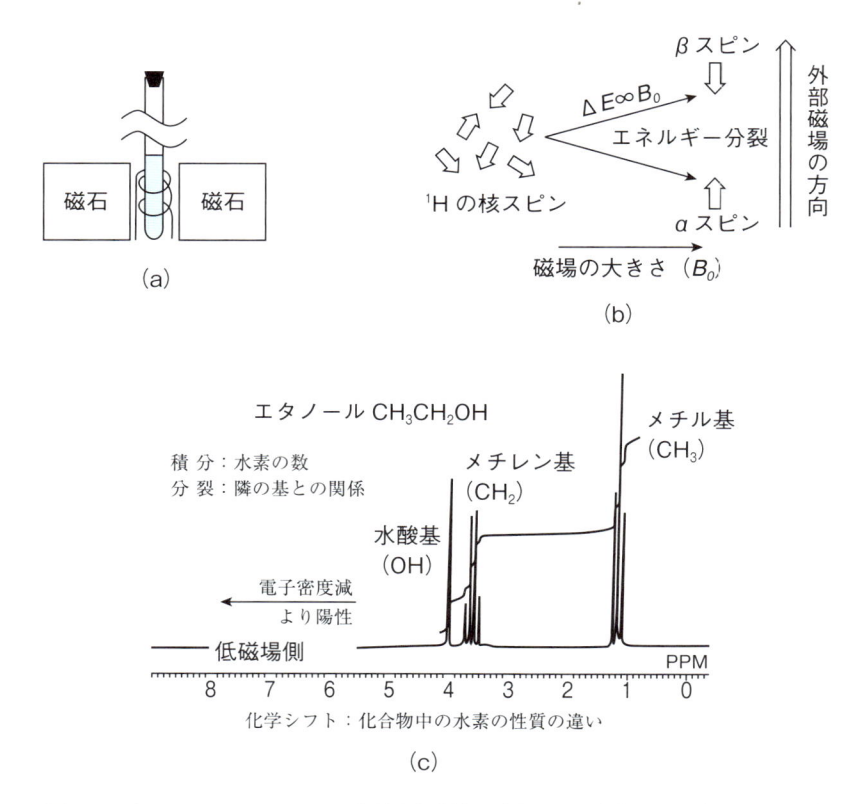

図8.33 ^1H NMR スペクトルの(a)測定方法，(b)原理，(c)測定例（エタノール）

例としてエタノールの NMR スペクトルを示した。エタノール中の水素原子は，末端のメチル基 CH_3，中央のメチレン基 CH_2，そして水酸基 OH と 3 種類あるが，それぞれが環境の違いを反映して，磁場の違う所にピークとなって現れている。また，ピーク面積を積分したものが，水素原子の数に対応する。メチル基のピークが 3 つに分裂しているが，このような分裂のパターンをもとに，隣の炭素原子に結合しているプロトンの数も割り出せる。

> 化合物がほんの微量しかなくても，この NMR スペクトルから，分子構造の詳細な情報を得ることができる。有機化学の研究にとって，NMR は強力な分析手段となっている。

物質の絶対配置の決定

絶対配置とは，その鏡像体との区別もふくめた立体配置のことである。Pasteur（パスツール）による酒石酸の光学分割で，分子に右手と左手の関係にあるような異性体が存在し，それらを旋光性で区別できることがわかった。しかし，それらの絶対配置を決める方法はまだ見つかっていなかった。そこで，便宜上，（+）-グリセルアルデヒド $CHO-CH(OH)-CH_2OH$ から誘導される系列を D と呼び，その鏡像体 L と区別する方法がとられた。結晶に X 線をあてたとき，その結晶中に X 線をよく吸収する原子が含まれていると異常散乱が強く起こり，その効果を解析することで結晶の絶対構造，つまり結晶内の分子の絶対配置を知ることができる。1951 年 Bijvoet（バイフット）等が（+）酒石酸の NaRb 塩の結晶の絶対配置を決定した。このとき，入射 X 線（Zr Kα）の Rb 原子による異常散乱を利用した。その結果，便宜上仮定されていた立体構造と，たまたま一致することがわかった。したがって，有機化学の論文や本に書かれていた分子の立体配置の図を，すべて反転せずに済んだ。しかし，これはバイフット等にとっては不運であった。なぜならば，もしこれまで仮定していた立体配置をすべて逆転しなければないという結果であったなら，科学界に強いインパクトを与え，ノーベル賞を受賞していたかもしれないからである。

絶対配置の基準として使われたグリセルアルデヒドの構造
天然型は右旋性であり，これ自身およびそれから誘導されるものに D という記号をつけた。

右水晶と左水晶

光学異性体を見分けるには，旋光度を測定する必要がある。その装置，つまり偏光計の原型を作ったのはフランスのArago（アラゴー）であり，光軸に垂直に切った石英の結晶を2枚の偏光板（これを光源に近い方からそれぞれ偏光子と検光子とよぶ）の間に入れ，検光子を回転させると結晶の色が変化することを発見した（1811年）。アラゴーの同僚であったBiot（ビオー）はさらに詳しく研究し，石英には2種類（右旋性と左旋性）の結晶があることを示した（1812年）。SiO_2は様々な結晶の形態をとりうるが，その1つが石英である。そして，自然の状態で結晶面がきれいに発達した石英を，特に水晶とよんでいる。水晶には右旋性（右水晶）と左旋性（左水晶）のものが存在する。結晶の中ではSiO_4の四面体が，頂点の酸素原子を共有して3次元ネットワーク構造を形成している。その一部分におけるSiO_4の四面体のつながり方に注目すると，結晶の伸長方向（c軸）に対してラセンを形成しており，このラセンの巻き方が右巻きの結晶と左巻きの結晶とが存在する。このため，水晶のc軸方向に光を通すと旋光性を示すわけである。

右水晶と左水晶の外形の違いを下図に示す。ただし，これはかなり理想化した図であり，天然の水晶で微小面xやsが明確に観測できる例は珍しい。図を見るとわかるように，結晶の伸長方向に対して微小面xとsが(a)右巻きスクリュー状，あるいは(b)左巻きスクリュー状に配置されている。これは，結晶のキラルな内部構造の違いが，結晶外形にも反映されるからである。水晶は我々の生活に役立っている。水晶発振子，つまり時を刻む素子として時計をはじめ，パソコンや携帯電話などに使われている。ちなみに，日本における素材はすべて，人工の右水晶（右旋性）に統一されている。

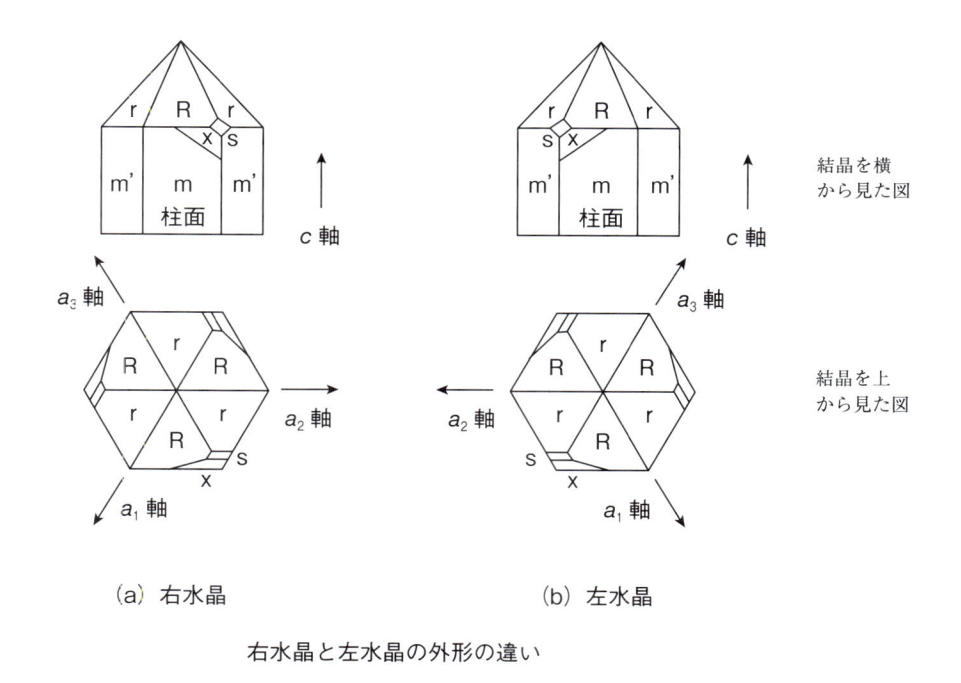

(a) 右水晶　　(b) 左水晶

右水晶と左水晶の外形の違い

演習問題

問1 次の芳香族化合物の構造式を書きなさい。
　(a)ナフタレン，(b)フェノール，(c)安息香酸，(d)トルエン

問2 分子式 C_4H_8 で表される炭化水素の異性体は合計6種類存在する。その構造式をそれぞれ書きなさい。ただし，構造式は簡略化した形で示すこと。

問3 酸素原子を含む有機化合物について，分子の不飽和度はどう考えればよいだろうか。なお，分子式を $C_nH_mO_x$ とする。また，具体例として，C_2H_4O の場合について異性体の構造を示しなさい。

9 有機合成
―役に立つものを効率良く作る―

> 尿素は，動物の体内でアミノ酸が代謝された結果生じる。ウェーラーが見出したのは，シアン酸アンモニウム NH_4OCN の水溶液を加熱すると，それが尿素へ異性化する反応であった。

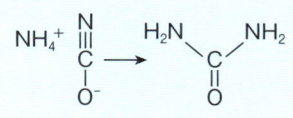

$$NH_4^+ \; {}^-O-C\equiv N \longrightarrow H_2N-\underset{\underset{O}{\|}}{C}-NH_2$$

> ファラデー定数とは，電子1モルの電荷量である。

ファラデー
（20ポンド紙幣，イギリス）

9.1 有機化学の概念の確立

　第3章で述べたように，1828年に Wöhler（ウェーラー，独）が偶然にも無機化合物から尿素を合成した。これにより，有機物も人間の手の届く所にあることがわかり，それ以降，盛んに合成が試みられるようになった。それと平行して，化合物がどのような原理で組み立てられているかという理論も，次第に確立していった（表9.1）。

　ベンゼンを発見したのは，Faraday（ファラデー，英）であった（1825年）。ファラデーは『ロウソクの科学』（1861年）で有名だが，電気分解に関連した定数（ファラデー定数）にも名前が残っている程の科学者である。当時は夜暗くなると，照明器具としてガス灯を使っていた。その燃料を扱っていた会社が，灯用ガスを圧縮して配給していた。しかし，ガス灯を使用中に光が急に弱まるので，その原因をファラデーに調べるように依頼した。ファラデーはその原因が，ある液体の蒸気であることを見い出し，ベンゼンを単離した。1834年，Mitscherlich（ミッチェルリヒ，独）は，安息香という木からとれる樹脂に多く含まれている安息香酸を，石灰 CaO と共に乾留して，ベンゼンを得た（図9.1）。それは，融点 5.5℃，沸点 80.1℃ で芳香性の液体であった。独特の香りがすること，および融点や沸点が，既にファラデーが報告した値と一致したこと

表 9.1　19世紀の化学（有機化学の概念と合成の手法が確立していった）

1825年	ベンゼンの単離（ファラデー，英）
1828年	尿素の合成（ウェーラー，独）
1834年	安息香酸からベンゼンを生成（ミッチェルリヒ，独）
1852年	原子価説（フランクランド，英）
1856年	最初の人工染料（パーキン，英）*
1858年	炭素の原子価が4（ケクレ，独；クーパー，英）
1865年	ベンゼンの構造式（ケクレ，独）
1880年	インジゴの合成（バイヤー，独）
1884年	糖類の合成（フィッシャー，独）
1901年	グリニャール試薬（仏）

* パーキンは，マラリアの特効薬キニンを合成しようとして，たまたま色素モーブを得た。実際にキニンの合成に成功したのは，1944年ウッドワード（米）であった。

図 9.1　安息香酸からベンゼンの生成

図 9.2　ベンゼンからアニリンの合成

から，同一物質であると判明した。ミッチェルリヒは，単にベンゼンを得ただけでなく，それを発煙硝酸と加熱してニトロベンゼンとし，さらにそれを還元してアニリンへと変換した(図 9.2)。

　乾留とは，空気を遮断して加熱し，気体や液体の成分を除去する操作のことをいう。実験室で乾留を行うとすると，図 9.3 のように試料を試験管に入れ，ゴム栓などでフタをして，ガスバーナーで加熱することになる。フタで完全に試験管の口をふさいでしまうと，中の気体が膨張して破裂してしまうので，それを避けるためにガラス管をさしておき，中から外へ気体が出ていけるようにしておく。バーナーの火をあてる試験管の底に比べて，試験管の口の方は少し低くしておき，流れ出た液体が口の方にたまるようにする。強熱部分へ液が流れると，ガラスが割れる危険性があるためである。これで，空気中の酸素と触れさせずに加熱できるので，燃やすことなく，蒸発しやすい成分を物体から除くことができる。当時のイギリスなどにおいて，製鉄業が盛んであった。鉄鋼石を還元するために，コークスを大量に必要としていた。コークスとは，石炭を乾留して得られる炭素の固体である。この石炭の乾留の際に発生する気体は，水素 H_2 が約 50%，メタン CH_4 が約 30% であり，燃料とし

> 発煙硝酸とは，NO_2 を多量に含む濃硝酸のことである。濃硝酸にホルムアルデヒドなどの還元剤を加えて，その一部を還元する方法などで作れる。

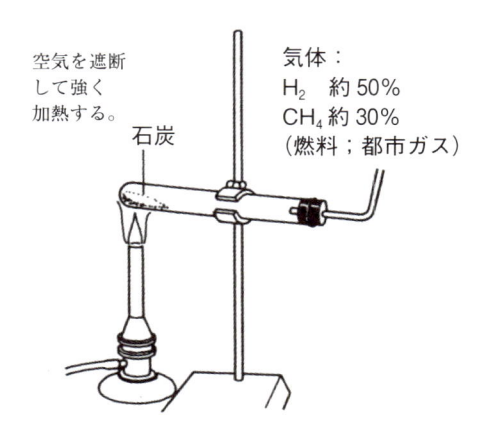

図 9.3　石炭の乾留

図 9.4 (a) キニン, (b) パーキンが合成した紫色の人工色素 (7 種類の分子の混合物)
Pseudomauvein: $R_1 = R_2 = R_3 = R_4 = H$; Mauvein A: $R_1 = R_3 = CH_3$, $R_2 = R_4 = H$; Mauvein B: $R_2 = R_3 = CH_3$, $R_1 = R_4 = H$; Mauvein B2: $R_1 = R_3 = R_4 = CH_3$, $R_2 = H$; Mauvein C: $R_1 = R_2 = R_3 = R_4 = CH_3$; Mauvein C25a: $R_1 = CH_3$, $R_2 = R_3 = R_4 = H$; Mauvein C25b: $R_3 = CH_3$, $R_1 = R_2 = R_4 = H$. [Heichert ら, *Z. Naturforsch.* **64b**, 747 (2009)]

なお,ファラデーが研究した灯用ガスとは,おそらく石炭の乾留によって得られる気体が原料であったと推定される。このため,その中にベンゼンの蒸気も混ざっていたのである。

A. W. von Hofmann (ホフマン) は,リービッヒの助手であった。イギリスが 1845 年に王立化学カレッジを設立するときに教授として招聘され,約 20 年間在籍した。その間の弟子の中にパーキンやフランクランドがいた。ホフマンはコールタールに含まれている成分を原料として染料を合成する研究を続けた。彼は,その後ミッチェルリヒの後任としてベルリン大学の教授となり,そしてドイツにおける染料工業の発展を導いた。

て利用できた。この他に,液体としてコールタールという黒い油状物質も生じるが,使い道がないので,はじめは廃棄されていた。しかし,それが川に流れ,魚が大量に死んだため「悪魔の水」とも呼ばれていた。コールタールの中には,ベンゼン,トルエン,フェノール,ナフタレン等の芳香族化合物が多く含まれている。鉄の精錬のためには,石炭を乾留せねばならず,コールタールがどんどんたまっていく。これを原料として何か生産できれば,一石二鳥である。このような状況下で,芳香族化合物の研究が進み,アニリンを利用した染料工業が発達した。しかし,そのきっかけは,次に述べるように意外な所から始まった。

19 世紀のドイツで,有機合成化学の研究が進んでいた。ホフマンというドイツの化学者が,イギリスに呼ばれ化学の指導をしていたときに,Parkin (パーキン,当時 18 歳) が研究室に弟子入りした。そして,研究のテーマとして,マラリアの特効薬キニンを合成しようと試みた (図 9.4)。ただし,当時は分析機器も発達しておらず,キニンがどのような構造かわかっていなかった。キニンは,キニーネとも呼ばれる。元素分析により,組成式はわかっていたはずなので,恐らく酸素を除いて CHN について組成式が似ているアニリンとトルイジンの混合物を,出

発原料として選んだものと推定される。その実験の結果，思いがけなく紫色の化合物が得られた。これが世界初の人工染料の合成例となった。この色素は，布を鮮やかな紫色に染めることができた。パーキンはその後，このモーブと名付けられた染料を合成する会社を創った。この紫色の染料は画期的な発明だった。当時，アカネの赤やインジゴ（藍）の青などの天然染料しかなく，しかもそれらで染めた布は高級品であり，貴族しか着られなかった。さらに紫色は高貴な色とされ，王様にしか許されない色であった。それまでは，紫色の布を作るには，ある種の巻き貝の内臓からわずかに分泌される液を使って染める方法（貝紫染め），しかなかった。そのような状況下，安価に布を染める物質が合成できたのは，幸運であった。シェークスピアいわく，「終わり良ければ，全て良し」という感じであろうか。しかし，行き当たりばったりだけでは，方法論として錬金術と全く変わらない。ただし，近代の化学は，確実に基礎を固め，それから応用へと展開する方法を身につけていた。有機合成について，基本的な反応の型が調べられ，それを使って分子を順番に組み立てていく手法が次第に確立していった。パーキンが当初合成しようとしたキニンについては，その約90年後に，Woodward（ウッドワード，米）が合成に成功している。

　次に，分子構造に関する基本概念の発達について述べる。1852年にフランクランド（英）が，原子価説を唱え，塩素，酸素，窒素は原子価（つまり結合の手の数）がそれぞれ1，2，3と定まっていることを示した。有機化合物にとって特に重要な，炭素の原子価が4であることは，ケクレとクーパーがほぼ同時に発表した（1858年）。そして，化合物を元素記号と結合の線で表すこと（つまり構造式）を提唱した。この時点で，ベンゼン C_6H_6 の構造は謎であった。ベンゼンが六角環状構造をとっていると推定したのは，ケクレ（独）であった（1865年）。この時点では，炭素の原子価4を満たす1つの構造式を思いついたにすぎなかった。この仮説が正しいことは，その後の実験事実の積み重ねの中で証明されていくことになる。

　前章で学んだように，エチレンのような二重結合をもつ化合物に，臭素がトランス付加する。ベンゼンに対して臭素は付加するのではなく，置換反応を起こす。ベンゼンに臭素原子を1個だけ導入したとき，生成物は1種類しか得られない。これは，ベンゼンが正六角形の分子であることと矛盾しない。さらに，臭素をもう1つ導入したものがジブロモベンゼンであるが，合計3種類とれる（図9.5）。2つの置換基がすぐ隣に結合したものをオルト，1つあいだをおいて隣に結合したものをメタ，

ケクレ
（1979年，ドイツ）
（注）ベンゼンの構造式が少し歪んで描かれている。

オルト，メタ，パラの異性体は，それぞれ o, m, p の略号で示す。

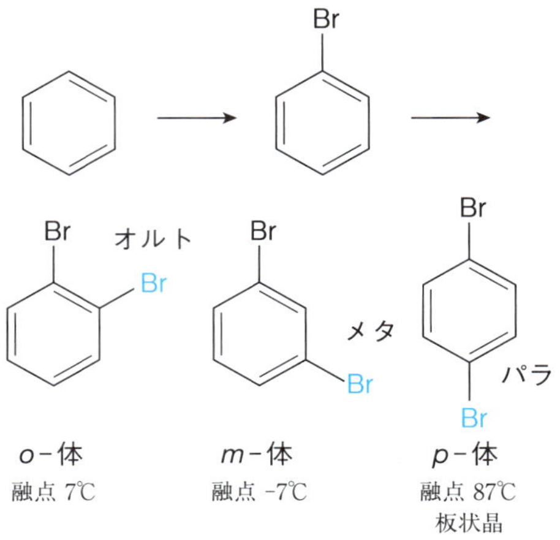

図 9.5　ジブロモベンゼンの異性体

> なお，幾何学的に異性体の数が推定できたとしても，それらが全て生成するとは限らない。反応の立体的あるいは電子的制約によって，生成しにくい異性体も出てくる。したがって，幾何学的に可能な異性体の数よりも，実際に得られる異性体の方が少なければ，仮説と矛盾しないといえる。

六角形の反対側に結合したものをパラという。これらは構造異性体である。パラ体は常温で結晶であるから，液体のオルトとメタ体から簡単に分離することができた。ケクレの六角形構造を仮定すると，このように異性体の数が正しく推定できたことから，仮説に対する信頼性が確固たるものとなっていった。

では，このオルト，メタ，パラの異性体について，どの化合物がどれかを，機器分析が発達していない時代に，どのようにして見分けたのであろうか。それは，さらに誘導体を合成するという方法がとられた。例えば，ジブロモベンゼンにさらにもう1つ臭素原子を導入した場合，パ

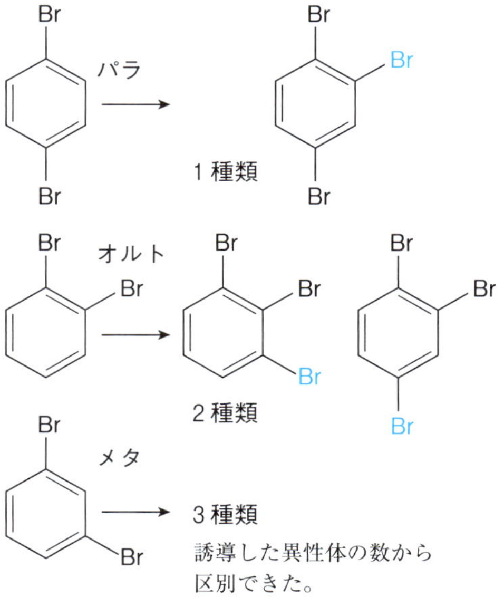

図 9.6　ジブロモベンゼン異性体の区別

ラ体からは1種類，オルト体からは2種類，メタ体からは3種類生成する可能性がある(図9.6)。このように，誘導した異性体の数を調べることにより，分子の幾何構造を見分けることができた。

なお，アニリンが2分子合体したような化合物を，アゾベンゼンという(図9.7)。これは橙赤色である。このようにアゾ基($-N=N-$)をもつ染料をアゾ染料という。現在では約9000種類の染料が合成されており，その約70%がアゾ染料である。

アゾベンゼン
橙赤色

メチルオレンジ
橙黄色（色素）

パラニトロアニリン赤
赤色（染料）

図9.7　アゾ化合物

9.2　詩を通して見える有機化学の情景

それぞれの専門領域の学会は，会員向けに会誌を発行する。それが学会誌である。ドイツの化学会も，「ドイツ化学協会報告」という雑誌を刊行していた。その1886年9月号が，一風変わった特集号の企画であった。まじめな論文に見せかけて，中味はパロディー版であった。この特集号の付録として掲載された11扁の詩の中から，2つを紹介しよう。有機化学に対するイメージが，わいてくると思う。*

まず初めは，「チオフェン」というタイトルの風刺詩である。チオフェンとは，五角形をした分子であり，その一角に硫黄原子が含まれている。1883年，Meyer(マイヤー，独)が，チオフェンを発見した。

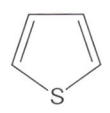

チオフェン

*出典：「ダンネマン　大自然科学史」
　第11巻（三省堂）

コールタールから得られたベンゼンに，0.5%の不純物として混入していたチオフェンを分離した。ベンゼンによく似た無色の液体である。

チオフェン（作者エーミール・ヤーコプセン）

ある日のこと，イェーナの学生が，
試験で大いに苦しんだ。
問題はチオフェンについてであったが，
そんなものは，生まれて一度も聞いたこともないものであった。
そこで教授がチオフェンをどう思うかと，
学生に質問したときに，
学生はぜんぜん思い出せずに，
それは化合物で，美しいものでありますと言った。
それを聞いて，教授は学生の頭に両手をおいて，祝福して，それに賛成した。
「神よ，あなたを純潔に，もっと純潔に，
末長くまもりたまえ。」と祈って，心から感動した。

なぜなら，周囲の硫黄をふくんだ空気によって，
まだけがされてない学生は，
善良な神によって，この地上にえらばれた，
生まれながらの化学者でなければならないからである。

イェーナ
（ドイツの都市）

　この詩に出てくる Jena（イェーナ）とは，ドイツの都市の名前である。イェーナ大学は1558年の創立で，ゲーテとの関連も深い。自分の大学に例えると，「〇〇キャンパスの学生が，試験で大いに苦しんだ」という感じである。ヨーロッパで大学の期末試験というと，面接試験を行うこともある。何枚かのカードに問題が書かれていて，試験を受ける学生はそのうちの1枚をめくって，それに答えるという形式と推定される。その学生がめくったカードは，「チオフェンについて述べよ」という問題であった。学生は苦し紛れに，「その分子は美しい」といった。これを聞いた教授は，このチオフェンの発見者であった。そして，その分子構造の美しさに魅了された学生が現れた，と思って喜んでいる。なお，硫黄を含む化合物は非常に臭い。温泉地に行くと，卵の腐ったような硫化水素 H_2S の匂いがする。この教授の研究室も前の廊下を通るだけで，匂っていたはずである。しかし，まだ若い学生は，チオフェンに

興味をもっている様子なので，教授はいずれ自分の研究室に入って，活躍してくれると期待している。不勉強な学生も学生だが，能天気な教授もどこか抜けているという，コミカルな内容の詩であった。

次は「悲しいキノリン分子」というタイトルの空想詩である。なぜ悲しいのかは，読み終わってからわかるであろう。やや長めの詩である。出だしが振るっている。自分がベンゼンだったという。このような事物を人に置きかえる発想は，ドイツの文化として息づいていた。なお，作者のヴィットは，発表当時30代前半の有機化学の研究者であった。

夏目漱石の『吾輩は猫である』(1905年)よりもはるか前に，ドイツのホフマンが『牡猫ムルの人生観』(1820年)を書いている。また，ゲーテも擬人法を良く用いた。

悲しいキノリン分子　（作者オットー・ニコラウス・ヴィット）

私は若い頃はベンゼンであった。
ああ，毎日が楽しい日であったと思う。
微量のチオフェンは，いつも眼には見えずに，
いつも私といっしょにあった。
ああ，そのとき，そこへ人がやってきた。
その人はすぐさま私を捕まえて，
私の長年のなかまであるチオフェンを，
強い酸（※濃硫酸）でもって分離しはじめた。
いまや塩と氷でかこまれて，
寒剤というヴァイス（万力）にはさまれて拷問された。
私の叫びを気にする人は一人もいなかった。
私は最後に結晶しなければならなかった。
つぎに人びとは私の涙が枯れてしまうまで，
私を圧縮しつづけた。それは冗談ではなかった。
泣きじゃくりながら私は叫んだ。
「さようなら，トルオール（※トルエン）の最後の一滴よ。」

私はどんどん流れたが，神さまは親切である。
私はニトロ置換のほか，何も見ることができなかった。
それは私を別の創造物につくりかえて，
私の取り柄を何一つ残さなかった。

私の分子はスタイルが満点で，
上品で，左右対称で，揮発性であった。
いまや NO_2（※ニトロ）が私のただ1つの装身具，

ただ１つの無機根である。

酸（※塩酸）とまぜられ，
鉄からつくった旋盤屑（※鉄屑）とまぜられ，
私のあこがれはすべて零になる。
いまや私はアニリンに変形されたのを見る。

さて私は流行にしたがって，
スクラウプの方法で処理される。
おかげでこういうさわぎのすべては，
私がキノリンに昇格したのでおわる。

それでも，私がしばしば言うように，
ベンゼンのような純潔な青年として，
人生の旅に出発した，
あの青春時代を私はあこがれでもって
思いだす。

　この詩は，有機合成の実験操作を記述している。まず，最初の部分はベンゼンの精製法について記述している。当時の有機合成の原料は，不純物を含む場合が多かった。そのため，まず不純物を除く操作が必要となる。出発原料に硫酸を加えるとチオフェンがスルホン化され，水に溶けて有機層から分離する（図9.8）。また，ベンゼンが冷蔵庫の温度（約5℃）で凍るのに比べ，トルエンの融点はそれよりもかなり低い（図9.9）。このため，氷に塩を混ぜて低温にすると，ベンゼンだけが結晶化する。それをろ過し，ガラスびんのフタなどで上から圧縮して，結晶に付着している液をできるだけ除去する。結晶は分子が規則正しく配列したものであり，不純物がそれに取り込まれにくい。このため，精製法として優れている。

> スルホン化とは，有機化合物中の水素原子がスルホ基 SO_3H と置き換わり，スルホン酸が生成する反応をいう。

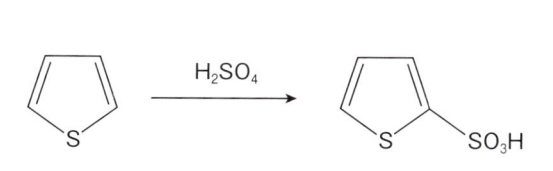

図9.8　チオフェンのスルホン化

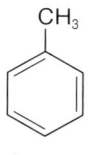

図9.9　ベンゼンなどの融点

トルエン　融点 -95℃
チオフェン　融点 -38℃
ベンゼン　融点 6℃

その次の部分は，いよいよ合成について述べられている．ベンゼンからニトロベンゼン，そしてアニリンへの変換は，ミッチェルリヒが行った方法と同じである．最後の部分は，アニリンとグリセリンをカップリングさせて，キノリンを合成している（図 9.10）．これは，1880 年に Skraup（スクラウプ，独）が開発した合成法であった．この詩では，有機合成反応を 1 人の人生にたとえている．そして，昇格した年配者が過去を振り返り，昔の青春時代をなつかしがっているという設定であった．

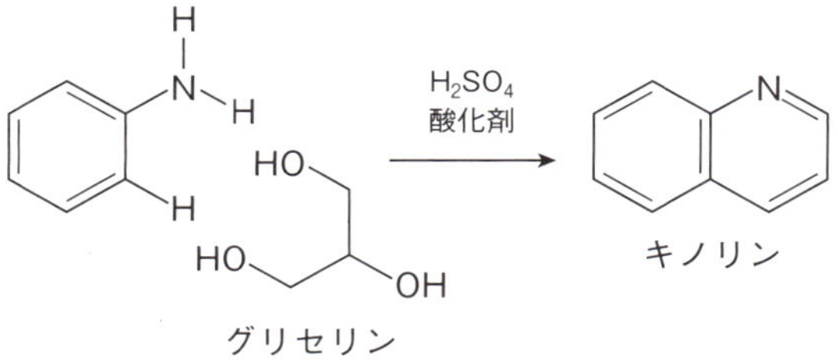

図 9.10　キノリンの合成

9.3　有機反応の分類

有機反応には種々のものがあるが，まず炭素骨格が変わらない反応の代表例を図 9.11 に示す．ベンゼンのニトロ化は，ベンゼンに結合していた水素原子がニトロ基 NO_2 と置き換わる反応（置換反応）である．また，ベンゼンは付加反応させにくいが，ニッケル粉末を触媒に用いると

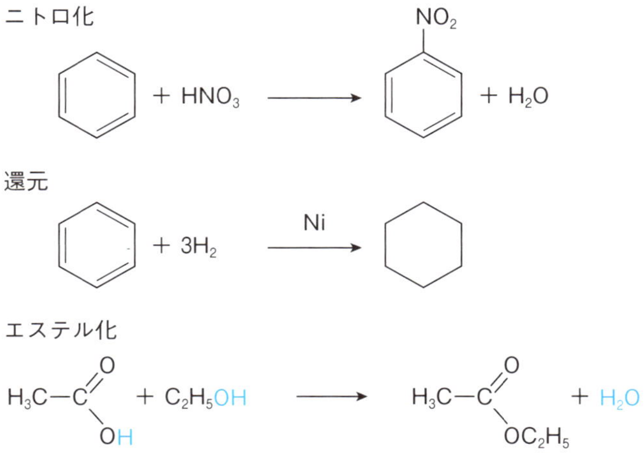

図 9.11　官能基変換

表 9.2　ノーベル化学賞（有機合成）

1902 年	フィッシャー（独）	糖およびプリン誘導体の合成
1905 年	バイヤー（独）	有機染料とヒドロ芳香族化合物
1910 年	ワラッハ（独）	脂環式化合物
1912 年	グリニャール（仏）	グリニャール試薬の発見
1912 年	サバティエ（仏）	金属粒子を用いる水素化法の開発
1930 年	フィッシャー（独）	ヘミン（鉄ポルフィリン）の合成
1950 年	ディールスとアルダー（独）	ジエン合成（ディールス–アルダー反応）
1963 年	チーグラー（独）とナッタ（伊）	触媒を用いた重合による高分子合成
1965 年	ウッドワード（米）	キニン，クロロフィル等の全合成
1979 年	ブラウン（米）とウィッティヒ（独）	それぞれ新しい合成法の開発
1987 年	ペダーセン（米），クラム（米）とレーン（仏）	クラウンエーテルの合成
1990 年	コーリー（米）	逆合成解析による天然物合成の方法論
2001 年	シャープレス（米），ノールズ（米）と野依良治	触媒を用いた不斉合成
2005 年	ショーバン（仏），グラッブス（米）とシュロック（米）	有機合成におけるメタセシス反応の開発
2010 年	根岸英一，鈴木章とヘック（米）	パラジウム触媒クロスカップリング

水素を付加させることができる（表 9.2，1912 年ノーベル化学賞を受賞したサバティエが開発した方法）。エステル化は，カルボン酸とアルコールとの脱水縮合反応である。

次に，炭素間結合を形成する反応について述べる。まず，古典的な方法がアルドール縮合である（図 9.12）。アセトアルデヒドを塩基性条件下におくと，分子が連結してアセトアルドールが生成する。この反応機構は，次の通りである。図 9.12 の中央に示したように，塩基性下でメ

> 化学反応式は，反応の前後の変化を端的に示しているだけにすぎない。その反応が実際にどのように起こっているのか，反応途中の経過などを詳しく示したものを反応機構という。

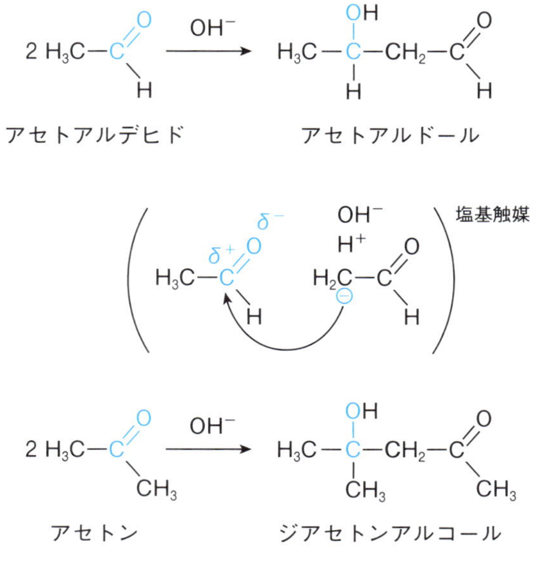

図 9.12　アルドール縮合

チル基からプロトンH^+が抜け，メチルの炭素が負電荷になる。カルボニル基（C=O）の酸素は炭素に比べて電気陰性度が大きいため，わずかながら負に（$δ^-$）帯電し，カルボニルの炭素はわずかながら正（$δ^+$）になっている。プロトンが抜けて負になったメチル基の炭素が，このカルボニルの炭素を攻撃し，C-C 結合を形成する。アセトンについても，塩基性条件下で 2 分子が連結する反応が起こる。

アルドール縮合をもっと拡張させたような反応が，グリニャール反応である（図 9.13）。有機マグネシウム化合物から負電荷のアルキル基を発生させ，それをカルボニルの炭素に付加させる。そして，酸で処理することで水酸基になる。有機マグネシウムのアルキル基を変えることで，それをカルボニルの炭素に引き渡し，それぞれ異なる化合物を合成することができる。

ベンズアルデヒド

図 9.13　グリニャール反応

次は，ディールス-アルダー反応である。これは，Diels（ディールス）と Alder（アルダー）という 2 人の名前が付いた反応である。例えば，ブタジエンとエチレンは共に気体であるが，それを混ぜて加熱するだけでカップリングがおこり，シクロヘキセンが生成する（図 9.14）。なぜこのような反応がおこるのかは，理論的に説明ができる。それが，日本で初めてノーベル化学賞を受賞した，福井謙一のフロンティア軌道理論である。「化学反応は，分子中でエネルギーの一番高い軌道に入っている電子のやり取りによって起こる。」

ブタジエンとエチレンのπ分子軌道を，図 9.14 に示す。これらの分子軌道は，分子面に垂直な 2p 軌道から構成されており，2 つの分子の

福井謙一
（1995 年，セントビンセント）

ブタジエン　エチレン　　　シクロヘキセン

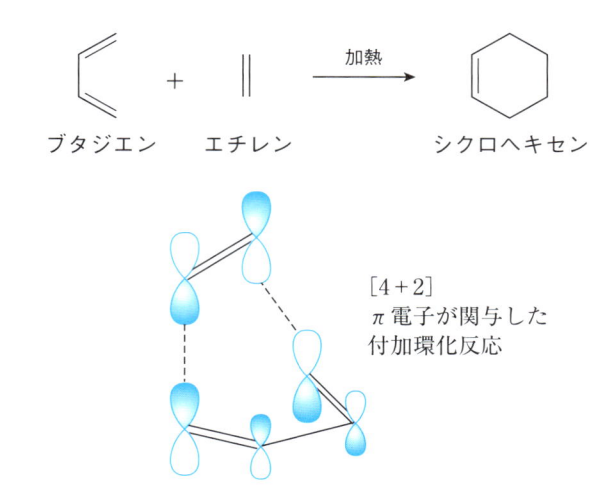

[4+2]
π電子が関与した
付加環化反応

図9.14　ディールス-アルダー反応

2p軌道の＋と＋，−と−がうまく重なる（位相が合っている）ことがわかる。分子軌道がうまく重なると，分子間でスムーズに電子が移動し，新たな結合が形成できるのである。

9.4　有機反応の応用

　有機反応には多くの種類がある。それを全て紹介するわけにはいかないが，その中でインパクトの大きいものを挙げるとすると，その1つの指標として，ノーベル化学賞が考えられる。有機合成の分野で，これまでノーベル化学賞を受賞した人およびその業績を，表9.2に示した。グリニャール試薬を発見したGrignard（グリニャール，仏）もその中に入っているが，1902年から1950年にかけては，圧倒的にドイツが受賞している。これは，19世紀の有機合成化学を，ドイツが牽引してきたことから，当然の結果といえる。この中で，Baeyer（バイヤー）の有機染料についての合成研究は象徴的なので，その内容について紹介する。

　1880年にバイヤーがおこなったインジゴの合成法を，図9.15に示す。出発物質は，o-ニトロベンズアルデヒドであり，これとアセトンを塩基性条件下でアルドール縮合させる。そうすると，アセトンのメチル基の炭素が，アルデヒドの炭素に結合する。それを，さらにアルカリで処理すると，ニトロの窒素が残った形で5員環が形成される。これで，インジゴの半分の形が完成した。後は何段階か反応を続けて，全体を完成させた。なお，インジゴはジーンズの青い色素であり，植物の藍

> インジゴの名前の由来は，インド産の，という意味からきている。インジゴはインドの農園で生産され，それをヨーロッパに運んでいた。しかし，人工的に合成できるようになり，そのためインドの農園は衰退してしまった。ただし，人工的に合成したインジゴが，天然のインジゴと対応できる位の価格になるのに，20年を要した。

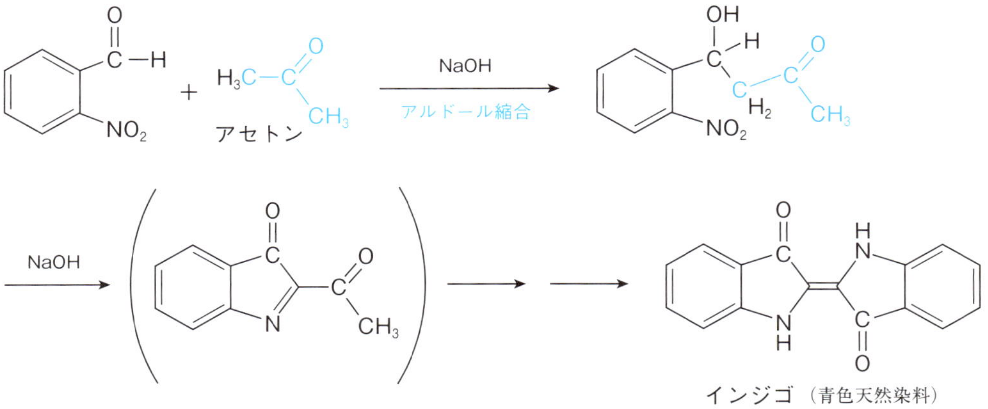

図 9.15　インジゴの合成

からとれる天然染料である。

　有機合成に関するノーベル化学賞で，1960 年以降をみると，大半はアメリカの受賞者であることがわかる。それだけ，開拓精神があり，自由に研究できる環境がそろっているが，その分競争も激しいことがうかがえる。1965 年の受賞者 Woodward（ウッドワード）は，比較的複雑な天然物であるキニン，ストリキニン，クロロフィル，セファロスポリン C などの全合成をおこなった。全合成とは，比較的簡単な化合物から始めて，人工的な反応を段階的に行い，最終的にその分子全体の構造を形成させることをいう。日本の有機合成も実力を上げている。2001 年に触媒を用いた不斉合成で野依良治，そして 2010 年には，パラジウム触媒を用いたクロスカップリングで，根岸英一と鈴木章がアメリカの研究者と共同受賞している。最近の傾向をみると，5 年から 10 年に 1 回は有機合成の分野でノーベル化学賞が出ている。それだけ，新しい合成法を開発することは，新しい物質を作ることにもつながり，波及効果が大きいといえる。

　合成方法が確立した現代において，どこまで複雑な化合物が合成できるのであろうか。その 1 つのチャンピオンデータを紹介する。アメリカで教授となった岸義人は，1994 年に海洋生物毒パリトキシンを合成した（図 9.16）。パリトキシンの分子式は，$C_{129}H_{223}N_3O_{54}$ で，不斉炭素が 64 個もある，非常に細長い分子である。これを端から順番に合成していくのではなく，分子全体を 8 個のブロックに分けて，別々に合成する手法をとった。そして，それらを C–C 結合で正しく，高収率で連結させた。この合成には，共同研究者 21 人で 8 年あまりもかかっている。パリトキシンが必要ならば，海にもぐって採ってきた方が速いのに，な

パリトキシンは，腔腸動物スナギンチャクの卵などに含まれる猛毒成分である。

図 9.16　パリトキシンの構造
これを合成するのに，共同研究者 21 名で 8 年あまりかかった。

ぜこれほどまで手間をかけて全合成するのであろうか。それは，最高峰の山に挑戦する登山家のような，未踏の分野を切り開く研究に学問的意義があるからであるが，それだけではない。毒の構造を少し変えると，薬になる可能性が高いからである。パリトキシンの複雑な構造をすべて再現できるのだから，構造を少し変えたものも，種々作れるわけである。ここで，収率という言葉がでてきた。有機合成は，とにかく作ればいいというものではなく，効率よく反応を進める必要がある。そうでないと，何段階か反応させているうちに，化合物の量が極端に減り，使い物にならなくなる。

反応の収率とは，次式で定義される。

$$\text{収率}(\%) = \frac{\text{収量}(g)}{\text{理論収量}(g)} \times 100 \tag{9.1}$$

ここで，理論収量とは，反応出発物質がロスなく全て反応して，生成物となったと仮定したときの収量である。例として，アセトアニリドの合成の場合を以下に示す（図 9.17）。出発原料のアニリンが 10.2 g だったとすると，同じ物質量だけアセトアニリドができると仮定すると，理

> アセトアニリドは，最初に合成された人工的な解熱剤であった。ただし，副作用が強いため，現在はあまり使われていない。

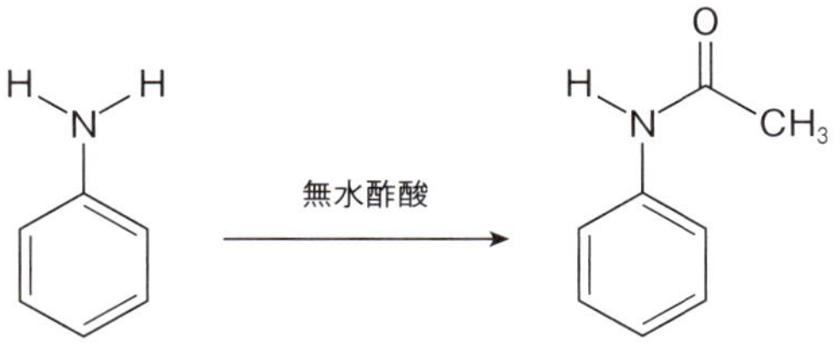

図9.17 アセトアニリドの合成

論収量は14.8 gとなる。これはアニリンとアセトアニリドの分子量の比から，簡単に計算で求めることができる。これに対して，実際に合成を行い，アセトアニリドの収量が6.3 gだったとすると，その収率は，6.3/14.8 = 0.43（収率43%）となる。学生実験では，実験器具や時間も限られているため，この程度の収率はよくみられる値である。しかし，新しい有機反応の開発研究の場合，収率が80〜100%でないと良い反応とはいえない。

単結晶 X 線回折法による分子構造の決定

　結晶中の分子の立体構造を，X 線回折によって調べることができる。原子に 1 方向から X 線をあてると球面状に散乱する。結晶中で，原子や分子は三次元的に規則正しく配列しており，それに X 線をあてると，様々な場所から一斉に散乱波が生じ，それが干渉し合って，回折が生じる。つまり，結晶は X 線に対して，回折格子の役割をする。結晶に色々な方向から X 線をあてて，回折される X 線の強度を調べると，結晶中で X 線を散乱している電子密度分布の情報が得られる。分子の電子密度は，各原子の電子密度の重ね合わせと近似できる。よって，電子密度の山が点在し，そのピークが原子位置だとわかる。また，一般的に原子番号の大きい原子ほど，電子密度のピークが高くなるので，それにもとづいて元素を同定することができる。

　一例として，薬理作用をもつ分子の構造解析結果を，以下に示す。炭素や窒素原子などをだ円体で表し，それらの間の結合は黒い線で示している。点線は，N−H⋯Cl⁻ の水素結合を示す。なお，この有機分子は，イソキノリンの誘導体である。9.2 節の詩に登場したキノリンとは，（窒素原子の位置が違う）異性体の関係にある。

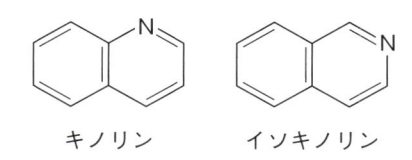

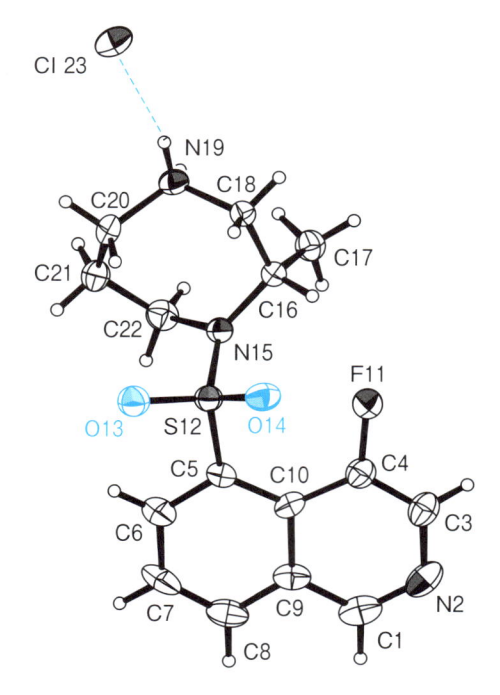

キノリン　　　イソキノリン

薬理作用をもつ分子の立体構造を X 線で解析した例
小さい丸は水素原子を表す。だ円体は，水素以外の原子の熱振動の異方性を示している。
［Ohba ら，*Acta Cryst.*, C**68**, o427 (2012)］

演習問題

問1 メタ-ジブロモベンゼンから誘導されるトリブロモベンゼンは，3種類の異性体が考えられる。それらの構造式を書きなさい。

問2 次の反応式を完成させなさい。

(1) シクロヘキセン + Br_2 ⟶

(2) ベンゼン + Br_2 —鉄粉→

(3) ベンゼン + HNO_3 —H_2SO_4→

(4) 安息香酸 + C_2H_5OH —H_2SO_4→

(5) アセトフェノン + C_2H_5MgI + HCl ⟶

(6) フラン + 無水マレイン酸 —加熱→

(ヒント) (1)トランス付加, (2)置換反応, (3)ニトロ化, (4)エステル化, (5)グリニャール反応, (6)ディールス-アルダー反応

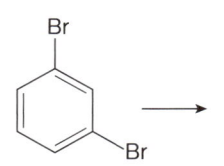

ブタジエン + 無水マレイン酸 —加熱→ (テトラヒドロフタル酸無水物)

10 化学と社会
―科学技術の明と暗―

10.1 自然科学と近代文化

『ロウソクの科学』は，Faraday（ファラデー，英 1791-1867）が英国王立研究所で行った，青少年のための科学実験講座で講演した内容を，本としてまとめたものである。これと関連して，次のようなエピソードが残っている。おそらく，当時発見されたばかりの研究結果を，その日の講演で紹介したものと思われる。そして，講演が終わってから，ファラデーに若い人が「それは何の役に立ちますか？」と質問した。それに対してファラデーは，「勉強したまえ。それは役に立ちますよ。」と答えたという。別の説によると，「生まれたばかりの赤ん坊について，将来どんな役に立ちますかと聞くようなものだ」といったという。発明や発見は，それがなされたときには，それがどのように使われ応用されるかは，想像がつかない場合が多い。下村脩（2008 年ノーベル化学賞受賞者）が抽出して仕組みを解明した，発光クラゲの蛍光タンパク質がその良い例であり，今や癌の転移マーカーなどとして広く利用されている。

科学者は学問的興味から研究を行い，発明や発見をめざしている。その一方で，技術の発展が我々の生活を向上させ，また学問の進展が社会にも反映し，教養の普及となって表れる。しかし，発明や発見が，我々の生活において実用化されるには，それを製品化する工業が必要である。化学の分野では，医薬品や合成繊維などが，わかりやすい例である。今や，プラスチックなども，なくてはならない材料である。このように科学技術が社会に役立っている明るい面もあれば，暗い面もある。それは戦争との関わりや，環境汚染を引き起こしたことである。この章では，以下に化学の明と暗について述べる。

> ファラデーの講演が非常に好評を博したのは，紛れもない事実である。しかし，ここで紹介した逸話は記録には残っておらず，おそらく作り話であろう。ちなみに，政治家に対して電磁誘導の説明をしたとき，「それが何かの役に立ちますか」と聞かれ，ファラデーが「そのうち電気で税金を徴収することができるようになりますよ」と答えたという説まである。

10.2 試薬の合成

今では，実験に必要な試薬は，薬品会社から入手できる。しかし，硫酸などを使う場合も，かつてはそれを合成するところから始めなければ

ならなかった．錬金術の時代に硫酸を作るには，湿った空気中でイオウを燃やした．

$$S + O_2 \longrightarrow SO_2 \tag{10.1a}$$
$$2SO_2 + O_2 \longrightarrow 2SO_3 \tag{10.1b}$$
$$SO_3 + H_2O \longrightarrow H_2SO_4 \tag{10.1c}$$

第1段の酸化反応(10.1a)はすぐ起こるが，(10.1b)の反応は効率が悪く，触媒が必要であった．そこで，イオウを硝石と共に加熱した．硝石とは，硝酸カリウム KNO_3（ただしチリ硝石の場合は硝酸ナトリウム）のことである．これで二酸化窒素 NO_2 が発生し，それが酸化反応の触媒となった．

しかし，少しずつ反応させたのでは，効率が悪い．そこで，1746年に鉛室法による大量生産が開始された．部屋の内側に鉛板を張り，そこを容器とみたてて反応させた．これにより，大量の NO_2 が発生し，この褐色で有毒な気体が工場の外に大量に放出された．この問題に対して，工場の煙突から有毒ガスを直接外に出さないように，反応塔を改善するなどの対策がとられた．1875年には，触媒として白金を使うようになった．白金は貴金属であり高価であるが，触媒はわずかな量で良いし，反応前後で触媒は変化しないので，くりかえし使用できる．現在は，酸化バナジウム V_2O_5 を触媒として使用している．

硫酸の合成で，かつて触媒として使用された硝石は，砂漠などの乾燥地帯でとれたが，採掘量には限度があった．これに代わるものとして，空気中の窒素 N_2 から化合物を作りだせれば，好都合である．しかし，窒素は化学的に安定な分子であり，簡単には反応しない．19世紀後半にモーターが発明され，ダムにおける水力発電が開始された．この電気を使って空気中で放電させ，これで無水硝酸（五酸化二窒素）N_2O_5 を作り，それを水に溶かして硝酸を作る方法が試された．反応式は次の通りである．

$$2N_2 + 5O_2 \longrightarrow 2N_2O_5 \tag{10.2a}$$
$$N_2O_5 + H_2O \longrightarrow 2HNO_3 \tag{10.2b}$$

しかし，この方法では，硝酸を効率よく作ることができなかった．

そこで，空気中の窒素をアンモニアにして取り出す，という発想に至った（表10.1）．Haber（ハーバー，独）は，1907年から1911年にかけて，アンモニアの合成法を研究した．そして，窒素と水素をうまく反応させるには，適当な触媒および100から200気圧の高圧にする必要があることを明らかにした．窒素と水素からアンモニアが生成するが，それと同時にアンモニアが分解する反応も起こる．このような反応の状況を

鉛室法を改良するために，ゲー・リュサック塔（窒素酸化物を回収する）およびグローバー塔（硝酸を分離する）が考案された．

ハーバー
（1978年，スウェーデン）

表 10.1 爆薬，窒素固定，および原子力に関する年表

1846 年	ソブレロ（伊），ニトログリセリンを発見
1866 年	ノーベル（スウェーデン）[1]，ダイナマイトを発明
1902 年	オストワルト（独）[2]，アンモニアの酸化による硝酸の製造方法を開発
1907 年	ハーバー（独）[3]，高圧（100–200 atm）でのアンモニア合成法の開発
1913 年	ボッシュ（独）[4]，アンモニア合成用に工業的規模の高圧装置の開発
1938 年	ハーン（独）[5]，ウラン 235 に中性子を照射すると核分裂が起こることを発見

[1] 遺言により，遺産でノーベル賞を創設した。
[2] 1909 年ノーベル化学賞「触媒作用，化学平衡と反応速度」
[3] 1918 年ノーベル化学賞「空中窒素の固定」
[4] 1931 年ノーベル化学賞「高圧化学の研究と開発」
[5] 1944 年ノーベル化学賞「原子核分裂の発見」

表すために，両方の向きの矢印で次のように示す。

$$N_2 + 3H_2 \rightleftarrows 2NH_3 \tag{10.3}$$

1913 年に，Bosch（ボッシュ，独）は，アンモニアの合成に関して，触媒として鉄と酸化物の混合物を用い，また高圧装置も開発して工業化の道を開いた。このようなアンモニアの合成法を，この 2 人の名前をとって，ハーバー–ボッシュ法と呼ぶ。この反応装置の概略を，図 10.1 に示す。反応容器に窒素と水素を入れ，それに圧力をかける。そして，ヒーターで加熱しながら触媒を用いて反応を加速させる。生成したアンモニアは冷却することで，液体として取り出す。高圧がかかっているので，温度を下げることでアンモニアが液化するのである。未反応の窒素と水素は回収し，再び反応させる。1918 年にハーバーがノーベル化学賞を受賞したのに続いて，ボッシュも 1931 年にノーベル化学賞を受賞した。

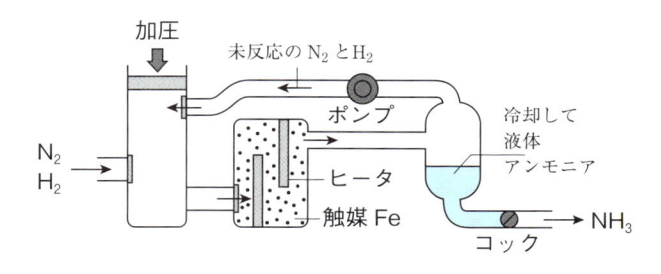

図 10.1 ハーバー–ボッシュ法

さてここで，なぜ高圧にする必要があるのか，考えてみよう。その前に，化学平衡について理解しておく必要がある。どのような反応であっても，長い時間放置すると平衡状態に達する。これは生成反応と，分解反応とがつりあって，あたかも反応が止まっている状態となる。すなわち，反応物と生成物の比が時間変化しない状態である。この化学平衡に

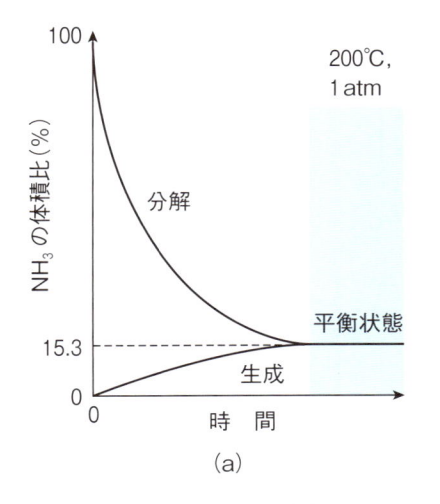

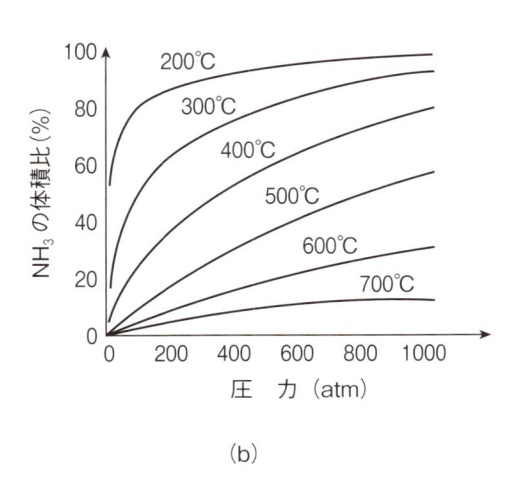

図 10.2 (a) アンモニア生成反応の平衡状態, (b) 圧力と温度依存性

ついて, Le Chatelier (ル・シャトリエ, 仏) は 1884 年に, 次のような原理を見出した.「外部から作用を受けて平衡が乱されようとした場合, その作用を打ち消す方向に変化する」. 例えば, 200℃ で 1 気圧の場合, 反応容器にアンモニアだけ入れるとそれがどんどん分解され, 最終的にアンモニアの体積比は 15.3% となる (図 10.2(a)). 反応容器に窒素と水素を体積比 1:3 で入れて放置した場合, アンモニアが生成していくが, 15.3% で止まってしまう. つまり, 最初の状態がどうであれ, 行きつく先の平衡状態は同じということである. アンモニアの体積比がたった 15.3% では, 使いものにならない. これは, 反応を 1 気圧下で行っているからである. 200℃ を保ったままで, 圧力を 100 気圧あるいは 200 気圧にあげると, 平衡状態におけるアンモニアの体積比は 85 ～ 90% に達する (図 10.2(b)). これは, かなり実用的な水準である. 圧力をそれ以上あげても, 反応効率はあまり変わらない.

このように圧力をかけると, アンモニアの生成を促進させることができる. この理由は, ルシャトリエの原理を使って説明することができる. この場合, 外部からの作用とは加圧をさす. そして, その影響を打ち消す方向とは, 圧力が下がる方向である. 気体の圧力は分子の数に比例する. (10.3) 式で, 左辺の合計 4 分子から, 右辺のアンモニア 2 分子へ変化すると圧力が下がるので, 加圧すると平衡が右へ傾くのである. なお, 反応を速く起こさせるために加熱しているが, 温度を上げ過ぎるとアンモニアの分解が促進される. これは, アンモニアの生成が発熱反応だからである.

アンモニアを酸化して硝酸を製造する方法は, 1902 年に Ostwald

正式には「ル・シャトリエの原理」と表記すべきであるが,「ルシャトリエの原理」と表す場合が多い.

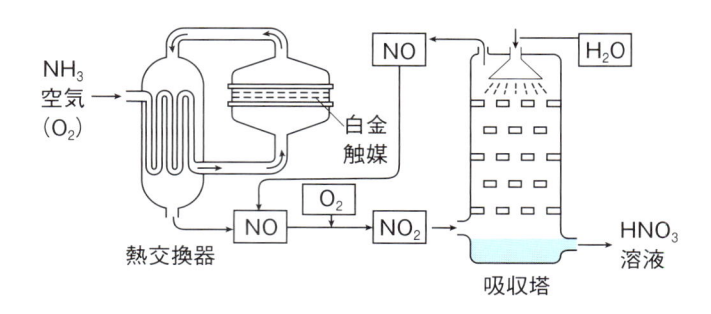

図 10.3 硝酸の製造

(オストワルト，独)が既に開発していた。その装置の概略を図 10.3 に示す。アンモニアと酸素(これは空気でよい)の混合気体を反応容器に入れ，白金触媒を用いて反応させ，一酸化窒素 NO とする。それをさらに酸化して二酸化窒素 NO_2 にしてから，水を加えて反応させる。この一連の反応は，次のように書ける。

$$4NH_3 + 5O_2 \longrightarrow 4NO + 6H_2O \quad (触媒 Pt) \tag{10.4a}$$
$$2NO + O_2 \longrightarrow 2NO_2 \tag{10.4b}$$
$$3NO_2 + H_2O \longrightarrow 2HNO_3 + NO \tag{10.4c}$$

これで，空気中の窒素から，アンモニアを経て，硝酸を製造する方法がドイツで完成した。

10.3 反応速度

化合物を合成する場合，収率を高くするだけでなく，反応に必要な時間もできるだけ短い方が望ましい。水素とヨウ素からヨウ化水素が生成する気相反応を例にとって，考えてみよう。

$$H_2 + I_2 \rightleftarrows 2HI \tag{10.5}$$

この反応において，生成物 HI の濃度 [HI] が増加する速さは，次式で表される。

$$r = \frac{d}{dt}[HI] = k[H_2][I_2] \tag{10.6}$$

つまり，$d[HI]/dt$ は，反応物 H_2 と I_2 の濃度に比例する。係数 k は速度定数と呼ばれ，温度などの反応条件によって決まる定数である。反応は分子が衝突することから始まる(図 10.4)。勢いよく分子が衝突し，分子内の結合が切れ，そして新しい結合ができて，生成物となる。(10.6)式に示したように，反応出発物質の濃度が高いほど，それだけ分

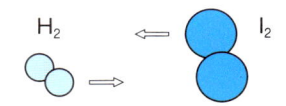

図 10.4　水素とヨウ素の衝突

子が衝突する確率も高くなり，生成物も速く増えるということになる。ただし，本来の反応の速さというのは，速度定数 k の大きさをさす。分子が衝突したとしても，必ずしも反応が起こるとは限らない。勢いよく衝突することで，反応物の結合が切れ別の結合ができるような，エネルギーの高い状態を経て生成物に至る（図 10.5）。このエネルギーの高い状態を，活性化状態あるいは遷移状態という。そして，反応物から見たときの，遷移状態のエネルギーの高さを，活性化エネルギーという。

　温度を上げることで，分子の運動が活発になる。このため，衝突によりこの活性化エネルギーの山を越えて反応が進む割合が増えるので，反応が速くなる。しかし，温度を上げるにも限度がある。そこで用いられるのが，触媒である。触媒を使うことで，活性化エネルギーが下がる。これで，反応が速くなる。触媒があってもなくても，反応物と生成物のエネルギーは変わらない。反応物に対して，よりエネルギーの低い生成物ができるときは発熱反応であり，よりエネルギーの高い生成物ができるときは吸熱反応となる。触媒を加えても，この反応熱の大きさは変わらない。

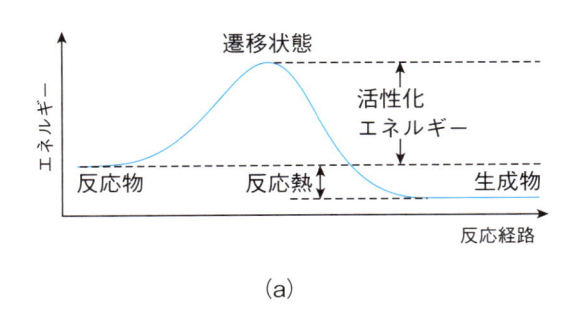

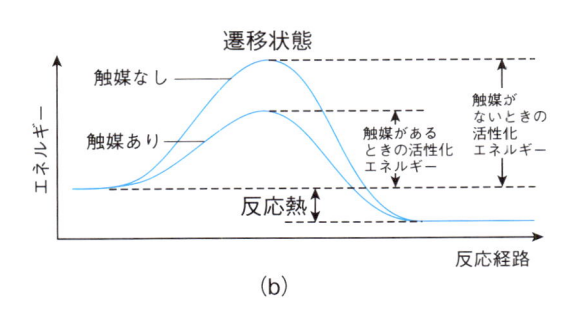

図 10.5　(a) 反応に伴うエネルギーの変化，(b) 触媒による活性化エネルギーの低下

　触媒として，主に金属あるいは金属酸化物が使われる。これらの表面で，反応が起こりやすくなる。金属結晶中では，1 個の原子の周りを他の多くの原子が取り囲み，金属結合が形成されている。しかし，結晶の表面では原子は中途半端に囲まれていて，結合の相手が不足している（図 10.6）。そこへ，分子が接近して金属へ吸着すると，金属原子との相互作用が生じ，分子内の結合が弱まる。そのような分子に，他の分子

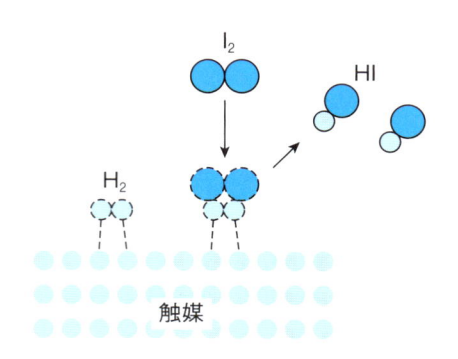

図 10.6　触媒表面での反応

が衝突することで，反応が起こりやすくなる。このように，触媒の表面は，反応の場を提供している。

10.4　戦争と化学

　化学の発展の暗い面として，戦争との関わりに触れざるを得ない。その1つが火薬である。古くは，黒色火薬が使われていた。これは10世紀に中国で発明されたといわれている。硝石に硫黄と木炭を混ぜたものであった。硫黄と炭は燃えやすいものであり，硝石から発生するNO_2がその酸化を助ける触媒となる。このため，爆発的に反応が起こる。1846年に，イタリアのSobrero（ソブレロ）が，ニトログリセリンを発見した。グリセリンとは，油脂からとれる3価のアルコールである。これに硝酸を作用させると，硝酸エステルとなる（図10.7）。この三硝酸グリセリンを，ニトログリセリンという。これは少し刺激するだけで爆発するため，非常に危険な液体である。この構造をみると，炭素と水素は酸化されやすい元素で，その酸化を助けるニトロNO_2が分子内に存在する。そのため，酸化反応が非常に起こりやすい。1866年に，Nobel（ノーベル，スウェーデン）がダイナマイトを発明した。不安定な

　同年にSchönbein（シェーンバイン，独）が，ニトロセルロースを既に発見していた。そのときの逸話が残っている。硝酸と硫酸の蒸留をしていたときに，瓶が割れて混酸がこぼれてしまった。雑巾が近くになかったので，とりあえず夫人の木綿製エプロンで拭いた。その後，エプロンをストーブの上で乾かしていたところ，跡形もなく爆発したという。

ノーベル
（ノーベル賞100周年記念，2001年アメリカ）

図 10.7　ニトログリセリンの生成反応

ニトログリセリンを，ケイ藻土にしみ込ませて，安全な産業用爆薬とした。例えば，ダムの建設やトンネル工事などに使える。

ニトログリセリンが発見され，特定の有機化合物をニトロ化すれば，爆薬が作れることがわかった。そして，そのためには硝酸が必要であった。ドイツのハーバーが1907年にアンモニアの合成法を開発した。つまり，ドイツでは，空気(窒素)を原料として，爆薬を作ることが可能となったのである。そのすぐ後に，第一次世界大戦が起こった(1914年7月〜1918年11月)。ハーバーは大変な愛国者だったらしく，あろうことか毒ガス戦を立案した。彼がノーベル化学賞を受賞したのは，この第一次世界大戦終戦の年であった。このハーバーへの授賞に対して，ドイツと敵国だった英仏が激しく反発した。毒ガス戦を立案するような者に，ノーベル賞を与えていいものか，というクレームであった。それに対して，スウェーデンのノーベル財団は，授賞を取り消さなかった。純粋に科学的な意義を評価したからであった。空中窒素の固定という業績は，画期的だった。植物の肥料として硫酸アンモニウムなど，窒素分を含む化合物が欠かせない。つまり穀物を確保するという観点から，非常に重要な発明だったのである。

歴史の中で，このように化学者も戦争とは無縁，というわけにはいかなかった。自然の流れとして，より高性能な爆薬が開発されていった。フェノールにニトロ基を3つ導入したピクリン酸は，急激な加熱で爆発する。日本でも古くは日露戦争で海軍が爆薬として使用した。その後，トルエンにニトロ基が3つ入った，トリニトロトルエン(TriNitroToluene, TNT)が開発された。この化合物は，爆発性が非常に高いため，ピクリン酸に代わって，砲弾などの爆薬として用いられるようになった。現在では，工業用爆薬としても使われている。

爆薬の範ちゅうを超えて，強烈なものが発見されてしまった。それが原子力である。地球上で自然に存在する元素の中で，一番原子番号の大きい元素はウランである。ウランの同位体の存在比および半減期を，表10.2に示す。1938年に，ドイツのHahn(ハーン)が，超ウラン元素の人工合成が目的で，ウラン235に中性子を照射した。しかし，予想外なことが起こった。原子核が壊れて2つに分裂したのである(図10.8)。

ノーベルは，ダイナマイトに関して特許を取得し，それで巨額の富を築いた。彼は結婚せず，また子供もいなかった。爆薬は人を殺す目的でも使われてしまう。それを作ったノーベルは，科学の平和的な発展に寄与したいと思ったのであろう。遺言を残して，遺産で「ノーベル賞」を創設した。第1回のノーベル賞受賞式は1901年に行われ，その受賞者の中にX線を発見したレントゲンもいた。

ピクリン酸

トリニトロトルエン(TNT)

表10.2 ウランの同位体の存在比と半減期

同位体	存在比(wt%)	半減期
^{234}U	0.0055	24.5万年
^{235}U	0.72	7.04億年
^{238}U	99.27	44.7億年

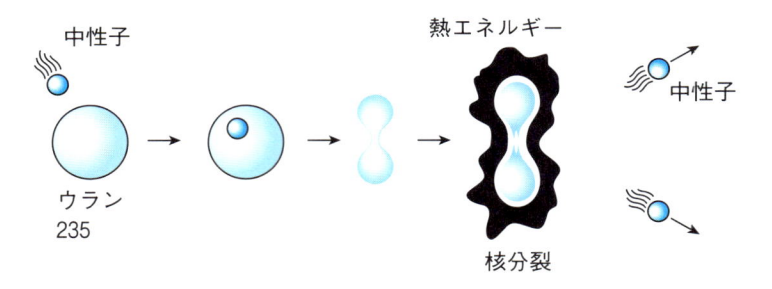

図 10.8 ウランの核分裂

そして，中性子が飛び出し，膨大なエネルギーが放出された。このときの反応式を書くと，次のようになる。

$$^{235}_{92}U + ^{1}_{0}n \longrightarrow \begin{cases} ^{144}_{54}Xe + ^{90}_{38}Sr + 2\,^{1}_{0}n \\ ^{143}_{56}Ba + ^{90}_{36}Kr + 3\,^{1}_{0}n \\ ^{135}_{53}I + ^{97}_{39}Y + 4\,^{1}_{0}n \end{cases} \tag{10.7}$$

ここで，n は中性子（neutron）を意味し，質量数が 1 であり，陽子はもたないので原子番号に相当するところは 0 としている。ウラン 235 が分裂するときに，質量数が約 140 と 90 程度という，非対称な 2 つの原子核に割れる。この割れ方に色々な可能性がある。また，この反応の前後で，質量の総和が減少する。このため，エネルギーが放出される。これは，次のアインシュタインの有名な式で表される。

$$E = mc^2 \tag{10.8}$$

この式で，質量 m とエネルギー E とは，等価であることを示している。ここで，c は光速である。質量の減少分が，エネルギーに変わって出てくる。別のいい方をすると，ウラン 235 は分裂して前より安定な核種へ変化する。このため，核子間の結合エネルギーの余剰分が外へ放出される。核分裂により，中性子がさらに発生するので，ウラン 235 の濃度が高ければ，連鎖的に反応が起こる。これが臨界状態である。この核分裂を発見したハーンは，1944 年にノーベル化学賞を受賞した。しかし，それは非常にきわどいタイミングであった。なぜならば，日本に原子爆弾が投下されたのが，その翌年だったからである。

イギリスとアメリカは，ナチス・ドイツに対抗するために，先んじて原子爆弾を完成させようとした。そして，アメリカのニューメキシコ州ロスアラモスで，このプロジェクトを開始した。そして 1945 年 6 月に，世界最初の原爆を完成させた。ところがこの時点で，既にドイツは降伏していた。そしてまだ戦争を続けていた日本に，不幸にもこの原爆が投

下されることになった（図10.9）。1945年8月6日に，ウラン235を燃料とする原爆が，広島に投下された。被災者は26万人といわれる。また，その3日後の8月9日に，今度はプルトニウム239を燃料とする原爆が，長崎に投下された（被災者17万人）。アメリカ側のいい分は，戦争をやめさせるために原爆を使ったとされているが，広島と長崎に落とした原爆の種類が違うことから，いかにも試しに使ったという感じが否めない。

広島
1945年8/6
ウラン235
被災者26万人

長崎
1945年8/9
プルトニウム239
被災者17万人

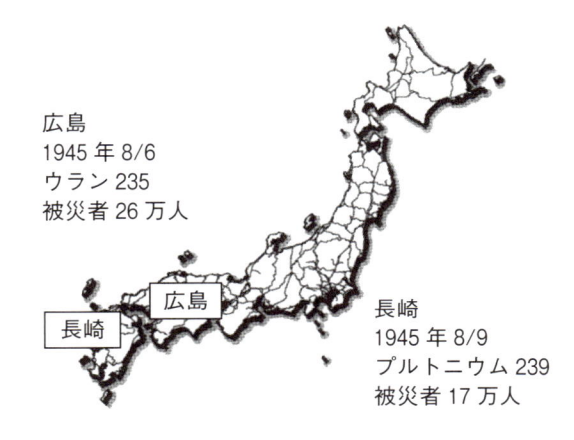

図10.9　原爆投下

　ここで，注目してほしいことは，原子力発電の燃料として使用しているウラン235は，広島に落とされた原爆の燃料と同じである。また，計画はされているがうまく進んでいない高速増殖炉は，プルトニウム239を燃料とする。これは，ウラン235による原子力発電を行っているうちにたまってくるものであり，使用済核燃料から再生される。このプルトニウムは，長崎に落とされた原爆の燃料と同じである。つまり，平和利用の原子力は，原子爆弾と同じ燃料を使っている。ウラン235を濃縮することは，原爆の開発につながっているのである。

　原爆が投下された直後に，大爆発が起こり，膨大な数の被災者を生じさせた。その後さらに，数十年にわたって放射能による被害が続いた。強い放射線がヒトの体にあたると，障害（放射線障害）を引き起こす。ヒトの体は水分が約70%を占める（図10.10）。これに放射線があたると，過酸化水素 H_2O_2 やヒドロキシラジカル $\cdot OH$ など，いわゆる活性酸素が発生する。我々の遺伝情報は，DNA（デオキシリボ核酸）の中の塩基配列として記録されている（図10.11）。それに放射線があたり，あるいは活性酸素による攻撃を受けると，DNAに傷がついてしまう。このため，ガンなどの病気を発症してしまう。

> 放射能とは，放射線を出す性質あるいは放射線を出す物体をさす。

図 10.10　ヒトの体の水分

図 10.11　染色体と DNA

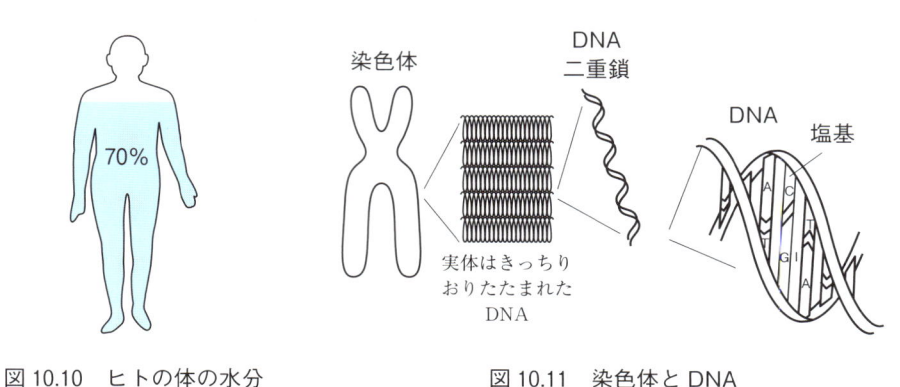

10.5　環境問題

　農薬というと，一般の消費者にとっては体に悪い有害なものというイメージが強い。しかし，農薬がなかった時代は，それはそれで大変であった。1845 年から翌年にかけて，イギリスで食糧危機が起こった。ジャガイモの疫病により，死者が約 100 万人も出たという。穀物が細菌などによる病気や昆虫による食害にみまわれると，食糧を確保できなくなる。その対策として，殺菌剤や殺虫剤などの農薬が開発された。Müller（ミュラー，スイス）は，DDT（DichloroDiphenylTrichloroethane）が殺虫剤として有効であることを，1939 年に発見した。これは，昆虫に作用し，ヒトにはほとんど無害だったため，広く用いられた。伝染病を媒介する害虫である，ノミやシラミの駆除にも使われた。ミュラーは 1948 年に，ノーベル生理学医学賞を受賞している（表 10.3）。

> 日本でも，江戸時代に何回か飢きんが起こった。その主な原因は冷夏や洪水などの異常気象であったが，ウンカの異常発生による虫害なども影響した。

DDT

レイチェル・カーソン

表 10.3　有機塩素化合物が原因の環境問題に関する年表

1939 年	ミュラー（スイス）[1]，DDT の殺虫作用を発見
1962 年	レイチェル・カーソン（米），『沈黙の春』を出版
1961〜71 年	枯葉作戦（アメリカ軍がベトナム戦争で実施）
1972 年	日本で PCB の生産中止
1974 年	ローランド（米）[2]，特定フロンによるオゾン層の破壊を予言
1983 年	オゾンホールの発見

[1] 1948 年ノーベル生理学医学賞「多数の節足動物に対する DDT の接触毒作用の発見」
[2] 1995 年ノーベル化学賞「オゾンの形成と分解に関する大気化学」

　しかし，DDT は安易に使われ過ぎた。この状況に警告を発したのは，生物学者の Rachel Carson（レイチェル・カーソン，米）であった。彼女は 1962 年に，『沈黙の春』を出版した。その書き出しは，次のような内容であった。「自然は沈黙した。鳥たちはどこへ行ってしまっ

たのか。アメリカでは春が来ても自然は黙りこくっている。」つまり，春になると森には小鳥がうるさい程さえずっているはずなのに，静まりかえっている状況を想像してほしい。このままでは，それが現実のものとなってしまう，といっている。なぜかというと，DDTを使うことにより，虫は死ぬが，その虫を食べる小鳥の体にDDTがたまっていく。ワシなど大型の鳥は小鳥を捕食する。このような食物連鎖でDDTが濃縮されていき，繁殖機能の低下を引き起こす。まわり回って，人間にも影響する。このように，農薬などが野生生物に深刻な影響を及ぼすこと，そして環境保護が必要であることを切実に訴えた。それまでは，農薬としての利点だけが強調されていたが，これ以降は環境にも配慮するという気運が急速に高まっていった。これを受けて，DDTは使用禁止となった。

農薬の一種として，除草剤がある。植物は種から根が生え，芽が出てくる。このような成長を制御しているのが，成長ホルモンと呼ばれる比較的簡単な分子である。その代表例がインドール酢酸である。分子の構造は，基本的にかさ高い芳香環と，カルボキシル基がついた側鎖とからなる。これに似せて合成されたのが，2,4,5-Tと呼ばれる林業用除草剤であった。広大な山林の除草をするのは，人手では途方もなく大変である。ところが，除草剤をヘリコプターで空からまくだけでいいので，非常に便利である。これが，ベトナム戦争のときに，アメリカ軍が枯葉作戦に使用した。ジャングルに隠れている敵兵を上空から見つけやすいように，大量に除草剤をまき，ジャングルごと枯らそうとした。この除草剤によるヒトへの影響が明らかになったのは，ベトナム戦争が終わってからだった。生まれてきた赤ん坊に，奇形が多発したのである。除草剤の中に，副生成物としてダイオキシンが含まれていたからであった。2,4,5-Tを2分子合体させたような構造が，ダイオキシンである。ダイオキシンは催奇性が強い。

工業材料にも，環境を悪化させたものがあった。その1つが，ポリ塩化ビフェニル(PolyChloroBiphenyl, PCB)である。ビフェニルとは，ベンゼン環2つをC-C結合でつないだ分子である。これに塩素原子を数個導入したものがPCBであり，不燃性でまた絶縁性であるため，変圧器やコンデンサーなどの絶縁油として利用された。電気部品は寿命が来たら使えなくなり，廃棄されることになる。このときPCBも不燃性であるため，そのまま廃棄された。これが土にしみ込み，雨に流され，次第に川および海へと流されていった。PCBは水には微量しか溶けないが，それでも海水中の濃度は10^{-5}〜10^{-3}ppm程度になっている（図

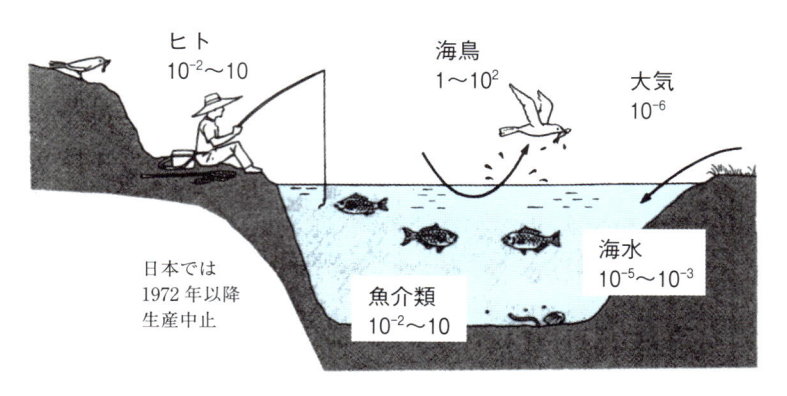

図中(図の説明):
- ヒト 10^{-2}〜10
- 海鳥 1〜10^2
- 大気 10^{-6}
- 海水 10^{-5}〜10^{-3}
- 魚介類 10^{-2}〜10
- 日本では1972年以降生産中止

図 10.12　PCB 汚染
図中の数値は PCB の濃度で，単位は ppm。

10.12)。ppm とは，100 万分率のことである。%は 100 分率であり，それと対比させると，わかりやすい。

$$1\% = 1/100 = 1 \times 10^{-2} \tag{10.9a}$$
$$1\,\mathrm{ppm} = 1/1000000 = 1 \times 10^{-6} \tag{10.9b}$$

つまり，PCB の海水中の濃度は，かなり低い。しかし，それで安心してはならない。水に溶けにくい分，それだけ脂溶性が高い。魚介類の体は有機物からなるので，海水中に生息する生物の体に，PCB がたまっていくことになる。さらに，食物連鎖によって，PCB が濃縮されていく。魚を食べる海鳥には，1〜10^2 ppm，そしてヒトの体にも 10^{-2}〜10 ppm の PCB が入り込んでいる。環境を悪化させると，まわり回ってヒトにも影響してくるのである。このため，日本では 1972 年以降，PCB は生産中止となった。

　便利に使っていたものが，環境を悪化させたもう 1 つの例がフロンである。フロンとは，クロロフルオロカーボンのことであり，$CFCl_3$，$C_2F_4Cl_2$，C_2F_5Cl など，メタンやエタンの水素を塩素やフッ素で置き換えた化合物の総称である。これの改良型である代替フロンと区別するときには，強調して特定フロンと呼ぶ。フロンは，かつて冷蔵庫の冷媒やヘアスプレーなどに利用された。しかし，当時は，その物質が使われた後にどうなるかまでは，考えが及ばなかった。ところが，大気中に放出されたフロンは，分解されることなく，大気上空まで達し，オゾン層を破壊することになる。フロンに紫外線があたると C–Cl 結合が切れ，塩素ラジカル •Cl が生じ，これがオゾンを分解する触媒となることは，2 章で既に述べた。では，フロンに紫外線があたっても，なぜフッ素ラジカルは生じないのだろうか。それは，結合エネルギーの大きさで説明で

きる(表10.4)。結合エネルギーとは、原子間の結合を断ち切るのに必要なエネルギーのことである。C-F間の結合エネルギーは485 kJ mol^{-1}であり、C-Clの339 kJ mol^{-1}に比べて大きい。つまり、C-Clに比べてC-F結合が強いので、同じ紫外線があたっても切れにくいのである。

表10.4 結合エネルギー (kJ mol^{-1})

C-C	346	C-Cl	339
C-F	485	O=O	494

以上のように、環境を破壊する物質として、DDT、ダイオキシン、PCB、そしてフロンについて述べた。これらの化合物に共通していることは、C-Cl結合をもつ人工的な有機化合物であり、自然界においてそれらを分解できる微生物が数少ない、ということである。したがって、長い期間にわたってこれらの化合物が自然界に安定に存在するため、環境破壊を引き起こすことになった。

10.6 エネルギー問題

世界の人口は、西暦1500年位までは、非常になだらかに増えていたが、20世紀以降うなぎ昇りに増加している(図10.13)。2011年には、

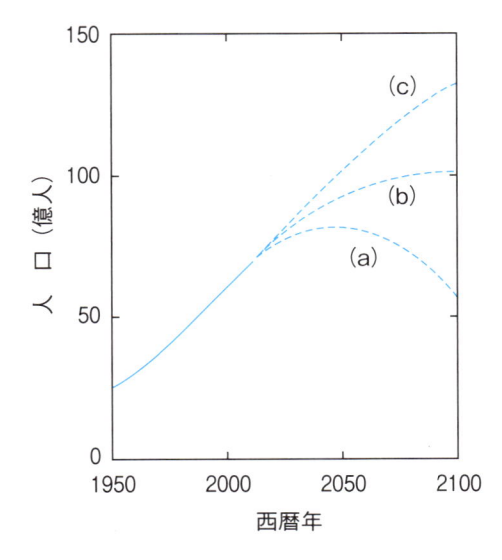

図10.13 世界の人口
実線は実績、点線は、それぞれ(a)低位、(b)中位、および(c)高位出生率のときの国連による推定値。

70億人に達した。しかし、日本をはじめとして、ロシアなどの先進国は、少子化が進んでいる。このため、人口爆発は抑えられると推定される。しかし、中国やインドなどでの人口が増加しており、予断を許さない状況である。

さて、社会におけるエネルギー源として、1850年頃は木材、そして1920年頃は石炭が主であった。その後、石油や天然ガスの比率が大きくなっていった。最近では、10%が原子力発電であり、水力や風力などの自然エネルギーが10%程度になっている。では、地球上における燃料の可採埋蔵量は、どの程度なのだろうか。ある試算によると、石炭はもっと深くまで掘るなどすれば、まだ100年後も残っている。しかし、現時点において鉱山は既に相当深くまで掘り進んでいるので、新たな炭鉱を探す必要があるであろう。油田の残量の見積りも難しいところだが、あと50年位はもつだろうと推定されている。最近、粘土層に含まれている天然ガス（これをシェールガスという）を掘り出す技術が開発された。原子力に必要なウランは、100年後には枯渇すると推定される。まず、とりあえず、ここ10年から20年にかけては、燃料供給の状況が急に悪化するようなことはないと推定される。しかし、それだからといって、化石燃料を今まで通り使い続けていい、ということにはならない。温暖化が進んでいるからである。

地球の海水面は、ここ100年間で約10 cmの割合で上昇している。これは、地球温暖化のためと考えられる。化石燃料の消費が、産業革命後に急速に増えたため、二酸化炭素の濃度が増えて、温暖化を招いている。二酸化炭素の温室効果の機構については、2章で学んだ。気温が上昇したために、氷河や極地の氷が溶ける。これが、海水面上昇の原因の約半分である。残り半分の要因は、温度上昇による海水の熱膨張のためである。海の水は膨大な量であるため、少し膨張するだけで、その影響が強く出てくる。海水面が上昇することにより、赤道直下の土地の低い島々は、水没の危機にある。水没しなくても、満潮になると畑に波が押し寄せる。このため、塩害が深刻な問題となっている。また、温暖化により、ハリケーンや台風が強大になるなど、異常気象が発生しやすくなる。

温暖化やオゾン層の破壊など、地球規模の環境問題は、国際的に協力して対策を考える必要がある（図10.14）。しかし、そう簡単にはいかない。CO_2の排出規制をするということは、経済活動を抑制することにつながる。先進国では、人口が少ない割に、1人当たり使用するエネルギーが比較的多い。それに比べて、発展途上国では1人当たりのエネル

> 化石燃料とは、石炭や石油、天然ガスなど可燃性の地下資源のことをいう。これらは、太古の生物の死骸が、地層中で長い時間かかって変化してできたものと考えられている。

図 10.14　地球規模の環境問題

ギー消費量が少ない。これから，工業を発展させようとしているこれらの国に対して，化石燃料を使うなとはいいにくい。温暖化の対策として，森林の保護も重要である。植物は光合成により，二酸化炭素を酸素に変えてくれるからである。この点で，アフリカや中央アジアで進んでいる砂漠化を抑えたり，赤道付近での熱帯雨林の破壊を防ぐ対策も必要である。カナダや北ヨーロッパで発生している，酸性雨による森林への被害も見逃せない。

　さて，酸性雨とは何であろうか。pHとは水素イオン濃度の指標であり，中性ではpH = 7 である（図 10.15）。普通の雨でも，pHが5.6程度と弱酸性になっている。これは，大気中のCO_2が雨に溶けるからである。酸性雨とは，pHが5.5以下のものをいう。これは工場や自動車などから出る排気ガスに，窒素酸化物や硫黄酸化物（NO_2やSO_2など）が含まれていて，それらが雨に溶け込むため酸性度が上がるのである。日本では，pH 4.4 ～ 5.5（平均 4.7 程度）と報告されている。なお，酸性雨

これら人為的な要因以外に，微生物による有機イオウ化合物の分解で生じる硫化水素（H_2S）やジメチルスルフィド（CH_3SCH_3），あるいは火山活動で放出されるH_2SやSO_2などにも影響を受ける。

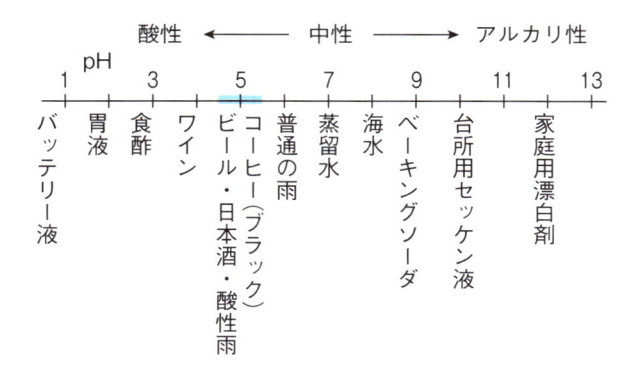

図 10.15　身近な物質のpH

北東アメリカの広葉樹林の流域では，雨のpHが年平均4.3に対して河川水のpHは4.7という測定例がある。日本では酸性雨が降っても，河川水のpHは7以上に保たれている。それは，土壌や岩石中の鉱物が化学的に風化することで，水素イオンをNa^+やK^+などに交換しているからである。反応例は次の通り。
$KAlSi_3O_8 + H^+ + 4.5H_2O \longrightarrow K^+ + 0.5Al_2Si_2O_5(OH)_4 + 2H_4SiO_4$

のpH 5というのは，ブラックコーヒーやビール，日本酒と同じ位の酸性度である。したがって，酸性雨が服にかかったとしても，穴があくようなことは起こらない。しかし，大理石や石灰石でできている建造物は，長い間，酸性雨にさらされると，溶けて風化が進む。カナダや北ヨーロッパでは，酸性雨による森林への被害も，深刻である。日本では幸い，酸性雨による森林の被害はそれほど見られない。これは，土壌の違いによる。日本の土壌は，酸性雨を中和してくれるため，その被害が生じにくいのである。

10.7 身近な化学

ここでは，化学が日常生活に役立っている，明るい面を紹介する。まず，人工甘味料についてである。味覚の中の甘みを引き起こす代表的な物質は，スクロース，つまり砂糖である。これは，サトウキビの汁から精製される。グルコース（ブドウ糖）とフルクトース（果糖）とからなる二糖類である。人工甘味料が見つかったのは，偶然のことであった。有機合成の実験中に，ある人が薬包紙を1枚取ろうとして指をなめたときに，やたらと甘いことに気付いた。それが世界初の人工甘味料，サッカリンの発見であった（1879年）。甘さは砂糖の500倍である。つまり，砂糖を1g使ったときの甘さは，サッカリン1/500gのときと同等，という意味である。サッカリン以外にも，各種の人工甘味料が合成された。しかし，微量といえども，甘ければいいというものではない。発がん性など，副作用があってはならない。この点で，1965年に合成されたアスパルテームは，甘さは砂糖の200倍で，しかも安全である。なぜなら，タンパク質を構成している20種類のα-アミノ酸のうち，アスパラギン酸とフェニルアラニンをつなげたような分子だからである。この化合物は，ダイエットシュガーともよばれ，炭酸飲料などに現在広く用いられている。

次は，人工繊維についてである。絹は光沢があり，しかも丈夫である。カイコの繭から採れる絹フィブロインは，セリン，グリシン，アラニンという3種類のα-アミノ酸からなるタンパク質である（図10.16）。これに似せて，人工繊維を作ろうとしたのが，アメリカのデュポン社の研究員Carothers（カロザース）であった。彼は，ジアミンとジカルボン酸とを脱水縮合させて，ポリマーを作ろうとした（図10.17）。しかし，反応によって生じる水分のために，重合が途中で止まってしまう。この問題を解決するために，1年位かかった。こうして，1937年にナイ

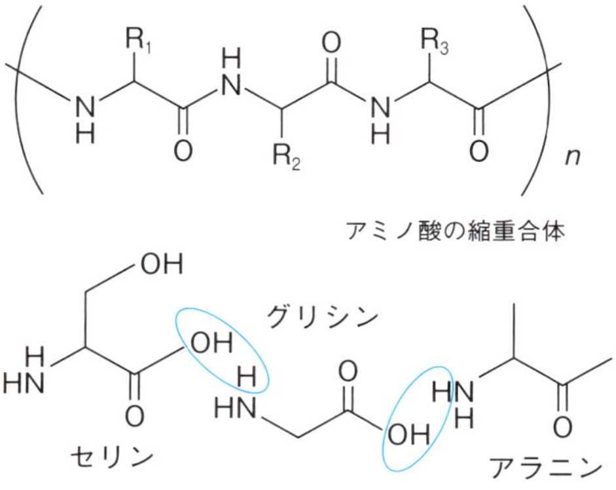

図 10.16　絹フィブロイン

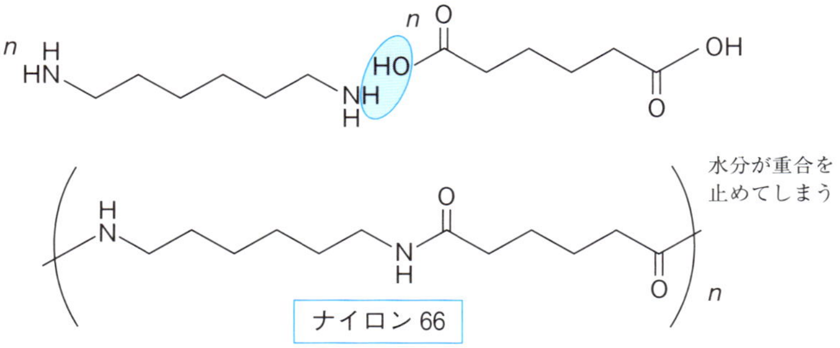

図 10.17　ナイロン 66 の合成

ロンを発明した。その後、ナイロンの糸で作ったストッキングが売り出され、好評を博した。アスパルテームもナイロンも、分子の縮合部は、-C(＝O)-NH- であり、これをアミド結合という(図 10.18)。タンパク質については、ペプチド結合とも呼ばれる。

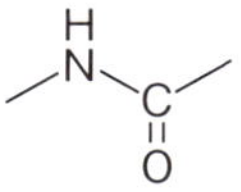

図 10.18　アミド結合

> 高分子とは、分子量が大きい分子をさす。これに対して、分子量の比較的小さいものを低分子という。また、重合反応において、重合前の分子をモノマー(単量体)、重合によって分子が数多く連結したものをポリマー(重合体)という。

不安定な過酸化物

2012年4月，山口で化学工場が爆発した。接着剤の原料，レゾルシンを作る過程で生成される過酸化物が，爆発を招いた。過酸化物は分解しやすいため，低温に保つ必要がある(ベンゼンからフェノールを合成するクメン法でも，過酸化物を経由する)。工場内に蒸気を供給する別のプラントが直前に異常停止し，これで電力不足に陥ったものと推定される。分解反応により熱が発生し，さらに分解が加速された。この例の他にも，化学工場での火災事故などを，ニュースでたまに聞く。化学工場でこのような事故が，なぜ起こるのだろうか。要因としては，有機溶剤など可燃性の物質を大量に扱っていることが挙げられる。また，リスク管理が不十分と思われる。事故が起こってから対策を考えるのは容易だが，事故が起こる前にそれを予期して対策を立てるのは，難しい。したがって，このような事故の事例は情報を広く共有し継承して，少なくとも二度と同じような事故を起こさないようにすべきであろう。

工場火災

レゾルシンの合成法

演習問題

問1 水素と窒素からアンモニアを効率よく合成するには,高圧容器が必要である。この理由をルシャトリエの原理を用いて説明しなさい。

問2 DDTやPCBなどの化合物中のC–Cl結合と,NaCl中の化学結合との違いを説明しなさい。

問3 地球の温暖化がこのまま進むとなぜ困るのか,説明しなさい。

演習問題の解答

▶1 章

問1 (ア)C，(イ)O，(ウ)Cu，(エ)Na，(オ)Cl，(カ)N，(キ)F，(ク)Fe，(ケ)Ca，(コ)H

(注)フッ素 F と鉄 Fe，塩素 Cl とクロム Cr などが混同しやすい。また，銅 Cu かカルシウム Ca か，どちらかわからないような書き方は避けること。

(1) NaCl　　(2) Cu

a か u か紛らわしいダメな書き方の例

問2 (サ)リン　(シ)硫黄(あるいはイオウ)　(ス)ケイ素(あるいはシリコン)　(セ)ヘリウム　(ソ)ネオン

問3 ①陽子　②中性子　③電子　④イオン(あるいは陽イオン)

問4 (1)Na^+　(2)Mg^{2+}　(3)Al^{3+}　(4)Cl^-

問5 (1)分子量とは，一定の基準によって定めた分子の相対的な質量である。分子量に単位として g を付けると，その分子 1 モルの質量となる。分子量は，分子を構成する原子の原子量の和に等しい。(2)水の分子式は H_2O である。原子量 H=1，O=16 より，分子量 H_2O=18。よって，36/18=2(モル)。

問6 ①$10^{-6}$　②$10^2$　③6　④7

問7 ①$10^{-3}$　②$10^{-6}$　③$10^{-9}$　④$10^3$　⑤1　⑥$10^3$　⑦$10^{-3}$　⑧$10^{-9}$　⑨$10^{-12}$　⑩10^3　⑪10^6　⑫10^9

(注) s は秒の記号であり，B はバイト(記憶などの容量を表す単位)である。

問8 (1) 1 ダースは 12 なので，60/12=5(ダース)
(2) 1 モルは $6.022×10^{23}$ なので，$70×10^8/(6.022×10^{23})=1.16×10^{-14}$(モル)

問9 (ア)NaOH　(イ)H_2SO_4　(ウ)HCl　(エ)HNO_3　(オ)CH_3COOH　(カ)NH_3aq(または便宜上 NH_4OH)　(キ)NH_4Cl　(ク)$FeCl_3$　(ケ)$AgNO_3$　(コ)C_2H_5OH

問10 (サ)亜硝酸ナトリウム　(シ)水酸化ナトリウム　(ス)塩化カリウム　(セ)クロム酸カリウム　(ソ)酢酸ナトリウム　(タ)塩化ニッケル　(チ)過酸化水素　(ツ)ヨウ化カリウム　(テ)水酸化カルシウム　(ト)炭酸水素ナトリウム(または重曹)

問11 (1)$2H_2O \longrightarrow 2H_2+O_2$，
(2)$NaHCO_3+HCl \longrightarrow NaCl+H_2O+CO_2$

(注)大文字と小文字の区別，および添字に注意する。

問12

(a)　(b)　(c)ダメな例

ベンゼンの構造式(省略しない形)

ベンゼンの構造式を書く場合，(a)でも(b)でもよい。なお，(c)のように，炭素の元素記号を折れ線と重ねて書いてはいけない(折れ線の外に元素記号を書いてもいけない)。元素記号は，各原子の中心位置を意味し，線はそれらの間の結合を示すものだからである。

問13

くさび形の結合の線は，実線は手前，破線は奥に向かっている

L-バリンの構造式(省略しない形)

光学活性な分子の場合，立体配置まで正しく示す必要がある。光学異性体については，8 章を参照のこと。

問14 (1)化学は主に物質を扱う学問で，自然科学の 1 分野である。科学とは，「一定の目的・方法のもとに種々の事象を研究する認識活動，およびその体系的知識」をいう。広義では学問と同じ意味で，狭義では自然科学だけをさすことがある。(2)どのような物質でも，固体，液体，そして気体の状態をとりうる。このうち，気体とは分子がばらばらに離れて高速で運動しているため，体積も大きくなってい

る。空気とは，主に窒素と酸素(それぞれ78%と21%)とからなる混合気体である。(3)物質をばらばらに分解したときの，最小構成要素が原子である。分子は，1個の独立な粒子としてふるまう，単一原子もしくは複数の原子の集合体である。例えば，水の分子は H_2O であり，それは水素と酸素原子が結合したものである。(4)物質量とはアボガドロ数 (6.022×10^{23}) を1単位として表した物質の数量(あるいは個数)であり，単位はモルである。分子量とは，分子の相対質量のことである(ただし無名数)。その数値に単位として g をつけたものが，分子1モルの質量である。(5)同素体とは，おなじ元素だけからなる物質で，構造の違うものをさす。例としては，ダイヤモンド，黒鉛，フラーレンなどが同素体である。同位体とは，同じ元素だが質量数の異なる原子をさす。例としては，^{12}C，^{13}C と ^{14}C。(6)放射線とは，粒子線あるいは波長の短い電磁波などで，電離作用の大きいものをさす。ある特定の原子の同位体は，自発的に原子核が崩壊し，その際に粒子や電磁波を放出する。このような放射線を出す性質(あるいは放射線を出す物体)を放射能という。

▶ 2 章

問1 電磁波のエネルギーの高い順に並べると，次のようになる。(c) X 線＞(b)紫外線＞(d)可視光＞(e)赤外線＞(a)マイクロ波。

問2 地球に適度な引力があること。また，地表温度が適度であること。大気中の二酸化炭素は海水に溶け，石灰石として沈殿した。

問3 大気中の ^{14}C の存在比(^{12}C や ^{13}C に対して)はほぼ一定とみなせる。これが，$^{14}CO_2$ として生物の体内に取り込まれる(動物の体内には植物の摂取などにより，間接的に入ってくる)。生物が死ぬと，新しい ^{14}C の供給が止まるので，年を経る毎に化石中の ^{14}C の存在比が下がる。^{14}C の存在比が半分になるのが5730年(半減期 $t_{1/2}$)であり，さらに5730年たつと1/4になる。よって，化石中の ^{14}C の存在比を測定すれば，経過した時間を知ることができる。

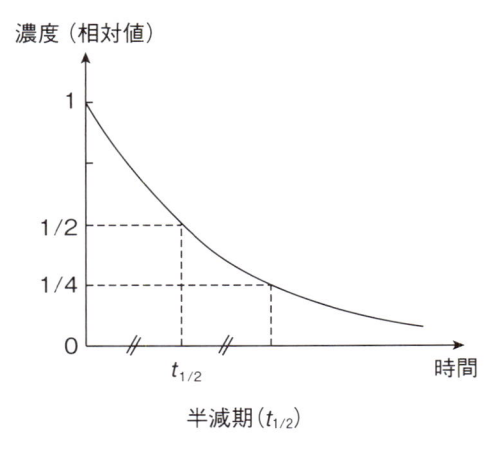

半減期($t_{1/2}$)

問4 太陽からの光によって暖められた地表は，赤外線を放出する。二酸化炭素は，その赤外線を吸収し，分子振動が活発になる。その後，二酸化炭素はあらゆる方向に前と同じエネルギーの赤外線を出すため，その一部は地表へ戻る。このようにして，地球外へのエネルギー放出がさまたげられる。

問5 太陽からの紫外線が地表で強くなり，皮膚ガンの発生率が高くなる。植物の成長も抑制される。

▶ 3 章

問1 ある元素の原子は，化学的性質はすべて同じだが，質量の異なる同位体が存在する。また，特殊な条件下では，原子が核融合や核分裂を起こして，他の元素へ変わる。

問2 アボガドロの仮説によると，「同温，同圧において，気体の体積は分子数に比例する。」窒素1容からアンモニア2容ができるということは，窒素分子がアンモニア形成時に半分ずつに分かれていることがわかる。よって，窒素は単原子気体ではあり得ない。

問3 省略(付録の周期表を参照)。

(注)希ガス元素，He，Ne，Ar を○で囲む。なお，Be はベリリウムだが，間違ってベリウムと書きやすいので注意すること。

▶ 4 章

問1 (1)光電効果。(2)1個の光子が電子に吸収されると，そのエネルギー($E = h\nu$)が電子の運動エネルギーに変わる。(3)光子1個のエネルギーは波長 λ に反比例する($E = h\nu = hc/\lambda$)。光の強さは，光子の数の多さに対応するが，電子は1回に光子を1個しか吸収しない。

問 2

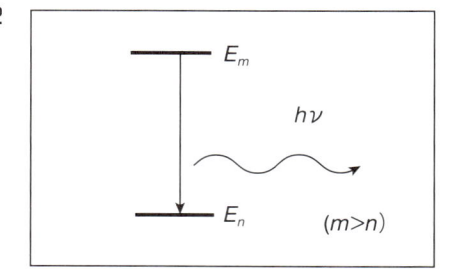

光の放出

(1)式より，
$$\Delta E = E_m - E_n = R\left[\frac{1}{n^2} - \frac{1}{m^2}\right] \quad ①$$
一方，$\Delta E = h\nu = hc/\lambda$ ②
①と②を合わせると，(2)式になる。

問 3 太陽には 61 種類以上の元素が存在し，それらの原子によって光が吸収されている。水素原子中の電子は，特定のエネルギーの値しかとれない。そして，

$\Delta E = E_m - E_n = h\nu = hc/\lambda$ の関係が，光の吸収でも放出でも成り立つため。

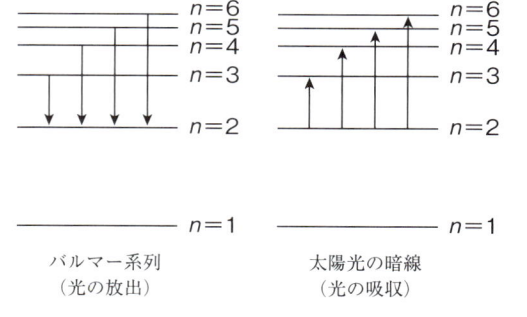

バルマー系列　　　　太陽光の暗線
（光の放出）　　　　（光の吸収）

バルマー系列と太陽光の暗線の関係

▶ 5 章
問 1

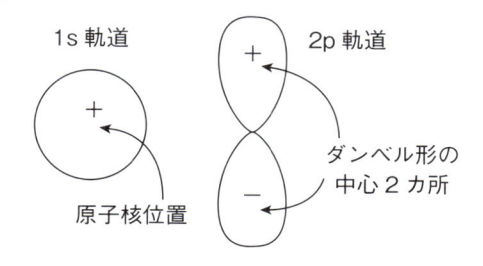

1s 軌道　　　　2p 軌道

ダンベル形の中心2カ所
原子核位置

1s と 2p の電子密度最大位置

（注）原子軌道の図を描くとき，その位相（+ か − か）まで示すこと。

問 2

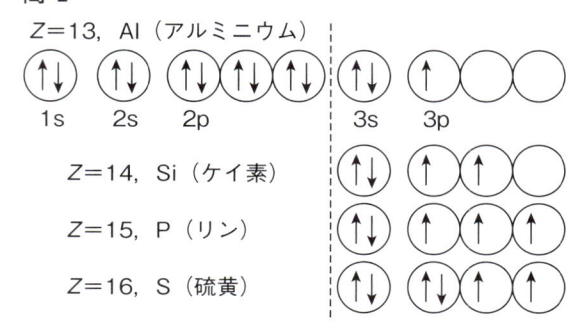

$Z=13$, Al（アルミニウム）
$Z=14$, Si（ケイ素）
$Z=15$, P（リン）
$Z=16$, S（硫黄）

Al から S までの電子配置

（注）フントの規則を適用する必要がある。なお，電子の Ne コアは共通のため，省略して描いた。

▶ 6 章
問 1 （a）

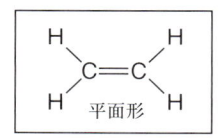

エチレンの構造式

（注）C-C-H などの結合角を大体 120° に近く描くこと。

(b) 結合次数 2 の共有結合。(c) 分子平面内で sp^2 混成軌道間の重なりにより，σ結合が形成される。分子面に垂直方向の 2p 軌道の重なりにより，π結合が形成される。

問 2 （a）1 個の原子が水素原子 2 個と結合すること。(b) 基底状態における電子配置は，$_8$O：$(1s)^2(2s)^2(2p)^4$ である。このうち，価電子は 2s と 2p で合計 6 個。(c) 4 つの sp^3 混成軌道に 6 個の価電子が入るので，非結合電子対が 2 組でき，共有結合に使える電子は 2 個になる。それぞれが水素原子と結合電子対をつくるので，原子価が 2 となる。

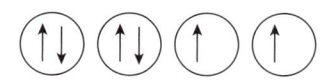

酸素原子の sp^3 混成軌道の電子配置

▶ 7 章
問 1 一般的に結晶中では，分子ができるだけ密につまる。したがって，液体から固体になると体積が縮む。しかし，氷の結晶は例外である。その理由は，パッキングの効率よりも水素結合 O−H…O の形成が優先されるため，すきまの多い構造になるからである。水素結合において，O−H…O は直線的な配

置をとる。

問 2 (1) 省略(図 7.27 を参照)。
(2) バンドギャップ ΔE が小さい程，価電子帯から伝導帯へ電子が飛び移る確率が増える。飛び移った電子は自由電子となるため，電気が流れる。ダイヤモンドでは，ΔE が大き過ぎるため，価電子帯から伝導帯へ電子が飛び移れない。

問 3 単位格子の図は，図 7.21 と図 7.22 を参照。
(1) 面心立方構造は最密充填の1つであり，配位数は 12。単位格子の面(正方形)の対角線の長さは，$2R = \sqrt{2}a$。よって，$R = \dfrac{\sqrt{2}}{2}a$。(2) 体心立方構造では，配位数 8。単位格子の体対角線の長さは，$2R = \sqrt{3}a$。よって，$R = \dfrac{\sqrt{3}}{2}a$。

▶ **8 章**

問 1

ナフタレン

フェノール　安息香酸　トルエン

芳香族化合物

参考のために，炭素とそれに結合している水素原子も省略しない形の構造式を，ナフタレンについて示した。フェノールは，芳香族のアルコールである。アルコールの化合物名は，語尾に ol (オール) がつく。安息香酸は，芳香族のカルボン酸である。

問 2 分子式 C_4H_8 より，不飽和度 $U = (2n + 2 - m)/2 = 1$。したがって，環が1つかあるいは二重結合を1つもつことがわかる。環の場合は，3員環か4員環の2通りである。直鎖状の構造のとき二重結合が末端にあるか，あるいは中央にあるかの可能性がある。このとき，シスとトランスの異性体も区別する必要がある。

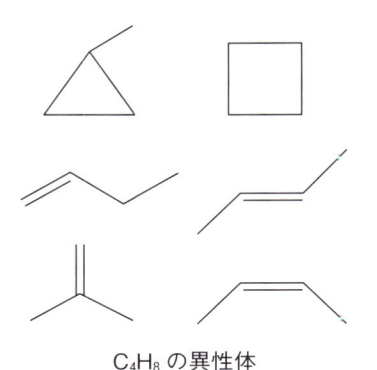

C_4H_8 の異性体

問 3 酸素を含む有機化合物 $C_nH_mO_x$ について，水素を加えて飽和させたとき，酸素は(-O-)の形になる。つまり，飽和炭化水素の C-C あるいは C-H 結合の途中に酸素が入ることになる。このため，飽和させたときの分子の炭素と水素の原子数は，酸素が加わっても変わらない。よって，不飽和度は(8.1)式と同じになる。 $U = (2n + 2 - m)/2$
(例) C_2H_4O のとき，$n = 2$, $m = 4$ より，$U = 1$。つまり，二重結合が1つか，あるいは環を1つもつ。

C_2H_4O の異性体

▶ **9 章**

問 1

トリブロモベンゼンの異性体

問 2

(1) [trans-1,2-ジブロモシクロヘキサン]

(2) [ブロモベンゼン] + HBr

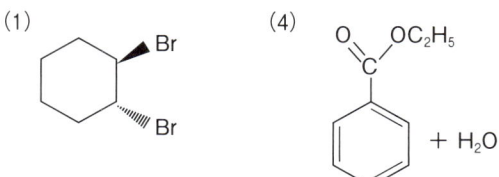

(3) [ニトロベンゼン] + H₂O

(4) [安息香酸エチル] + H₂O

(5) [2-フェニル-2-ブタノール] + MgClI

(6) [ディールス-アルダー付加物]

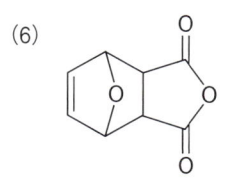

反応式の生成物

(1)では，トランス付加であることを，くさび形の結合の線で示す必要がある。シス体とトランス体は，別の化合物である。(2)〜(5)では，主たる生成物の他に，H₂O なども生じるので，反応式を完結させるには，それらも忘れずに書く必要がある。

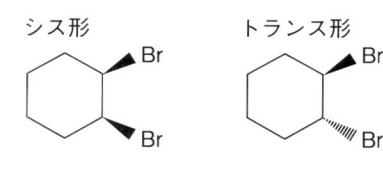

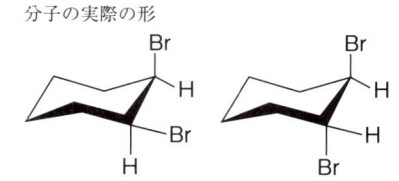

シス形　　**トランス形**

分子の実際の形

シスとトランス体

(6)では，フランの酸素原子がディールス-アルダー反応後も，元の2つの炭素原子に結合したまま残っている。生成物の構造式をみると，この酸素原子が6員環の狭い空間の中に，押し込まれているようにみえる。しかし，その6員環は実際には屋根形になっていて，酸素原子がそれからさらに外側に突き出るような格好をしている。このように，立体的に無理のない構造となっている。

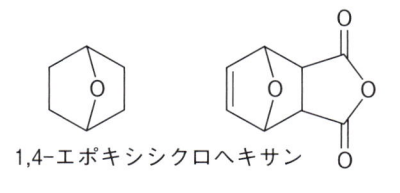

1,4-エポキシシクロヘキサン

分子の実際の形

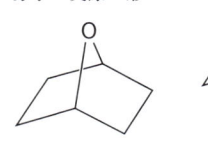

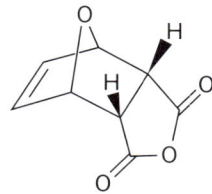

エポキシ化合物

▶ 10 章

問 1 アンモニアの合成では，ある一定の反応条件の下で，以下のような化学平衡に達する。

$N_2 + 3H_2 \rightleftarrows 2NH_3$

この反応式の左辺が4分子で，右辺は2分子である。また，気体の圧力は分子の数に比例する。外から圧力を加えると，ルシャトリエの原理により，圧力を下げる方向（反応容器中の分子数を減らす方向）に平衡が動く。これによって，アンモニアの生成が促進される。

問 2 C－Cl は共有結合である。その一方，NaCl 中では Na⁺ と Cl⁻ とが交互に並び，イオン結合で結ばれている。NaCl は水に溶けると，Na⁺ と Cl⁻ に分かれる。しかし，C－Cl 結合は，簡単に切ることができない。それを分解できる微生物も少ない。ただし，フロンのように，紫外線にあたると C－Cl 結合が切れる場合もある。

問 3 地球の温暖化が進むと，海水面が上昇し，土地が水没する。これは海抜の低い国にとって，深刻な問題である。また，異常気象が起こりやすくなる。降雨量が全体的に増えて，豪雨になりやすくなる。その一方で，干ばつになる穀倉地帯も出てくると推定される。

参 考 文 献

この本を執筆するにあたり，以下の著書に大変お世話になった．ここに感謝する．

安田德太郎訳編，『新訳　ダンネマン　大自然科学史』，三省堂(2002)
伊藤正時，大場茂，茅幸二，仙名保，中嶋敦，藪下聡，『物理化学演習』，裳華房(1999)
太田博道，岩村道子，大場茂，西山繁，『生命科学のための基礎シリーズ　化学』，実教出版(2002)
M.J. Winter 著，西本吉助訳，『フレッシュマンのための化学結合論』，化学同人(1996)
T. H. Levere 著，化学史学会監訳，『入門化学史』，朝倉書店(2007)
浅野努，荒川剛，菊川清，榊原邁，『改訂　化学　―物質・エネルギー・環境―』，学術図書出版社(2008)
多賀光彦，那須淑子，『地球の化学と環境』，三共出版(1998)
西口毅，『現代の生活と物質』，化学同人(1996)
『化学』編集部編，『これはすごい！　化学の世界記録集』，化学同人(1999)
李浩喜，『暮らしの化学』，裳華房(1996)
唐津孝，加藤明良，杉山邦夫，長谷川正，幸本重男，小中原猛雄，『構造解析学』，朝倉書店(1995)
新しい放射線の知識を学ぶ会，『生命と放射線』，日本電気協会新聞部(1998)
日本化学会，酸性雨問題研究会編，『続　身近な地球環境問題－酸性雨を考える』，コロナ社(2002)
若山芳三郎，『イラストで学ぶ　でんき電気でんき』，東京電機大学出版局(1990)
科学者人名事典編集委員会，『科学者人名事典』，丸善(1997)
大木道則他編集，『化学大辞典』，東京化学同人(1989)
長倉三郎他編集，『理化学辞典』第5版，岩波書店(1998)

索引

あ行

アインシュタイン　53, 57, 188
味受容膜　147
アスパルテーム　196
アセチレン　103
アセトアニリド　176
アセトアルデヒド　84, 143
アゾ基　167
圧縮係数　121
アデニン　131
アニリン　163
アボガドロ数　3
アボガドロの仮説　43
アミド　144
アミド結合　197
アミノ酸　144
アリストテレス　31
アルカリ金属　45, 65
アルカリ性　7
アルカリ土類金属　65
アルカン　135
アルキメデス　32
アルケン　140
アルコール　135, 142
アルコールパッチテスト　84
アルデヒド　142
アルドール縮合　172
アレン　90
暗線　19, 65
安息香酸　162
アンモニアの合成　181

イオン化エネルギー　81
イオン化傾向　8
イオン結晶　122
イオン半径　123
異性体　137
　——, 鏡像　144
　——, 光学　144
　——, シス-トランス　140
位置エネルギー　58
インジゴ　174

ウェーラー　44
右旋性　145, 148

宇宙線　17
運動エネルギー　55
運動量　55

エステル　144
エタン　101
エチルアルコール　143
エチレン　102, 141
エーテル　144
エネルギーギャップ　129
塩基　7
塩基性　7
鉛室法　181
炎色反応　65

王水　38
オキソニウムイオン　2
オゾン　107
オゾン層　22
オゾンホール　23
オルト　165
オングストローム　47
温室効果　27
温暖化　24

α 線　11
IR　19
IRスペクトル　157
IUPAC　34
LED　131
L系列　145
NMR　158
sp 混成　103
sp^2 混成　102
sp^3 混成　100
X線回折法　178

か行

界面活性剤　135
科学革命　36
化学平衡　182
核磁気共鳴　158
核分裂　188
核融合　46
過酸化物　198

化石燃料　194
活性化エネルギー　185
活性化状態　185
価電子　83
価電子帯　128
カフェイン　132
カラムクロマトグラフィー　154
ガリレオ・ガリレイ　36
カルボキシル基　135
カルボニル基　172
カルボン酸　142
還元　8
官能基　157
乾留　163

希ガス　45
基質　152
気体定数　9, 120
基底状態　62, 79
軌道　72
　——, 1s　73
　——, 2p　73
　——, 3d　73
　——, 結合性　92, 94
　——, 原子　72
　——, 混成　100
　——, 反結合性　92, 94
　——, 分子　90
キニン　164
キノイド型構造　108
キノリン　171
強酸　7
共鳴構造式　104
共有結合　93
極座標　71
極性　83
キラル　146
ギリシャ哲学　30
ギリシャ文字　50
金属錯体　108

グアニン　131
グラファイト　105
グリセルアルデヒド　159
グリニャール反応　173
クロマトグラフィー　153

ケクレ 165
結合次数 96
結合電子対 87
ケトン 143
原子価 5, 86, 87
原子核 1, 69
原子爆弾 188
原子番号 2
原子量 3, 46
原子力 187
原子力発電 189
原子論 32, 42

光学分割 149
光子 53
格子振動 127
酵素 152
構造式 5, 88
光電効果 52
高分子 197
光量子説 53
氷 119
黒鉛 105
コークス 163
孤立電子対 87
コールタール 164
コンプトン効果 53

γ線 11
K殻 70, 79

さ 行

催奇性 152
最密充填 125
左旋性 145, 148
サッカリン 196
サリドマイド 151
酸 7
酸化 8
三重点 114
酸性雨 195

紫外線 18
シクロプロパン 138
シクロプロパン環 90
シクロヘキサン 138
仕事関数 53
シス-トランス異性 140
自然分晶 149
質量数 2
質量分析 154

シトシン 131
脂肪酸 135
弱酸 7
遮へい効果 76
周期表 45
重合 196
重水素 25
自由電子 127
収率 176
酒石酸 146
昇華 113
硝石 181
状態図 114
状態方程式 9
蒸発熱 112
触媒 181
食物連鎖 191, 192
人工元素 33
親水性 135
振動数 51

水晶 160
水素結合 116, 131
水素様原子 70
スクロース 196
スピン 78
スペクトル 19
スルホ基 135, 170
スルホン化 170

正孔 129
石英 160
赤外線 18, 24
赤外線吸収スペクトル 157
赤外不活性 157
石灰石 21
セッケン 135
絶対温度 113
絶対配置 144, 159
遷移元素 83
遷移状態 185
旋光性 148
全合成 175
旋光度 148

疎水性 135
組成式 86

σ結合 97

た 行

ダイオキシン 191
ダイオード 130
対掌体 144
体心立方 125
ダイヤモンド 123
脱水縮合反応 144
田中耕一 155
単位格子 113
タンパク質 144

チオフェン 167
置換反応 142
地球温暖化 194
地球カレンダー 16
チミン 131
中性子 1, 188

抵抗率 128
ディールス-アルダー反応 173
デモクリトス 32
電気陰性度 83
電気伝導率 128
典型元素 83
電子雲 69
電子殻 70
電子式 86
電子親和力 81
電子のスピン 77
電子配置 79, 98
電子密度 57
伝導帯 128

同位体 1, 45
同族元素 45
ドライアイス 113
トランス付加 141
トリチェリの真空 37
トルエン 89
ドルトン 42

DDT 190
DNA 131, 189
D系列 145
TNT 187

な 行

内殻 83
ナイロン 197
ナフタレン 89

索 引 209

ニトロ基　171
ニトログリセリン　186
ニュートン　38
尿酸　132
尿素　44

年代測定　17
年代測定法　15
　　——，ウラン鉛　15
　　——，炭素14　17

ノーベル　186

は 行

配位結合　108
配位数　122
ハイゼンベルグ　56
パウリの原理　78
パーキン　164
箱の中の粒子　58
波数単位　62
パスツール　149
波長　51
波動関数　57
バナナボンド　138
ハーバー　181
ハーバー－ボッシュ法　182
パラ　166
パリトキシン　175
バルマー系列　61
ハロゲン　45
半減期　16
バンド　126
半導体　128
　　——，n 型　130
　　——，p 型　130
バンドギャップ　129
反応速度　184

非共有電子対　87
ピクリン酸　187
非結合電子対　87
比重　33
ビタミン A　141
ビッグバン　14

ファラデー　162, 180
ファンデルワールスの状態方程式　121
フェノールフタレイン　6, 108

不確定性原理　56
福井謙一　173
不斉炭素　146
ブタジエン　103, 173
ブタン　139
不対電子　87
物質波　55
物質量　4
不飽和度　138
フラウンホーファー線　19, 65
プリン　132
プロトン　158
フロン　23, 192
　　——，代替　192
　　——，特定　192
分液ロート　153
分子間力　118
分子結晶　122
分子量　3
フントの規則　81

閉殻　80
ペーパークロマトグラフィー　153
ペプチド結合　197
偏光板　52
偏光面　147
ベンゼン　13, 105, 141, 162, 165

ボーア　57, 62
ボーアの原子模型　70
ボーア半径　63
ボイル　38
芳香族化合物　89
放射線　11
放射線障害　189
放射能　189
放射能汚染　11
ポテンシャルエネルギー　58
ポリマー　196
ポーリング　83
ボルタ　40
ボルタ電池　41
ホルムアルデヒド　143

β 線　11
π 共役系　103
π 結合　99
PCB　191
pH　7, 195
pn 接合　130
ppm　192

ま 行

マイクロ波　19

メソ体　146
メタ　165
メチルアルコール　143
面心立方　125
メンデレーエフ　45

モル　3
モル濃度　6

や 行

融解熱　111
有機化合物　44, 134
有効数字　9
湯川秀樹　18

陽子　1

UV　19

ら 行

ライマン系列　62
ラセミ体　146
ラボアジェ　39, 41, 42

理想気体　9
リュードベリ定数　62
量子化　59
量子数　59, 72
　　——，磁気　72
　　——，主　72
　　——，方位　72
量子論　49
理論収量　176
臨界定数　115
臨界点　115

ルイスの点電子表記法　87
ルシャトリエの原理　183

励起状態　62
レイチェル・カーソン　190
レチナール　140
錬金術　34

著者略歴

大場　茂（おおば　しげる）

- 1953 年　山形市に生まれる
- 1972 年　秋田県立秋田高校卒業
- 1976 年　東北大学理学部化学科卒業
- 1981 年　東京大学大学院 理学系研究科博士課程修了
  理学博士
- 1981 年　慶應義塾大学理工学部化学科助手
- 1993 年　同助教授
- 2001 年　慶應義塾大学文学部教授

基礎化学入門―化学結合から地球環境まで―（きそかがくにゅうもん―かがくけつごう―ちきゅうかんきょう）

2013年3月20日　初版第1刷発行

Ⓒ 著者　大場　　茂
発行者　秀島　　功
印刷者　横山　明弘

発行所　三共出版株式会社　東京都千代田区神田神保町3の2
郵便番号 101-0051 振替 00110-9-1065
電話 3264-5711（代）FAX 3265-5149

社団法人日本書籍出版協会・一般社団法人自然科学書協会・工学書協会　会員

Printed in Japan　　　　　印刷・製本／横山印刷

[JCOPY] 〈(社)出版者著作権管理機構 委託出版物〉
本書の無断複写は著作権法上での例外を除き禁じられています．複写される場合は，そのつど事前に，(社)出版者著作権管理機構（電話 03-3513-6969, FAX 03-3513-6979, e-mail:info@jcopy.or.jp）の許諾を得てください．

ISBN 978-4-7827-0680-0

元素の

	1								
1	₁H 水素 1.008	2							
2	₃Li リチウム 6.941	₄Be ベリリウム 9.012							
3	₁₁Na ナトリウム 22.99	₁₂Mg マグネシウム 24.31	3	4	5	6	7	8	9
4	₁₉K カリウム 39.10	₂₀Ca カルシウム 40.08	₂₁Sc スカンジウム 44.96	₂₂Ti チタン 47.87	₂₃V バナジウム 50.94	₂₄Cr クロム 52.00	₂₅Mn マンガン 54.94	₂₆Fe 鉄 55.85	₂₇Co コバルト 58.93
5	₃₇Rb ルビジウム 85.47	₃₈Sr ストロンチウム 87.62	₃₉Y イットリウム 88.91	₄₀Zr ジルコニウム 91.22	₄₁Nb ニオブ 92.91	₄₂Mo モリブデン 95.96	₄₃Tc* テクネチウム (99)	₄₄Ru ルテニウム 101.1	₄₅Rh ロジウム 102.9
6	₅₅Cs セシウム 132.9	₅₆Ba バリウム 137.3	57〜71 ランタノイド	₇₂Hf ハフニウム 178.5	₇₃Ta タンタル 180.9	₇₄W タングステン 183.8	₇₅Re レニウム 186.2	₇₆Os オスミウム 190.2	₇₇Ir イリジウム 192.2
7	₈₇Fr* フランシウム (223)	₈₈Ra* ラジウム (226)	89〜103 アクチノイド	₁₀₄Rf* ラザホージウム (267)	₁₀₅Db* ドブニウム (268)	₁₀₆Sg* シーボーギウム (271)	₁₀₇Bh* ボーリウム (272)	₁₀₈Hs* ハッシウム (277)	₁₀₉Mt* マイトネリウム (276)

原子番号 — ₁H — 元素記号
元素名 — 水素
原子量 — 1.008

■ 典型非金属元素
■ 典型金属元素
■ 遷移金属元素

57〜71 ランタノイド	₅₇La ランタン 138.9	₅₈Ce セリウム 140.1	₅₉Pr プラセオジム 140.9	₆₀Nd ネオジム 144.2	₆₁Pm* プロメチウム (145)	₆₂Sm サマリウム 150.4	₆₃En ユウロピウム 152.0
89〜103 アクチノイド	₈₉Ac* アクチニウム (227)	₉₀Th* トリウム 232.0	₉₁Pa* プロトアクチニウム 231.0	₉₂U* ウラン 238.0	₉₃Np* ネプツニウム (237)	₉₄Pu* プルトニウム (239)	₉₅Am* アメリシウム (243)

本表の4桁の原子量はIUPACで承認された値である。
＊安定同位体が存在しない元素。そのような元素については，放射性同位体の質量数の一例を（ ）内に示した。